庆祝中国共产党成立100周年文艺演出

《伟大征程》

评论集

庆祝中国共产党成立100周年文艺演出领导小组办公室　编

文化艺术出版社
Culture and Art Publishing House

图书在版编目（CIP）数据

庆祝中国共产党成立100周年文艺演出《伟大征程》
评论集 / 庆祝中国共产党成立100周年文艺演出领导小组
办公室编. —北京： 文化艺术出版社， 2021.12
ISBN 978-7-5039-7083-2

Ⅰ. ①庆… Ⅱ. ①庆… Ⅲ. ①文艺调演—艺术评论—
中国—现代—文集 Ⅳ. ①J892.4-53

中国版本图书馆CIP数据核字（2021）第262410号

庆祝中国共产党成立100周年文艺演出《伟大征程》评论集

编　　者　庆祝中国共产党成立100周年文艺演出领导小组办公室
责任编辑　叶茹飞　董良敏　赵　月　魏　硕
责任校对　董　斌
书籍设计　姚雪媛
出版发行　文化艺术出版社
地　　址　北京市东城区东四八条52号（100700）
网　　址　www.caaph.com
电子邮箱　s@caaph.com
电　　话　（010）84057666（总编室）　84057667（办公室）
　　　　　84057696—84057699（发行部）
传　　真　（010）84057660（总编室）　84057670（办公室）
　　　　　84057690（发行部）
经　　销　新华书店
印　　刷　国英印务有限公司
版　　次　2022年8月第1版
印　　次　2022年8月第1次印刷
开　　本　710毫米 × 1000毫米　1/16
印　　张　24，彩插32页
字　　数　200千字
书　　号　ISBN 978-7-5039-7083-2
定　　价　98.00元

目录

凝神聚力　勇攀“高峰”
为建设社会主义文化强国再立新功

文化和旅游部党组书记、部长　胡和平

文艺是时代前进的号角。举精神之旗、立精神之柱、建精神家园，都离不开文艺。党的十八大以来，以习近平同志为核心的党中央高度重视文艺事业繁荣发展，习近平总书记作出系列重要论述和指示批示，党中央、国务院作出系列重大决策部署，推出系列政策举措，为做好文艺工作指明了正确方向、提供了根本遵循。广大文艺工作者与党同心同德、与人民同向同行，深入生活、扎根人民、潜心创作，推出一批精品力作，推动新时代文艺事业格局一新、境界一新、气象一新。庆祝中国共产党成立100周年大型情景史诗《伟大征程》就是其中代表。这台具有中国风格、中国气派、中国风采的精彩演出，与庆祝中国共产党成立100周年系列活动浑然一体，盛大庄严、气势恢宏、礼序乾坤、乐和天地，彰显百年大党世纪风采、蓬勃朝气、昂扬斗志，让党的百年华诞庆典成为“党之大典”“百年盛典”，起到了统一思想、凝聚力量、振奋人心作用，实现了政治效果、社会效果、宣传效果高度统一。

《伟大征程》文艺演出圆满成功，根本在于以习近平同志为核心的党中央的领航掌舵、坚强领导

党中央高度重视中国共产党成立100周年庆祝活动，对《伟大征程》筹备组织、创作排演等工作给予亲切关怀。习近平总书记亲自部署、亲自指挥，对文艺演出策划、创作、排演等各环节多次作出重要指示，既明确演出定位，又提出具体要求，为做好各项工作提供了行动指南，是文艺演出顺利、安全、有序推进并取得巨大成功的根本保证。王沪宁、黄坤明、蔡奇等中央领导同志高度重视文艺演出，多次召开工作会议、研究节目方案、现场审看演出、看望演职人员、协调重大事项，对艺术创作、组织管理、服务保障、疫情防控等作出部署安排，确保文艺演出工作高质高效推进。

2021年6月28日晚，《伟大征程》文艺演出在国家体育场隆重举行，习近平、李克强、栗战书、汪洋、王沪宁、赵乐际、韩正、王岐山等党和国家领导人，同约2万名观众一起观看演出。演出荟萃“浴火前行”“风雨无阻”“激流勇进”“锦绣前程”4个篇章，

“盛典”“启航”“浴火前行”“风雨无阻”“激流勇进”“锦绣前程”“领航”7个部分、21个情景类大型节目华彩绽放，依托“鸟巢”内总面积2.2万平方米的舞台、5.4万立方米的设计结构空间、8000余平方米的超级大屏，综合运用音乐舞蹈、情景表演、广场行进、戏剧演出、视频影像等艺术手段，寓百年党史于丰富艺术语言、表现形式，生动展现中国共产党百年来带领中国人民进行革命、建设、改革的壮美画卷，热情讴歌党的十八大以来，在以习近平同志为核心的党中央坚强领导下，中国特色社会主义进入新时代，昂首阔步迈向全面建设社会主义现代化国家的新征程。

《伟大征程》文艺演出，得到中央领导同志的高度评价。习近平总书记主持召开中央政治局常委会会议，专门听取庆祝活动总结报告并发表重要讲话，对文艺演出给予充分肯定。中央高规格召开庆祝中国共产党成立100周年活动总结会议，习近平总书记亲切会见参与演出创排、服务保障等庆祝活动筹办工作各方面代表。无论是在“鸟巢”的带妆彩排、正式演出，还是在中央广播电视总台录播之后，文艺演出都在社会各界引起强烈反响，热议《伟大征程》的海量网友评论、文艺评论，以全媒体、多媒介方式发表发布，一度冲上热搜、刷屏网络。

《伟大征程》文艺演出圆满成功，为庆祝建党百年活动写下浓墨重彩的一笔，为党的百年华诞献上一份弥足珍贵的礼物，将建党百年主题文艺创作推向高潮，唱响了主旋律、传递了正能量、提振了精气神，也为繁荣文艺创作积累了宝贵经验。其中，首要的、管总的一条就在于坚持以习近平同志为核心的党中央权威和集中统一领导的政治优势、制度优势，在于习近平新时代中国特色社会主义思想的真理力量，在于习近平总书记的崇高威望和卓越领导。

《伟大征程》文艺演出汇集精兵强将、各方通力合作，倾情打造聚人心、暖民心、强信心的精品力作

在党中央集中统一领导下，设立《伟大征程》文艺演出领导小组，由中宣部牵头，文化和旅游部具体实施，国家广播电视总局、中央广播电视总台、中央军委政治工作部、北京市共同参与主办。各单位克服演出涉及单位多、参与人员广、时间跨度长、协调难度高、技术挑战大、防疫要求严等诸多困难挑战，展现出了高度的政治责任感、使命感和强烈担当精神。

完善工作机制、加强统筹协调，形成工作合力。在中宣部统一领导下，文艺演出各主办单位和相关部门加强统筹、周密协作。文化和旅游部认真落实文艺演出领导小组要求，成立工作专班，抓实抓好策划组织、创作排演、技术支持、观众服务、应急处置、防疫管理等各方面工作，联合北京市共同组建演出现场指挥部扎实推进

保障工作。中央广播电视总台组建专门队伍，全力开展演出所需视频制作工作。中央军委政治工作部、外交部、中联部等协调专门力量把关，确保视频的真实性、准确性和丰富性。国家电网、中建集团、中国重汽集团等在电力保障、基础设施建设、大型道具制作等方面给予大力支持。

组建优秀主创、演出团队，高标准、严要求推进创排工作。2020年2月，启动文艺演出创意方案策划工作，经过广泛征集和反复论证，最终确定在国家体育场演出的创意方案。同年8月，组建主创团队，进行集中采风、调研、座谈、学习，开展多轮次集体研讨，广泛征求党史、军史、艺术、外交、经济等领域专家意见建议。经过30多轮研讨，形成50多稿节目方案，经有关部门审议通过后，又进行多轮次集中研讨和补充完善，对文学、音乐、表演、视频、舞台呈现等各个细化方案不断打磨、精益求精，为提升演出的精神能量、文化内涵、艺术价值打下坚实基础。

全国文化和旅游系统闻令而动，群策群力、尽锐出战。文化和旅游部坚持“一盘棋”工作格局，部内有关司局、直属单位调集精干力量、优势资源，全力推进各项工作。北京、河北、山西、辽宁、吉林、安徽、福建、山东、浙江、江苏、河南、湖北、湖南、广东、广西、海南、重庆、四川、陕西、甘肃20个省（区、市）和部队有关方面积极参与，共同完成演员团队组建、分场排练、道具服装制作、后勤保障、医疗防疫、焰火燃放等任务，体现了众人拾柴火焰高、集中力量办大事的独特优势。

广大文艺工作者团结奋斗、担当作为，展现时代新风貌。1年零3个多月的创作攻关、3个月左右的场地建设和封闭排练、10余场整体联排、3场带观众演出期间，主创团队、演出人员想在一起、干在一起、战斗在一起，不畏艰难、勇于攻坚、日夜排练，以认真负责的态度、专业扎实的功底、精益求精的风貌、敢打敢拼的作风，生动诠释讲政治不讲条件的大局意识、讲担当不打折扣的奉献精神、攀“高峰”不容有失的敬业态度，展现了新时代文艺工作者的亮丽风采。

《伟大征程》文艺演出深刻把握艺术规律，敢于突破、勇于创新

《伟大征程》文艺演出在艺术本体呈现方面主题鲜明、主线突出，在舞台设计、节目呈现、道具制作、视频制作等方面熔于一炉、浑然天成，“党的味道、主义的味道”浸润人心，全场演出让人目不暇接，120多分钟的节目高潮迭起、精彩纷呈。

《伟大征程》文艺演出始终把遵循艺术规律放在首要位置。努力构建完备的创作组织体系、严格的全过程把关体系、强大的立行

立改执行体系，从策划到采风、文本创作、方案优化，再到重点作品创作攻坚、舞台合成，各团队统一步调、协同配合，共同推动节目艺术水准、观赏效果不断提升。核心创作团队注重集体创作、集中攻关，带领创作团队集思广益，对节目逐个打磨提升。文学组致力提炼党的百年征程中经典场景和动人片段，形成高度凝练的演出内在结构；导演组对照每天排练录像查找不足、反复研究，完善细节；编导组紧盯每个角度、每一秒衔接，做到时间精准、衔接整齐、演员表演到位表情到位；戏剧组、视频组努力提升戏剧表演和视频制作水平；音乐组对音乐音效详加推敲，大大增强音乐穿透力。正是在尊重遵循艺术规律基础上，文艺演出实现了演出与视频呈现交相辉映、歌舞与戏剧表演相得益彰、视觉冲击与心灵震撼融于一体的巨大成功。

《伟大征程》文艺演出始终将勇于创新突破作为重要原则。在“鸟巢”这样的超大演出空间展示舞台艺术，将即时戏剧这种新的艺术表现形式、沉浸式体验这种新的表演方式用于文艺演出，将视频展示与舞台表演有机结合，都是创新创造的结果。演出首次实现在广场化大型演出中多机位、多角度即时拍摄，再瞬时剪辑、现场投屏超大屏幕的创举，增强了艺术表现力感染力。现代化科技手段与艺术创意融合，为观众带来真理的震撼、精神的震撼、心灵的震撼、文化的震撼、科技的震撼，让真理的甜味沁人心田、信仰的火炬永燃心间。

《伟大征程》文艺演出始终注重对文艺工作者的政治引领。我们注重加强党的领导，成立临时党委，下设6个党总支、22个党支部，充分发挥1221名党员的先锋模范作用，让党旗始终在文艺演出创作排演一线高高飘扬。将文艺演出筹备组织和创作排演，作为党史学习教育的良好契机，开展形式多样的学习活动。主创、参演人员和服务保障团队，在实践中接受思想洗礼、提升政治素质，增强了对党的政治认同、思想认同、理论认同、情感认同，坚定了永远跟党走的决心和信心，787人提交入党申请书。

《伟大征程》文艺演出激励我们勇毅前行，向着文艺“高峰”迈进

伟大时代呼唤伟大作品。《伟大征程》文艺演出是一台各方面、各部门参与者，为之倾注激情、贡献智慧、付出汗水的史诗级作品，书写了熠熠生辉的精彩篇章，留下了弥足珍贵的精神财富，特别值得认真总结成功经验、从中汲取奋进力量，为做好新时代文艺工作、走好新的“赶考”路提供指引。

要认真做好文艺演出总结工作，全面深化拓展工作成果。高质量完成《伟大征程》电影、画册发行等相关工作，使其成为党史学

习教育的生动教材。发挥文艺演出中先进典型的模范标杆作用，推动形成奋斗争先、敢于拼搏的良好局面。收集好、整理好、保存好工作性资料，开展深入系统研究，以《伟大征程》组织、创排、演出为案例，深刻分析、把握重大文艺演出工作规律，探索建立更加完善的工作模式、工作机制、工作制度，描绘重大文艺演出“施工图”，做到总结过往、服务未来、以利后人。要把文艺演出重要经验和深刻启示拓展、应用到今后的重大主题性文艺创作演出、文艺展演展播和重大文艺节庆活动中去，持续转化为文艺事业繁荣发展的前进动力。要加强文艺评论工作，发挥“引导创作、多出精品、提高审美、引领风尚”的重要作用。

新时代赋予新使命、新征程呼唤新作为，文艺事业前景广阔、大有可为。我们要坚持以习近平新时代中国特色社会主义思想为指导，深入学习贯彻习近平总书记在庆祝中国共产党成立100周年大会等系列活动中的重要讲话和关于文艺工作重要论述精神，拥护“两个确立”、做到“两个维护”，弘扬伟大建党精神，增强文化自觉、坚定文化自信，坚持“二为”方向，坚持“双百”方针，坚持创造性转化、创新性发展，牢牢守住为人民服务的初心、坚定以人民为中心的立场；深入生活、扎根人民，把生活作为文艺创作的唯一源泉；把握时代主题、时代价值，用心用情用功讴歌伟大时代；坚持养德、修艺相统一，培养造就德艺双馨的文艺人才；坚持加强组织领导，营造文艺繁荣发展良好环境，以创作为核心任务，以演出为中心环节，以精品为立身之本，努力推动社会主义文艺繁荣兴盛。

开卷有益，书香致远！编辑出版《庆祝中国共产党成立100周年文艺演出〈伟大征程〉评论集》，是进一步总结、宣传、利用《伟大征程》文艺演出宝贵经验的重要举措，是用好丰富评论成果、指导文艺评论工作的具体行动。希望这本评论集的结集出版，在记录、重温、颂扬《伟大征程》文艺演出的同时，能够成为广大文艺工作者的案头“工具书”、实践“启示录”，启迪和激励大家以永不懈怠的精神状态、一往无前的奋斗姿态奋进“伟大征程”，展示中国文艺新气象，铸就中华文化新辉煌，以实际行动和优异成绩迎接党的二十大胜利召开，为建设社会主义文化强国、实现中华民族伟大复兴不懈奋斗！

用心用情用功进行无愧于新时代的文艺创作

文化和旅游部党组成员、副部长，国家文物局党组书记、局长　李　群

2021年6月28日，在党的百年华诞之际，全国艺术工作者在以习近平同志为核心的党中央坚强领导下，以习近平新时代中国特色社会主义思想为引领，坚定道路自信、理论自信、制度自信、文化自信，精锐尽出、凝心聚力，以无我的奋斗、不负韶华的拼搏，以大型情景史诗《伟大征程》在国家体育场（鸟巢）的完美演绎，向庆祝中国共产党建党100周年奉献了一场庄严盛典，向习近平总书记和9500多万名中国共产党党员，向14亿多中国人民交上了一份完美答卷。

《伟大征程》演出取得圆满成功，根本在于以习近平同志为核心的党中央的坚强领导。“坚持守正创新，用跟上时代的精品力作开拓文艺新境界”是习近平总书记对新时代的广大文艺工作者提出

的要求。在党中央的集中统一领导下，在中宣部具体指导下，文化和旅游部举全部之力、举全国文旅系统之力投入到庆祝党的百年文艺演出各项工作中。根据部党组安排，受文化和旅游部部长胡和平同志的委托，我具体牵头统筹负责文艺演出的组织、创作、演出等工作，担任了庆祝中国共产党成立100周年文艺演出领导小组办公室主任、文艺演出剧组临时党委书记。从2019年的深秋到2020年的初春，我与初创的艺术家们按照中央领导同志的指示精神，启动了百年文艺演出的创作构思工作，提出了40多个版本的演出构想。从2020年2月开始，我们克服突如其来的新冠肺炎疫情的影响，通过多种方式研讨方案，逐渐形成了《伟大征程》主题文艺演出方案，于2021年3月顺利通过了中央审查。按照审查意见，我与主创团队夜以继日地反复推敲论证节目方案，为4月初整体进驻模拟场地开展合成排练打下了坚实的基础。从4月10日开始，从全国各地选调的编导人员、演员、舞台保障人员、后勤保障人员陆续在北京市昌平区阳坊镇B场地集结，开始了长达3个月的全封闭式集中排练。5月15日国家体育场（鸟巢A场地）舞台正式启用后，我与所有编导、演职人员开启了AB场地同时工作的常态。经过了10场全篇章联排和2场全要素专场演出，6月28日，《伟大征程》以盛大隆重、华美澎湃的姿态亮相，取得了圆满成功，为庆祝活动写下浓墨重彩的一笔。

作为《伟大征程》组织者、参与者、见证者的一员，我同近百名知名艺术家、400多名年轻编导、近8000名演员和8000多名合唱团团员、1700多名演出保障人员并肩作战，克服了无数困难，特别是艺术创作上的挑战。集体创作、集中攻关、集团作战的艺术创作中，我们用艺术的形式展示了中国共产党百年来带领中国人民进行革命、建设、改革，踏入新时代的伟大征程，用勇攀高峰的艺术实践，成功践行了习近平总书记关于文艺工作系列重要讲话精神，让“鸟巢飞出了金凤凰”，创造了新时代文艺创作的巅峰之作。

一、文艺演出高度聚焦了百年党史的重大历史事件

从“石库门”到“天安门”、从“红船”到“中华巨轮”，如何将中国共产党波澜壮阔的百年历史，完美呈现在120分钟、21个节目的大型音乐舞蹈情景史诗中，是我们创作演出团队需要攻克的最大难题。我通过带领主创人员多次深入实地、深入生活调研采风，组织大家反复研阅党史文献、听取党史军事专家意见，无数次通宵达旦的讨论，确立了文艺演出将百年党史的时间纵线与每个历史时期的横断面相结合的总体思路，在内容选择上高度聚焦了百年党史的重大历史事件。

着眼于百年党史中最典型的事件、人物、场景等，重点选取了

“秋收起义”“遵义会议”“渡江战役”“抗美援朝”“改革开放”“港澳回归”“神舟飞天”“一带一路”“脱贫攻坚”“命运共同体”等党领导中国人民从“站起来”“富起来”到“强起来”的各个历史时期的重大事件、重大转折点，重点塑造了党的百年历程中涌现出的一个个真实感人、鼓舞人心的优秀共产党员形象。

着眼于人民群众最能共情的记忆瞬间，精选了“开国大典”“抗震救灾”“北京奥运”“全面小康”“抗击新冠”等几代中国人亲身经历的重大历史事件，通过经典场面再现、经典原声重现的艺术手段，以开放式的节目结构设计，加强与观众的互动交流，让每个年龄层的观众都能从中找到对百年党史的认知点、动情点。

着眼于国家体育场空前巨大的表演空间，着力刻画了“万里长征”“全民抗战”“抗美援朝”“脱贫攻坚”等中国共产党在人类发展史上书写的伟大奇迹，通过大场面、大色块、大调度，将情景史诗的意境充分扩大，用直击人心震撼的演出场景将演员与观众情感高度凝结在鸟巢体育场的超大空间。

从这三方面入手，我们将这些百年党史的重大历史事件进行了进一步凝练出精，对党的百年历史进行了精准的艺术表达。无论是在以往重大文艺演出中已多次演绎的历史事件，还是对于首次进行艺术呈现的历史时刻，采用更多的艺术形式，创新历史经典场景再现的模式，唤起回忆、引起共情。《伟大征程》既有前人优秀成果的继承，又有新时代阐释的创新，更加生动地展现中国共产党走过的艰难、曲折、成功、辉煌的百年，特别是浓墨重彩讴歌党的十八大以来，在以习近平同志为核心的党中央的坚强领导下，中国特色社会主义进入新时代，昂首阔步迈向全面建设社会主义现代化国家的新征程。

二、文艺演出实现了国家重大文艺创作的突破

从举办庆祝改革开放40周年文艺晚会《我们的四十年》，到举办庆祝中华人民共和国成立70周年大型音乐舞蹈史诗《奋斗吧中华儿女》，我们通过组织举办重大文艺演出活动，用艺术回顾历史、映照现实、鼓舞人心、激励奋进，为在重要的历史时间节点上激发全党全社会奋进新时代的磅礴力量发挥了重要作用。在中国共产党成立100周年的历史性时刻，我们在总结过往经验的基础上，积极创新、勇于探索、寻求突破，采取大型情景史诗的艺术形式礼序乾坤、乐和天地，击鼓催征、奋楫扬帆，创造了在国家重要盛典节日中举办恢弘演出、打造艺术巅峰之作的成功范例。

一是实现了戏剧艺术在超大型表演空间中的突破。为更好地提高“情景”的密度、加深“史诗”的厚度，我们在《伟大征程》的故事化表达和仪式化叙事中进行了大胆的实践，首创性地采用

了“现场表演、即时拍摄、瞬时导播、实时投屏”的科技创新手法，将现场戏剧表演置于国家体育场这样超大型表演空间中。“破晓”“遵义会议”“一封家书”“闽宁镇”“十八洞村”等现场演绎的戏剧片段，通过5G通信技术和电影拍摄剪辑技术，将演员们深情满怀、丝丝入扣的表演纤毫毕现地呈现在现场9595.5平方米的超大LED屏幕上，与舞台上同时呈现的大场面、大阵势集体表演融合、交汇，让观众沉浸到了百年党史时间轴上的重要节点，接近了时代洪流中的英雄和先驱，感受到了新时代美好生活的幸福喜悦，更有力地营造了沉浸式体验和史诗级氛围。

二是实现了舞台现场演出与视频演绎完美融合的突破。《伟大征程》使用了最大的“LED+投影”三维画面，为文艺演出提供了更加广阔的创作空间。在创作过程中，创作团队确立了视频内容与现场演出有机统一、一体呈现的理念。在每个篇章的开端，都使用了与篇章情感色调统一的视频先导片，将观众尽快带入本篇章讲述的主题背景中，为整场演出巧妙实现了起承转合。在“湘江战役”“港澳回归”“抗震救灾”“全民抗疫”等节目演出中，还采用了多段具有史诗特点、电影气质、纪实风格情境短片，补充了舞台表演叙事不足的短板，让整体演出更加丰满。在2.2万平方米的超大舞台动态表演的过程中，视频内容大多采取了静态铺陈的方式，以渲染氛围、情景展现为主，极大地突出了舞台主体。正是视频与演出完美的融合，大型情景史诗叙史、叙事、抒情的沉浸感、史诗感更加突出，演出更加流畅。

三是实现了新创音乐作品在重大文艺演出活动中的突破。《伟大征程》将重大事件的时间节点作为选拔音乐曲目的坐标，既精选了党的历史上最具时代特征、最受人民群众喜爱、最能代表艺术高峰的25首耳熟能详的音乐作品，也根据演出节目的需求全新创作了《领航》《我们和党旗在一起》《小康之歌》《生命至上》《和合之美》等5首音乐作品，新创作音乐作品数量占比近20%。这些新创作的音乐作品与舞台场景紧密契合，发挥了背景渲染、主题衔接、主旨明示的作用，彰显了音乐强大的说史叙事抒情力量，与大型情景史诗的艺术特色相得益彰。又通过生活化、形象化、通俗化的艺术处理，让这些新创音乐作品更强烈地释放出吸引力、凝聚力和感召力，直抵观众心扉、唤起观众的共鸣。

三、文艺演出开拓了新时代文艺创作创新的成功范式

新时代艺术创作，要有新表达、新语汇、新审美。《伟大征程》以创新的文艺表达、全新的舞台美学，对新时代文艺进行了多维度、全方位、立体式的阐述，构筑起了新时代的文艺巅峰。

集体艺术创作的成功实践。集体创作是我们党文艺工作的优良

传统。在《我们的四十年》《奋斗吧中华儿女》等重要文艺创作中，我们对集体创作模式进行了有益探索。在这些成功经验的基础上，我们在《伟大征程》的创作中，汇聚了全国一流的文艺工作者，集合了全国20个省（区、市）和中央直属院团的演员团队，整合了科研机构、大型国企、上市企业、小微企业等各方力量，通过分工合作的组织架构进行大连接，让大协同越来越有序，让大合作越来越高效，集体创作的优势发挥到了极致。

多元艺术形式的合理运用。在国家体育场这样的超大表演空间里，歌、舞、诗、剧、戏曲、杂技、万人合唱等艺术形式通过舞台装置、编导调度完美衔接、深度融合，军列操练、空中索降、实体军车坦克充实了鸟巢立体的表演空间。大型油画、全场投影、关键节点特别设计的焰火燃放增添了文艺演出的历史厚重感、庆典庄重感，扩展了舞台视觉时空外延。在演出最后还运用最新技术实现与正在太空执行任务的神舟十二号航天员乘组与演出现场的“天地对话”。这些多元丰富的艺术与科技元素有机统合，为“大型情景史诗”的营造呈现出立体化、全景式、多时空的演出效果，让观众在震撼人心的舞台表演中，沉浸式地感受到中国共产党建党百年的伟大与辉煌。

大舞美风格的震撼展示。在舞美视觉上，文艺演出将党徽、党旗等鲜明元素贯穿始终，建造使用了尺度达16米、重达10吨的金色党徽，每个旗杆重1吨、高20米的10面大旗，100面空中威亚悬吊大鼓，一面直径10米、重达50千克的机械大鼓等具有鲜明特征的舞台装置，配合使用空中焰火组成“100”“1921—2021”“五星”等图案，通过这样大舞美、大视觉、高科技的表现方式，更好地营造了壮丽盛典、气势恢宏的氛围。

奋进新征程、建功新时代。在“两个一百年”奋斗目标历史交汇点上，全体演职人员用心用情用功向党和人民交上了一份无愧于时代的文艺工作答卷。在新的历史征程上，让我们在以习近平同志为核心的党中央坚强领导下，守正创新、奋力进取，推动新时代文艺工作开创新局面，为建设社会主义文化强国作出新的更大贡献！

中国共产党百年党史的艺术修辞

——观大型情景史诗《伟大征程》有感

中国文学艺术界联合会　胡一峰

2021年是中国共产党成立100周年。在一系列庆祝活动中，大型情景史诗《伟大征程》广受瞩目。这台大型文艺演出在延续《东方红》《复兴之路》《奋斗吧中华儿女》等大型音乐舞蹈史诗创作脉络的基础上，进行了重要创新，以更加恢弘的舞台场面、更有科技感的呈现手法、更有共情力的艺术效果，全景式展现了中国共产党百年来带领中国人民进行革命、建设、改革的壮美画卷，热情讴歌了党的十八大以来，在以习近平同志为核心的党中央坚强领导下，中国特色社会主义进入新时代，昂首阔步迈向全面建设社会主义现代化国家的新征程。

一、"新传统"的再创新

从艺术史来看，以大型歌舞作品表现历史的宏观进程和成就，已经成为新中国艺术创作中的一种"新传统"。一般认为，最早一部以中国革命历史为主题的大型歌舞作品是华北大学第三部为庆祝中国人民政治协商会议第一次会议而创作的《人民胜利万岁》。该作品于 1949 年 9 月 30 日在北京中南海怀仁堂演出，得到毛泽东等领导同志的高度肯定。此后，随着人民创作史诗的历史不断延展和丰富，大型史诗作品也渐次涌现，为庆祝中华人民共和国成立 15 周年创演的《东方红》、为庆祝中华人民共和国成立 35 周年创演的《中国革命之歌》、为庆祝中华人民共和国成立 60 周年创演的《复兴之路》和为庆祝中华人民共和国成立 70 周年创演的《奋斗吧中华儿女》，构成了一个有序演进的艺术谱系。此外，各地也结合地方革命历史特色或重大时间节点，创作演出过一些大型歌舞作品，如上海的《在毛泽东的旗帜下高歌猛进》、江西的《井冈山》等。

正如冯双白所指出的："纵观这些被称作'史诗'的大型音乐舞蹈作品，它们都拥有以下特点：第一，以史为线，结构宏阔；第二，体量巨大，参与者众；第三，音乐舞蹈，支撑主体；第四，舞美精心，场面壮观；第五，组织复杂，动员力强。这些大型音乐舞蹈史诗，动辄数千名演员，在一个演出之夜呈现令人震撼的视觉冲击，成为中国现代艺术史上的壮观之象。”[1] 从演出效果看，这些作品主题鲜明突出，聚焦历史主线，把一个时期内的优秀文艺作品片段集成呈现，在给人以强大艺术震撼的同时，也把艺术鼓舞人、激励人、教育人的作用发挥得淋漓尽致。著名舞蹈家资华筠就是在观看了《人民胜利万岁》之后，“第一次感受到充满了泥土芳香和革命激情的艺术作品的魅力”，深信“艺术可以点燃人的心灵”，放弃了保送高中的资格，不顾长辈反对，毅然报考了舞蹈团，立志成为人民的艺术家。[2]

与前几部作品相比，《伟大征程》又实现了新的超越，成为中华人民共和国史诗性大型文艺演出的又一标杆之作。西哲有云，诗比历史更真实。这里所说的“诗”，即艺术。众所周知，历史是一过性的，无法重复，也无法改写。人类社会内在的无限可能性，一旦成为历史，即转化为现实性。当历史被作为艺术的题材时，可能性与现实性的转化却可以实现“逆转”，艺术家借助于创作当下与历史现场的距离感，得以理性梳理历史行进的主线，从而在历史逻辑的基础上，建构出艺术表现的逻辑，尽可能地展现历史行进的节奏和曲折，发掘历史特有的人文内涵和审美价值，以“诗”的方式表现“史”的主题。《伟大征程》正是如此。这台演出以“浴火前行”“风雨无阻”“激流勇进”“锦绣前程”四个篇章，二十多组精彩节目，站在时代的高处，把握历史的主题，取得了重大主题和新颖创意深度对接、重大题材与艺术手法互为支撑、波澜壮阔的百年党史与绚烂多姿的现代舞台交相辉映的效果，在民族复兴伟业中书写伟大党史、在人民奋进征程中刻画人民领袖、在展望人类共同命运中讲述中国故事，引导观众在历史与现实中穿梭遨游，聆听民族奋进的足音，感受伟大征程之豪迈，在心灵震撼和精神振奋中受到鼓舞和洗礼。

二、百年党史的首次完整舞台呈现

从题材上看，表现党史的文艺作品数不胜数。小说《浴血罗霄》《太阳照在桑干河上》，电影《开天辟地》《上甘岭》《闪闪的红星》，话剧《于无声处》《红旗渠》，京剧《江姐》，油画《毛主席去安源》，歌曲《长征组歌》，舞剧《红色娘子军》，直至近期热播的电视剧《觉醒年代》《跨过鸭绿江》《大决战》以及《山海情》等，包括新时代在内的党史上的重大事件、重要场景、革命先驱等几乎都拥有文艺形态。但是，在一部作品中整体呈现中国共产党诞生以来的百年历史，《伟大征程》是一次开创性的成功尝试。可以说，这部作品实现了对百年党史首次完整的艺术修辞。更重要的是，《伟大征程》所表现的党史是有节奏、有逻辑的。或者说，它以艺术的方式创构了党史话语及其表述方式。

三、习近平总书记文艺工作重要论述的成功实践

党的十八大以来，以习近平同志为核心的党中央高度重视文艺工作。中国文艺在习近平总书记文艺工作重要论述指引下，发生历史性变化，取得历史性成就。人民性是习近平总书记文艺工作重要论述的核心要义，也是党的十八大以来文艺面貌焕然一新的深刻动因。在2019年的大型音乐舞蹈史诗《奋斗吧中华儿女》中，“人民”就是最重要的关键词。[4] 2021年的《伟大征程》同样以马克思主义文艺观为指导，进一步凸显了人民文艺的内涵和特色，生动诠释了“江山就是人民、人民就是江山”。

概言之，《伟大征程》表现了中国人民在中国共产党的领导下从精神上由被动转为主动的历史进程。在这个超大型的舞台上，人民是当之无愧的主角，各个节目讴歌的是人民在党领导下进行的伟大历史创造，表现的也是党的根基在人民、血脉在人民、力量在人民；而且，演出中选取的音乐、舞蹈、影视等节目或片段，都来自得到人民认可、群众喜闻乐见的作品，这充分体现了人民既是文艺表现的主体，也是文艺评判和鉴赏的主体。不少评论者指出，《伟大征程》具有强大的艺术共情力，总能触动人们心中最深层的记忆，激发个体与家国之间的情感共鸣。实际上，这一效果的达成，正是因为创作者坚持了以人民为中心的导向，把创作目标与人民审

美调到了同一频率。

《伟大征程》创作者深谙中华美学精神之要义，以寓理于情的方式，通过小切口表现大事件。演出中每一份历史文献和场景片段的选取，都十分精准。比如，当小岗村村民的18个大红手印、深圳特区热火朝天的建设图景等出现在长170多米、高近30米的弧形大屏上，伴随着《在希望的田野上》的抒情、《青春啊青春》的奔放、《走四方》的豪迈，人民是历史创造者的道理跃然而出。同时，观者也深切感受到，眼前的舞台、大屏幕上所呈现的，正是自己所经历、所听闻、所创造的历史。于是，记忆中那些过往被激活，以“我们”为名的共同体验和情感随之从内心涌出。正因为把握住了人民性的基本准则，整台演出有了恒定的价值遵循和创作基点，舞台与历史在价值意义上形成了同构，作品与观众之间也构筑起了更加坚实的纽带，党的百年奋斗史内在的真理之美、信仰之美、梦想之美、精神之美因而得到尽情展现。

四、多门类艺术手法的集成创造

与《东方红》《复兴之路》《奋斗吧中华儿女》等不同的是，《伟大征程》被定位为“大型情景史诗”。文艺评论家毛时安认为，“《伟大征程》创造了一种全新的艺术形式——大型情景史诗。它超越了音乐、舞蹈、戏剧、交响乐等一般艺术形式，将多种艺术文本综合运用、融会贯通。影视艺术以及声光电的全面投入，营造了让观众身临其境的‘情境’”[5]。从创作的角度而言，要把如此恢弘的历史搬上舞台，难度可想而知。在演出中，近8000名演员的超大规模团队齐心协力，配合默契，出色地完成了这一任务。不同的艺术手法为题材呈现提供了多样化的介质，也就为人们在欣赏作品中洞悉历史的奥秘、接近历史真谛，提供了尽可能多的角度和路径。

《伟大征程》的创作者综合运用了几乎所有艺术类别的表现手法，成功破解了党史题材的艺术密码，带领观者回顾了新文化运动、土地革命、工人运动、长征壮举、抗击日寇、解放战争等革命历程，重温了开国大典、抗美援朝、改革开放、特区建设、港澳回归、奥运盛典、神舟飞天、脱贫攻坚、全面小康等共和国历史上的高光时刻，也叫人再次想起与特大洪水、“非典”、冰雪灾害、大地震，以及新冠肺炎疫情英勇搏斗的场景。一幅幅历史片段，记录着党领导人民从胜利走向胜利的印迹；一个个英雄形象，生动而多样地展现出中国共产党人的精神谱系。当舞蹈《春潮澎湃》让充满生机与希望的绿色铺满整个舞台；诗朗诵与合唱《跨越》把西气东输、西电东送、南水北调、北煤南运等重大国家工程以诗的语言娓娓道来；鼓乐歌舞《新的天地》中直径10米的巨型鼓和一百面大鼓稳稳升起，舞台上红旗漫卷、号角齐鸣；器乐、童声合唱与舞蹈《命运与共》真诚地发出“构建人类命运共同体”的期盼，怎不令人为新时代民族复兴的壮丽画卷而豪情万丈、信心百倍！

这台演出有效地使用了多媒体科技手段，营造出沉浸感十足的现场效果。演出中化用了许多人们熟悉的歌曲，如《在希望的田野上》《我的中国心》等，配合超大屏幕建构的感官冲击，在增强观者代入感的同时，也促使爱党爱国之情升华。而且，创作者巧妙地使用了许多纪实性和艺术性影像资源。比如，以电视剧《觉醒年代》中陈独秀和李大钊对话的片段，表达中国共产党的初心；以电视剧《山海情》片段表现人类历史上的减贫奇迹；以电影《上甘岭》《江姐》《永不消逝的电波》《董存瑞》的片段，展现革命先驱的伟大人格和精神。视觉影像和舞台表演同时呈现，丰富和拓展了大型舞台的层次性，提升了演出的感染力，最大限度地调动了观众的感官体验，使观众在全感官参与中进入情境，从耳目之愉悦升华至心灵之陶冶。

“没有共产党就没有新中国”，这是历史的结论，也是《伟大征程》再一次昭示的真理，因其精彩的艺术呈现，使这一结论更加动人心魄、令人信服。习近平总书记指出：“过去一百年，中国共产党向人民、向历史交出了一份优异的答卷。现在，中国共产党团结带领中国人民又踏上了实现第二个百年奋斗目标新的赶考之路。”

《伟大征程》必将对人们学习了解党的历史、增进提升对党的信赖和感情、更加坚定在党的领导下实现民族复兴的信心产生重要促进作用。而这台演出本身，也将与党的百年华诞这一重要历史时刻一起，长久留存在人们的记忆中。

注释

[1] 冯双白:《新中国历史形象的诗意书写——〈奋斗吧中华儿女〉的史诗品格》,《中国艺术报》2019年10月9日。

[2] 段妃:《新中国著名舞蹈家艺术论》，上海音乐出版社2018年版，第12页。

[3] 刘统:《火种——寻找中国复兴之路》，上海人民出版社2020年版，第2页。

[4] 胡一峰:《歌舞演梦想，史诗颂人民——观大型音乐舞蹈史诗〈奋斗吧 中华儿女〉有感》，中国文化传媒网2017年10月7日。

[5] 毛时安:《创造全新的艺术形式》,《人民日报》2021年7月2日。

（原载《艺术评论》2021年第7期）

百年风华　壮美史诗

《人民日报》 刘玉琴

有一种信念为了民族的振兴，一直坚贞不渝；有一种精神为了人民的利益，一直无怨无悔；有一种力量为了社会的进步，一直锲而不舍。中国共产党的一百年，是矢志践行初心使命，筚路蓝缕奠基立业，创造辉煌和开辟未来的一百年。为庆祝中国共产党成立百年而创作的大型情景史诗《伟大征程》，以多种艺术手段全方位、全过程、全景式、史诗般地再现了中国共产党波澜壮阔的百年历程。一首首赞歌、一段段歌舞、一个个场景、一幅幅影像、一朵朵礼花，交织成岁月的星河，闪耀着醇厚明快的精神光芒。

一、题旨深厚，视角弘阔，全景再现，情景交融，中国共产党苦难中铸就辉煌的深刻意境，生动形象鲜明

世界上没有哪个党像中国共产党这样，遭遇过如此多的艰难险阻，经历过如此多的生死考验，付出过如此多的惨烈牺牲。由“浴火前行”“风雨无阻”“激流勇进”“锦绣前程”四个篇章组成的《伟大征程》，选择以党史为经，史实为纬，涵盖不同时期的重大历史事件、党和国家各项事业取得的历史性成就、发生的历史性变化等，用多种艺术手段贯穿起党的百年历程，波澜壮阔，气壮山河，新风扑面。

近代以来中华民族饱受屈辱，无数仁人志士前赴后继寻找救国救民的真理。1921 年中国共产党的成立，给中国人民带来了光明与希望，中国的面貌焕然一新。从开天辟地、改天换地，到翻天覆地、顶天立地，中国共产党百年来带领中国人民描绘了革命、建设、改革的壮美画卷；党的十八大以来，以习近平同志为核心的党中央引领中国人民昂首阔步走向民族复兴。百年奋斗与壮志豪情被浓缩成两个多小时的文艺表达，在舞台上以大型情景史诗的形式再现，鲜活生动，形象鲜明。

情景是对历史重要场景的艺术描摹，是对文艺表达的超文本创造；史诗是百年岁月的思想提炼，是对中国共产党理想信仰的艺术

张扬。从“浴火前行”中的觉醒与探索，“风雨无阻”中的坚定前行，再到“激流勇进”中的激情澎湃，“锦绣前程”中的不忘初心，《伟大征程》集中清晰地展示了中国共产党百年奋斗历程这一时间主线，党为人民服务、人民至上这一深厚题旨，在全方位多视角的综合展示中，中国共产党为中国人民谋幸福，为中华民族谋复兴的初心使命，中国人民从站起来、富起来到强起来的自信自豪，得到大气磅礴、雄浑激越的艺术再现，突出表现了中国共产党奋斗、奋发、奋进、与人民血肉相连的伟大形象。中国共产党一心为民的精神信仰，穿透历史帷幕焕发夺目光彩。

《伟大征程》的叙事视角和人物题材别致新颖宽广。大小兼备，点面结合，宏大叙事与微观情景结合，历史的恢弘以全新的叙述模式承载。历史事件和重要工程、英模人物和光辉成就，在音乐舞蹈、情景表演、广场行进、戏剧演出、视频影像等多种方式的生成转化中，在大型情景史诗气象的铺陈下，形象地传达了中国共产党的百年历程和全面建设社会主义现代化国家的光明远景。开篇的微微曙色及至最后的红旗漫卷，使中国共产党的百年荣光产生了丰满的精神意象。

文艺演出应该如何弘扬和传播中国共产党的光辉历史，讲述中国共产党让人民过上好日子的初衷使命，表达中国人民建设新世界的奋斗激情，并向世界宣告中国共产党来自人民、一心为了人民的理想初衷?《伟大征程》提供了生动形象讲述党史的艺术样本。多种艺术手段相得益彰，影像语言、戏剧语言、行为艺术等相映生辉，依据史诗的结构和标准，构筑史诗的美学品格，将厚重深邃的主题渲染得正大庄严、明朗敞亮，构成了新时代的新气象新表达，必将成为中国共产党百年风华再启航的有力宣言。

二、场面恢弘，规模宏大，样式丰富，气势雄壮，中国共产党百年壮阔历程和伟业，多种元素的融合表达相映生辉

演出在容纳数万人的国家体育场举行。《伟大征程》舞台置景大气弘阔，利用场地的超大容量，构建了多空间、多层次、立体交叉的丰富表演空间，最大化地扩展了场地优势。中央舞台的巨型屏幕上，是红色幕布衬托下熠熠生辉的金色党徽，两侧分别书写着“1921”和“2021”金色字样。超大电子屏幕高近30米、长170多米，配备着升降台、推拉摇臂、多功能台阶等。150台激光投影机多点位立体投射，电子画面展示与戏剧情景、广场行进表演等迅速切换，影像与舞台融为一体，极大拓展了表演空间。最后高潮处，16米见方的实体巨大党徽在特制的钢结构中，从屏幕后缓缓升起，10面高达20米的红旗跟随党徽的移动同步上升，在全场激情澎湃的合唱声中，庄严神圣之感扑面而来，带来强烈的视觉和心灵震

撼，构成全场演出最重要的视觉形象。

大规模场面调度，多种艺术样式有机串联，充满戏剧性的情景演出，也写下中国共产党百年浴血、岁月峥嵘壮阔景象艺术表达的崭新篇章。演出场面之大，调动演员、实景道具之多，震撼力之强，实属罕见。音乐舞蹈、情景表演、戏剧演出、广场行进及团体歌舞，调用近 8000 名演员，表演却鲜活卓越有序；观众席上 8000 多人的青春合唱方队，戏剧情景的灵活拓展，都让演出大气壮美雄阔。展示新中国建设成就和强军阵容的汽车、拖拉机、坦克、装甲车、步战车、自行火炮在舞台上徐徐前行，100 名号手奏响号角，100 面大鼓在空中敲响，500 面红色大旗挥舞涌动，绚丽的烟花一次又一次在夜空绽放。广场表演、舞台表演和视频影像，最终铺演成声势浩大、气壮山河的宏大场景，凝汇成中国特色、民族气派、国家形象的史诗性气象。

全场气氛被高强度点燃，观众激情如大河奔涌，与演出汇成一道壮丽的文化景观，令人热血沸腾。当一段段重要历史影像、一个个英雄模范人物、一件件光辉耀眼的事件、一首首歌颂党的经典歌曲出现和响起时，观众的情绪不断被点燃。主题曲《领航》的旋律，“无论多远，你都在我们身旁，信念永恒，初心不忘，人民就是江山，写就你使命担当……”带动了全场的真情呼应；尾声处全体起立合唱《没有共产党就没有新中国》时，几万人的体育场成了庄严神圣、激情燃烧的海洋。中国共产党带领中国人民走过的枪林弹雨、艰难跋涉、前赴后继和勇往直前，中国人民昂首阔步、自信自豪迈步新时代的壮志豪情，都融化成震古烁今的诗篇、振聋发聩的鼓点，在大气磅礴、激动人心的礼赞中，汇合成新时代的激昂交响，令人荡气回肠。中国共产党的磅礴伟力，56个民族凝神聚力、团结一心跟党走的坚定信念在这一刻，强烈爆发，感天动地。《伟大征程》的高起点、大视野创作提供了多种艺术元素和谐调度、大开大阖、极富感染力的演出示范。

三、追求创新与卓越，配置整合优秀艺术资源和科技成果，中国共产党的百年风华，在新的演艺方式、新的艺术思维观照下，流光溢彩，气壮山河

对历史最好的纪念，就是创造新的历史。中国有14亿多人口，国内生产总值稳居世界第二位。正如习近平总书记所说，“我们比历史上任何时期都更接近中华民族伟大复兴的目标”，中国在国际社会的地位和影响力从未如此显著。在新时代新征程上，文艺工作者肩负着以优秀作品作为创作中心任务的引领作用，肩负着以中国美学品格进行创造与创新的神圣使命，肩负着创作与时代恢弘气象相匹配，体现中国风格、民族气派、国家形象文艺作品的光荣

使命。

与庆祝改革开放40周年文艺晚会《我们的四十年》、庆祝中华人民共和国成立70周年大型文艺晚会《奋斗吧中华儿女》的演出场所有所不同,《伟大征程》是在国家体育场举行的。容纳数万人的露天场所，对于表现中国共产党百年的苦难与辉煌，让观众产生思想震撼和心灵震荡，是挑战也是机遇，是压力也是动力，是创造性转化和创新性发展的现实考验，创作难度无疑更大。当演出以当代审美赋予国家体育场特定演出场馆恢弘气势，创造性运用与之相宜的崭新样式，让环形结构和整体搭建的立体舞台为观众带来全方位、多角度、沉浸式的观赏体验时，宏大的演艺时空被情景激活，生动传达了中国共产党的风雨兼程、生机活力，产生了激动人心的艺术效果。《伟大征程》的创造与创新为人们带来深度震撼。

科技与艺术的结合，极大拓展了体育场表演艺术的边界。矗立在舞台上的几块高清LED屏，是营造“情景”的重要道具。舞台后方的主屏高29.5米，长174米。另外还有四块辅屏和一块在地上使用时可以翻起来的翻屏。几块屏幕的总面积达8000多平方米。如此大的屏幕，在世界上还是第一次被使用。中国共产党历史上珍贵的影像片段、演员们在现场还原党史上重大事件的情景表演，交替在屏幕上呈现。摄像机在现场多机位多角度拍摄的内容实现了即时拍摄、即时剪辑和现场投放播出，“这是技术与艺术相结合的一次重大创新，在国际上处于领先水平”。演出中频繁连线太空、CG 技术、AR 技术……大量最新演艺科技的使用，是艺术借助时代、科技进步之力的有益尝试。正是演员的真情投入和科技手段的强力支撑，让中国共产党成立、秋收起义、长征、开国大典、抗美援朝、社会主义改造、改革开放、经济特区建立、香港澳门回归、北京奥运、脱贫攻坚、抗击疫情等百年党史上的重大事件，变得可视、可触、可感、可听。所有节目的开放、互动式设计，包括创意造型焰火与演出相结合，以不同造型呼应不同舞台情境等形式的运用，让观众激情飞扬、心潮激荡，有效完成对百年党史的“亲身经历”。

艺术地感受中国共产党的百年风雨，聆听中国人民奋进新时代的豪迈心声，使几万名观众对历史的认知、对党和国家的情感达到了同频共振。那份感慨，那份庄严，那份呐喊欢呼，早已超出了一场文艺观赏的意义。那是精神的震撼、心灵的洗礼、情感的汇聚，更是迈步新征程的浩荡集结与真情宣示。文化的力量，时代精神的感染，在这一刻得到无与伦比的印证。用艺术的手法讲述百年党史，用高科技成果展示中国社会的巨大变迁，中国的艺术工作者探索尝试了思想性与艺术效果有效统一的表现方式，用情景与史诗的大胆融汇，艺术与科技的创意性融合，提供了新时代文艺创作的新范式。

从一艘小船到巍巍巨轮，从几十名党员到拥有 9500 多万名党员的世界第一大执政党，中国共产党之所以历经风雨而风华正茂，饱经磨难而生生不息，就是因为一百年来，在革命、建设、改革的历史洪流中，中国共产党人从未停下奋斗创造的脚步。《伟大征程》的创新意识，壮美奉献，尤其是台上台下的真情呼应、场内场外的焰火绽放，构成了整场演出的雄浑气势，艺术地体现了历史与艺术、胸怀与创意的巧妙对接，让人真切感受到了中国共产党的奋斗与探索、朝气与活力，也为中国人民意气风发迈步新时代的自信自豪作出生动有力的艺术投映，更是中国艺术工作者为培根铸魂、凝神聚气寻找到的富有新时代特色和国家气派的创造性表达。

四、在思想性艺术性的有机统一上，《伟大征程》的震撼性效果为文艺创作带来诸多启示

一个时代有一个时代的文艺作品，一个时代的文艺作品体现一个时代的文艺气象。中国共产党的百年征程呼唤伟大作品的形象表达，呼唤以艺术的方式凝聚磅礴的奋斗伟力。《伟大征程》的启示性意义在于：

怀有虔诚敬畏之心，高标准高起点创作意志，赋予党的百年历程重新开掘之后的历史意义与现实光彩。中国共产党百年奋斗的壮

阔历史中，蕴藏着无数值得挖掘而又珍贵无比的艺术资源。所有的历史事件和历史成就都值得以当代意识去重新审视和凝望，都值得在创造性转化和创新性发展中，去发现其独到、细腻的历史价值和撞击人心的现实力量。在充满现代语汇的艺术呈现中，让中国共产党的历史成为全面建设社会主义现代化强国的精神资源，成为中国人民自信自豪、开创未来的力量来源。许多党史瞬间的选择和放大，以及恢弘时代与个体形象的相映生辉、以小见大，《伟大征程》在以当代审美意识开掘党史内蕴上，作出了令人耳目一新、心潮澎湃的有益探索。

勇于融合艺术与科技，运用最新科技成果反映新时代的澎湃激情与壮美景象，创造出属于当今时代的史诗画卷。在恢弘大气、朝气勃发的艺术讲述中，多媒体、全景式、开放性的精巧构思的起承转合下，尽可能做到几个匹配：让舞台气象与中国共产党的百年光辉历程相匹配，与日益强大的国家形象相契合，与伟大的中国精神和时代风貌相协调，与当代观众的审美情趣相适宜，体现出新时代的艺术审美新格局。《伟大征程》之所以超越了我们对一台文艺演出效果的观赏预期，正是缘于它的大气与震撼、创新与突破、青春与时尚，是高科技加持和超常规运用带来的想象力的新收获。中国文艺工作者以信仰之光，点燃创作激情，攻坚克难，勇于创新，呈现出摆脱传统创作模式，进行创造性转化和创新性发展的新视野。

体现了国家调度和整合各方优势资源的组织协调能力，保证了晚会的精彩纷呈以及国家水准、大国气象。编导演、音舞美、灯光视频制作等齐心协力，协同作战，这既是国家意志和组织化程度不断提升的体现，也体现了广大参演人员的高度自觉，折射了党和国家无比强大的凝聚力向心力，是体现体制优势办大事的成功实践，为富有中国风格、民族气派、时代审美的艺术创作提供了新经验。

参演人员对党的感情和热爱，观看者对国家进步的切身体验和获得感，是形成台上台下强烈情感共鸣的重要原因。上万名演员真情投入、倾心歌唱，用他们激情澎湃的表演呈现了 14 亿多中国人民心往一处想、劲往一处使的形象画面。面对中国人民意气风发的昂扬意志，面对中国日新月异的社会变化，面对中华民族伟大复兴的目标从未如此接近的距离，中国共产党为什么能、马克思主义为什么行、中国特色社会主义为什么好，他们不光用演出作出了艺术回答，也是切实感受和真实心声的总爆发。每个人都是历史的参与者、创造者，他们既是编剧也是剧中人，他们对党的感情由内而外的生成与散发，既在创造艺术，更是抒发情感。他们的理想奋斗、牺牲奉献、继往开来的坚定意志将为中国的光明未来积聚起更加雄厚的精神资源。这是艺术的力量，更是精神的光芒。《伟大征程》的创作与演出，必将在思想题旨、演出形式、观演体验、激情融入上，以崭新的审美效应载入中国文艺史册。

《伟大征程》虽是一台文艺演出，却早已超出一台晚会的意义，是文艺创作追求精品化、攀登高峰的有力实践，是国家意志国家形象的艺术表达，是中国气派民族创意的艺术印证，是中国人民奋斗奋进、坚定跟党走的豪迈宣言。它将在建党历史和文艺演出史上启发诸多思考。

（原载《艺术评论》2021 年第 7 期）

历史真实与艺术真实的完美统一

中国艺术研究院　欧建平

大型情景史诗《伟大征程》已经跟观众见面。这次演出，无论是演员们的表现，还是音乐、舞蹈、杂技、戏剧等各门类艺术的综合效应，都达到了极佳效果，而最让人惊叹的则是那个横跨整个体育场、面积足有近8000平方米的超高清大屏幕。它集中体现了我们的国力之强盛，并在瞬间将数万名观众带入了这部反映中国共产党百年沧桑历史的鸿篇巨作中，让每位观众接受了一次难忘的党史教育。

超高清大屏幕上，精挑细选出来的海量历史镜头，让波澜壮阔的百年党史在观众眼前“再现”，其中有太多催人泪下的镜头。在横跨国家体育场的超大舞台上，纵向的三层平台与两侧的多层转台，以及“天高任鸟飞”的高空，为近8000位演员充分表达爱党真情、展示艺术才华提供了宽广的空间——这种在整体结构上纵横交错、虚实相生的创作手法，不仅让整场演出具有教育价值，而且更使其拥有了艺术的审美价值，由此实现了历史真实与艺术真实的完美统一。

最能体现这种天地之间遥相呼应的段落当数那段鼓乐歌舞《新的天地》——首先吸引人眼球的是大舞台的高空中那面悬挂在后区中央不停旋转的巨型大鼓，鼓面直径足有10米。固定其上的9位鼓手率先击鼓，隆隆的鼓声代表着党中央发出的“脱贫攻坚”号召。接着是高悬于舞台两侧高空的百面大鼓与百位鼓手，在上下错落的调度中敲击出整齐如一的和声，象征着全国各族人民伸出的同舟共济援手，最终实现了脱贫攻坚的目标。与此同时，大舞台的地面上，数以百计穿着金色服装的舞者与飘扬的红旗，既表现出中国人脱贫致富的坚定决心，又抒发出他们告别穷困后的欣喜之情。

这台演出的定位是“大型情景史诗”，演员们再现了英雄们的豪言壮语，足以为史诗提供流芳百世的语汇。譬如董存瑞在解放战争期间，舍身炸碉堡前高喊的“为了新中国，前进！”王成在抗美援朝故事片《英雄儿女》中高喊的“为了胜利，向我开炮！”王进喜高喊的“宁肯少活二十年，拼命也要拿下大油田”……这些语言之所以具有感动人心的力量，是因为它们都是英雄们以宝贵的生命铸就的。

就音乐而言,《伟大征程》吸收了1964年首演的大型音乐舞蹈史诗《东方红》的成功经验。演出中穿插了大量不同时期最具代表性的经典歌曲，如《唱支山歌给党听》《国际歌》《秋收起义歌》《八月桂花遍地开》《十送红军》《怒吼吧 黄河》《中国人民解放军军歌》《东方红》《在希望的田野上》《我的中国心》，这些脍炙人口的歌曲之所以能流传至今，不仅因为通俗易懂、好唱好听、韵味无穷，更因其形象生动地还原历史、昭示当代、预兆未来，并且具有很强的代入感。虽然演员们演唱的只是其中的片段，但却能立刻将观众带回那些激情燃烧的岁月。

整台演出，舞蹈大多是以“歌舞”“鼓乐歌舞”“戏剧与歌舞”“情景交响歌舞”“戏剧与舞蹈”“合唱与舞蹈”“戏曲与舞蹈”“情景舞蹈”“情景合唱与舞蹈”“器乐、童声合唱与舞蹈”等综合形式出现的。震撼人心的舞蹈场面比比皆是：五四运动中，大批热血青年，为了反帝反封建，不畏拘捕和殴打，纷纷走上街头，挥舞拳头，高举标语，抛撒传单；数百位农民高举火把，拿起武器，在井冈山等地陆续建立起多个根据地；大批共产党员和其他爱国人士在监狱中团结一致，高唱《国际歌》奋力抗争；数百位舞者为欢庆新中国的诞生，打着腰鼓、扭着秧歌，舞着红绸；数十对交谊舞者在改革开放的春风中轻盈地跳起圆舞，表现花好月圆的心境；数百位红裙少女在足尖上翩跹起舞，赞美更上一层楼的幸福生活……

从观众席上遥望，虽然看不清舞者的身体质感、动作细节、面部表情，但笔者依然为演出中人潮涌动的场面，为时而鲜花盛开、时而麦浪滚滚的构图，为时而斗笠翻转、时而刀光剑影的舞蹈而感动，并对全体舞者严肃认真的态度和整齐划一的动作表示敬佩。

作为北京舞蹈学院的客席教师，三个月前，我曾目送千余位00后学子人手一只旅行箱，登上去往训练基地的大巴车。尽管观看演出中，我未能辨认出任何一位学生的面孔，但我却清楚地意识到，他们经过近三个月的淬炼，已在吃苦耐劳的精神和集体主义的作风上突飞猛进。与此同时，我深信，这段特殊经历将成为他们人生中引以为傲的精神财富！

（原载《光明日报》2021年7月7日）

鲜红党旗：伟大史诗的高贵灵魂

中国舞蹈家协会　冯双白

建党百年，改天换地；丰功伟业，惊天动地；万民景仰，感天动地！百年建党立党兴党，其历程何其艰辛曲折，其胜利何其辉煌，其形象何其熠熠兮，何其煌煌哉！为纪念建党100周年而举行的大型情景史诗《伟大征程》，饱含澎湃艺术激情，用大开大合的艺术结构，跨界融合的艺术形式，富于创新的审美视像，赞美了中国共产党带领中国人民披荆斩棘，战胜无数艰难险阻，取得各个历史时期的伟大胜利的历史；晚会富于诗意地讴歌了党的十八大以来中国人民紧紧追随以习近平同志为核心的党中央的坚强领导，在中华民族伟大复兴新征程上砥砺前行、创造人类奇迹的伟大业绩。

大型音乐舞蹈史诗，是我们党和国家在重大历史节点上常常举行的庆典性艺术形式。脍炙人口的《东方红》和《中国革命之歌》，激动人心的《永远的长征》和《我们的四十年》，均是具有史诗性的大型文艺演出。那么今天，处于新时代中国特色社会主义重大历史关头又恰逢建党百年华诞的美好日子，面对以往那么多的史诗歌舞庆典演出，怎样在一部时长有限的艺术作品里既涵盖历史之壮阔，又能够揭示历史之本质和真理，既智慧选择重大历史画面重现征程之卓绝，又能够艺术地、张弛有度地倾诉敬党爱党之深情？《伟大征程》对上述问题交出了一份出色答卷。

伟大征程，自有其内在逻辑。晚会用 4 个篇章涵盖百年，从中国共产党历史前行的阶段性本质特征入手，构建了晚会的独特的结构。例如第一篇章“浴火前行”，横跨了宇宙周转、中华文明闪耀星球、近现代坚船利炮撕碎华夏大地、中国共产党横空出世、领导中国人民历尽千难万险翻身解放等重大历史节点，高度浓缩了历史却又极其鲜明地揭示中国共产党“浴火”于民族苦难而不畏牺牲的英雄形象。晚会的第二、第三篇章，分别用两个设问引出：打破了一个旧世界的中国共产党人，能否建设一个新世界？带领中国人民站起来的中国共产党，能不能带领人民富起来？由此，“风雨无阻”生动描绘了从开国大典、抗美援朝，到社会主义经济建设高潮迭起的历史画卷，“激流勇进”诗意地抒写了改革开放后中国发生的历史巨变。再看第四篇章“锦绣前程”，没有停留在一般化的、对美好未来的空洞憧憬上，而是生动刻画了党的十八大以来一桩桩、一件件惊天动地的重大历史成绩，艺术地讴歌了以习近平同志为核心的党中央领导全国人民所取得的伟大胜利，揭示了前程只在脚下、锦绣写在眼前、未来已经到来的历史真理。上述结构里的每一篇章，从史诗的诗性品格出发，并没有也不可能对历史环节一一复现，而是有选择地抽象出历史“征程”上富有代表性的“印记”做大写意式的艺术呈现。如第三篇章“激流勇进”，分别用澎湃的春潮暗喻改革开放的春天，用青春圆舞曲复现特区的活力，用隆重的仪式表明港澳回归的庄严，用流动的肢体描绘国家重大工程的大地之舞，更用浓缩笔墨将抗击“非典”、抗震救灾等历史景象凝聚为一面心中的党旗。伟大征程因为概括出了历史的高度而凸显了征程的伟大，艺术的史诗因为提炼了精神品质而抽象成史诗的艺术。

那么，情景史诗《伟大征程》在审美建构上又为我们提供了怎样的新鲜审美经验呢？笔者以为，那一面鲜红的党旗，那一个镰刀锤头支撑起来的党徽，在整场演出中以不同的方式反反复复地出现，从而演进为一个高度艺术化的符号，支撑起整个《伟大征程》的审美核心意象。这核心意象极富艺术感染力地连接着许多情景，那些画面与历史征程中的党员之心、百姓之心、民族之心、中华文明复兴之心，息息相通、心心相印，由此，从党旗党徽转化为晚会的艺术符号，再从艺术符号升华为整个情景史诗的高贵灵魂。

你看，巨大的党徽，一开场就稳稳当当地确立在背景台的正中央，如同定海神针，坚实而沉着，好似茫茫大海的灯塔，引导着征程的方向。在场地中央，由点点星火汇聚出的党徽，渲染着建党百年的肃穆庄严和神圣。演出结尾时，鸟巢体育场的最高点上，一个高达16米的巨大党徽冉冉升起，带出了典礼之乐和万千礼花，带出了《领航》的主题歌，带出了整场演出的最高潮。党徽形象首尾呼应着，令人印象极其深刻！

你再看，鲜红的党旗，勾连起晚会上所有的视觉形象，那是全场艺术的点睛之笔，是所有视觉的立身之本，是带有贯穿性质的艺术符号。在戏剧与舞蹈《破晓》中，党旗还只是《国际歌》中的一缕缕红巾，编织出锐利的三角，刺向黎明前的黑暗。在情景舞蹈《起义 起义》里，中国共产党人从南昌到浏阳高高举起了武装起义的旗帜；在江西瑞金，飒飒迎风飘扬的中国工农红军的数面军旗，热情簇拥着中华苏维埃共和国临时中央政府的匾额；在湘江血战后，长征途中，有红旗漫卷引路；遵义会议的历史转折关头，党旗迎风高高飘扬。在大屏幕上，蒋家王朝旗子落下而我们的旗帜高高升起；在抗击“非典”和抗震救灾中，无数双手臂高高托举起来的党旗，恰似人们心灵深处永远不落的温暖太阳。

鲜红党旗是伟大征程的火炬，更演化为《伟大征程》的许多精彩细节形象——它是抗日烽火中大刀和红缨枪上的红色穗子，它是开国大典上的国旗亮色，它也是抗美援朝战争烽烟滚滚中“美如画”的猎猎战旗，它还是《强军战歌》里英姿勃勃的三军军旗，更是结尾处鼓乐歌舞《新的天地》里那无数面滚滚涌动的红旗海洋！

可以说，鲜红党旗和金黄的党徽，是《伟大征程》的史诗灵魂。因为有了贯穿性的、艺术符号化的党旗和党徽，《伟大征程》有了与众不同的设计，可谓艺术匠心独运。这一独特的代表性艺术形象，让所有的历史镜头有了主心骨，高度集中抽象又具体鲜明地构建了史诗的大厦。同时，这一构思和具体实施，也让《伟大征程》有了与众不同的艺术品相。

与鲜红党旗呼应着的，是场地内一次次重现的巨大同心圆图案。我们在武装起义军的队伍会聚中见到了同心圆，在《春潮澎湃》的绿色田野上见到了向心卷动团聚的同心圆，在《抗震救灾》的一片废墟中见到了紧紧团在一起的人体同心圆，在《命运与共》的童声合唱里，我们还见到了由流动的五种色彩高速激情旋转着团结在一起的同心圆。这一同心圆，让我们联想到中华民族传统文化的经典图样，勾连起深邃的历史涟漪。是否可以说，鲜红党旗与同心圆，正象征着我们伟大而亲爱的党带领中国人民团结一心、高度凝聚为一个整体，在征程上不可阻挡！这一切告诉我们：一部史诗，必须有史诗级别的审美意象。

伟大征程，应自有其艺术审美。晚会跨界融合了多种艺术形式，创造了戏剧与舞蹈、戏曲与舞蹈、情景合唱与舞蹈、诗朗诵与童声合唱及舞蹈等多种艺术形式，更配合以前所未见的环绕型巨大全景屏幕，并且采用全场地投影形象，与大屏幕之影像完美无缝衔接，营造了富于无比冲击力量的视觉感官效果。如上的艺术景观把人们曾经熟悉的非常真实而珍贵的历史影像放大给当代，把发自心底的歌声唱给伟大的党，抒发了新时代的历史感情。这是在《东方红》等大型音乐舞蹈史诗之后，一部达到新时代全新审美高度的、激动人心的情景式艺术史诗！

伟大征程，开拓了伟大的新时代，呼唤着全新的艺术，渴求领略全新的审美。情景史诗《伟大征程》，为中华优秀传统文化的创造性转化和创新性发展提供了鲜活的经验，取得了出色的成绩，是一曲辉煌而深情的中国共产党百年诞辰赞歌！

（原载《中国文化报》2021 年 7 月 2 日）

宏大无比的时代交响

——初探大型情景史诗《伟大征程》的成功奥秘

中国儿童艺术剧院　欧阳逸冰

所有的成功都隐藏着引人思辨的惊叹，而这个惊叹就是发现。对奥秘的发现，就是成功之后的又一次收获。大型情景史诗《伟大征程》的演出成功，理应引发出我们对这一艺术成就的新思考。

让我们仅以第一篇章“浴火前行”中的“遵义会议”和“保卫黄河”两段为例——前者安排在湘江战役之后，作为前导的是众红军提着没有点亮的马灯，在没有月亮的暗夜下思念毛泽东。这就是历史在徘徊，时代在沉思；继而是明亮的副主台上进行的戏剧性表演，那是党和红军的领导成员在进行一次决定命运的抉择。毛泽东力挽狂澜，周恩来等众领导纷纷与毛泽东握手……对这一段重要的历史节点是这样呈现的：毛泽东等领导拾级而上，在合唱“万众欢呼毛主席”声中，三路红军从不同的方向迤逦而来，副屏幕是遵义会议的大楼，大屏幕则是长征路线图的动画展示，当战士们登上第三层平台时，大屏幕的路线图突然向右移动，在陆定一《会师歌》的歌声中，大屏幕突现巨幅的会师油画，而在遵义会议大楼的下面，顺着旋梯出现了一组长长的金铜色雕像，那是彝族人热情欢送红军继续长征的情景。这里蕴含着非常清晰的历史逻辑：历史选择了领袖，人民选择了历史；多视角、多看点、多画面、多元素的演变与综合，在动态中空前强化了党和红军在生死关头的重大抉择，显示了马克思主义政党自身所具备的强大生命力；金铜色的雕塑是红军回首时的历史写照，行进和欢呼的是当时的红军，这样，历史与历史上的现实交相辉映，在台下的现实观众眼中，又一重的历史与现实的反复观照，不但令人感慨万千，更是历史记忆绽放出思辨的火花。

而后者"保卫黄河"则让音乐点燃了飞泻的激情，自天而降的涛声与满台八路军战士与青年知识分子们的歌声混响成了 14 年抗战历史的挟雷裹电的巨响——先是气吞山河的齐唱，发展成为两部合唱，继而是左右联唱、多声部重唱，台下的当代青年万众一声地投入之后，当代与历史形成了宏大无比的时代交响。

《伟大征程》成功的奥秘或许应该这样揭示：

正像罗丹所说："当一个真理，一个深刻的思想，一种强烈的感情，闪耀在某一个文学或艺术的作品中，这种文体，色彩与素描，就一定是卓越的。”这个真理像思维的火炬一样，把有意味的形式与情感意象对应成有意味的整体，从而唤起深刻的审美情感。这个真理，同时也是大家共有的情感意象，就是在“启航”中，第一句唱词：“你是灯塔，你是舵手。”灯塔，就是中国共产党。

《伟大征程》正像《易经·彖》中所说：“大哉乾元，万物资始，乃统天。”党领导人民开创了新的天地，历史如此，现在如此，未来亦如此。《伟大征程》所表现的中国共产党的形象就像李白的《大鹏赋》所说“雄姿壮观，块轧河汉”，充满着无穷的活力！

（原载《中国文化报》2021 年 7 月 16 日）

一辈子只爱这道数学题：2021-1921=100

——看《伟大征程》所想到的

《中国文化报》 赵 忱

我家在鸟巢附近。我时常在鸟巢附近散步。我很少认真地把鸟巢叫作国家体育场，我没有想过在年过半百的时候会在那里看一场叫作《伟大征程》的文艺演出。

身为一个文化记者，我看过的演出太多了，还亲身参与过大型音乐舞蹈史诗《复兴之路》的创排与宣传过程。我的意思是，我以为我算是见多识广的观众，但是，当我走进鸟巢，坐在那块巨大的屏幕对面时，我还是惊呆了：那果然是世界上最大的电子屏幕了吧？我惊讶于它的体量：它是那样辽阔，像幅员辽阔的祖国；它是那样壮阔，像波澜壮阔的中国共产党；它是当代中国文艺方面军在中国共产党成立100周年之际，以文艺的方式，以插上了科技翅膀的文艺的方式，献给党的阔礼。

我的心瞬间被它抓住。《伟大征程》正是始于那块遮幅式巨屏。鲜红底色上，沉稳浇铸着一组金色数字：1921—2021。我端详着它，从左到右，做加法，100 年，从无到有；从右到左，做减法，100 年，应有尽有。太艰难，太伟大，太惊心动魄，太可歌可泣，太深入人心。

整晚只是看这个，也许都看不够，何况，还有烟花，烟花起飞升腾时观众的手眼心法都跟着飞了上去，只是留住了步。你坐在那里，你很想蹦起来，无论你的座位在哪里，你仿佛立即就看到了中国共产党百年简史：红船与初心，决战与牺牲，崛起与奋斗，改革与发展，脱贫与小康，人民与江山，民心与党心。此后，这块巨屏，像一个多情的深情的讲述人，把中国共产党带领中国人民浴血奋战的历史、砥砺奋进的历史，浓缩为四个篇章——“浴火前行”“风雨无阻”“激流勇进”“锦绣前程”，以千军万马之势，用百花齐放之力，一一铺陈开来，用两个多小时时间，为观众打开中国共产党领导中国人民战胜一切艰难险阻得解放、得幸福的百年画卷，有血有肉，有情有义，可谓：见人见史见精神，见山见水见丰碑。

功劳当然不能只是归功于巨屏，是人，赋予它高能，是以陈维亚为总导演的艺术家们在两年的时间内，呕心沥血孜孜以求，找到了创意，找到了路径，找到了手段。可以想见，他们走在这条路上，就像是重走一回长征路。这是另一种“伟大征程”。

也许，还有另外的办法把鸟巢变成另一番样子，但，我们业已看到的《伟大征程》，它的样式，它的内容，已经不容置疑地把国家体育场变成了国家文艺中心，变成了新时代的文艺战场，把一道道色香味俱全的美味佳肴端上来，呈现给党，呈现给人民，构成一席新时代中国特色社会主义文艺盛宴，成为庆祝中国共产党成立100周年系列活动中一道雨后彩虹般绚丽的美景。这是在习近平新时代中国特色社会主义思想引领下实现的文艺创造——“伟大”无处不在。

《伟大征程》集结了几乎所有中国舞者。舞蹈，是《伟大征程》绝对的主角。在国家体育场硕大的场地间，每一个舞者都像战士，也像棋子，为了走好《伟大征程》这步大棋，他们奔跑，他们大口喘气；他们伫立，他们屏住呼吸。他们意气风发地用身体点燃燎原星火，他们义无反顾地把青春洒进血色湘江，他们欢快地打着腰鼓挥着红绸投身开国大典，他们前仆后继攀援在鸭绿江大桥上，其中一个在场地核心区屏幕上端高喊：为了胜利，向我开炮！《英雄赞歌》响起，你重温了一个词——泪流满面。

数千名舞者继续带你畅游新中国。希望田野上的社会主义建设，那么鲜艳；疫情之下的举国驰援，那么温暖……一幕一幕，都是中国共产党伟业的真实写照，都是中国情感的精准表达，都是中国文化的责任担当。

当然还有戏剧，必须有戏。鸟巢无限的空间被无限合理地开发了。所谓大型情景，是由分布在高低上下前后左右、令人目不暇接的演出空间营造的。话剧在两边圆台。或许，遥远的距离会让戏剧的辐射力打上折扣，技术却可以适时地做些弥补。于和伟现场扮演的陈独秀话音刚起，巨屏就把最好的位置留给了他和李大钊，从春天火到夏天的《觉醒年代》，立即引来观众的欢呼。

歌声，一晚上有很多歌声，虽然没有舞蹈声势浩大，却总是耳熟能详，直入人心。《唱支山歌给党听》不断地在鸟巢回旋，向观众席游走，跟观众耳语，当十八洞村的孩子以淳朴的童声再次唱响这首歌时，观众的心被萌化了、被感化了，简直好像带不走了。这时候，你还会想起海清方才扮演的江姐念出的那封留给幼儿的信，不胜唏嘘……所有的牺牲不都是为了人民的幸福吗？伟大的脱贫攻坚战叫贫穷的十八洞村的孩子脱贫了幸福了，这是伟业是凯歌呀。

巨屏不断推进党史，言语之周详简练严密，叫人折服。不同历史阶段陆续展开，毛泽东、邓小平、江泽民、胡锦涛陆续向观众走来，每当他们出现，鸟巢上空就会响起雷鸣般的掌声，像是努力雷鸣好叫他们都听得见。当习近平总书记微笑着向大家走来时，那掌声，不仅雷鸣，而且经久不息。如果你看的现场不是28日的现场，你会觉得遗憾，你很想亲自看见日理万机的习近平总书记当晚看完

《伟大征程》时的笑容——骄傲自信坚定。

我看的是6月25日的公演。感觉是，你到没到现场，感受应该完全不同，你到不同场次的现场，感受也会完全不同。25日那晚，演出进行过半，突然风雨交加，演出导演组不得不宣布暂停20分钟，等雨停或者雨小。快速除湿，继续演出，整个团队所有工种的高效、敬业令人动容。这是最后一个篇章“锦绣前程”，漫卷的红旗被雨水打湿，即使是再年轻有力气的舞者也很难顺利地挥它起舞，红旗上的红，更加红；红旗的分量，更加沉。可是，我亲眼看见他们顽强地挥舞，就像共产党人在每一个艰苦时刻下定的决心。最终，他们完成了全部规定动作。那时候，我快要流出的眼泪，浇灌了心灵。

最后，大家一起高唱《没有共产党就没有新中国》。我很久没有唱歌了，那晚一直唱。只要我会的，都跟着唱。压轴的《领航》还不会，以后慢慢学会它。还有关峡作曲的《命运与共》，似有暗香浮动，也要学会它。

2008年，也是在鸟巢，陈维亚是奥运会开闭幕式三位总导演之一，演出筹备期间，我曾前往指挥基地采访他。后来我为那篇专访起了“我们必须脱胎换骨”这样的标题。红色基因需要代代传承，艺术手段必须不断创新。希望过些日子，能够有机会听陈维亚畅叙本次创作的感受。

无论如何，向每一个参与工作的同志致敬。6 月 29 日上午，偶然看见歌唱家雷佳的朋友圈。有个朋友问，最后谢幕那个站在场地上的是你吗？太远了，看不清，但我看见你在擦眼泪。雷佳说，是的，让眼泪尽情地流吧，那是自豪又幸福的泪水。中国共产党百年华诞，这是世界上最大的政党，这是一切以人民为中心的政党，这是越是艰险越向前的政党，跟党走，一直跟党走，就会越来越幸福。

我当然会想起我的爷爷赵书香，中共地下组织成员，在 23 岁时把自己的生命交付给了党。我希望您能感知眼下中国所发生的一切，我想告诉您，您的血没有白流。在百年未有之大变局中，中国正笃定。

（原载《中国文化报》2021 年 7 月 5 日）

磅礴史诗塑造人民江山

北京大学　张慧瑜

6月28日，文艺演出《伟大征程》在国家体育场盛大举行。这台向中国共产党成立100周年献礼的大型情景舞台剧，全景再现了近代以来中国共产党带领中国人民攻坚克难、走向中华民族伟大复兴的历史。在鸟巢的巨型舞台上，采用实景演出、大型舞蹈和美轮美奂的数字显示屏等综合舞台艺术，给全国人民带来一场党史盛宴和视觉盛宴。全剧以党史为线索，以重大历史事件为核心，再现了一个又一个历史的瞬间，既有中华人民共和国成立、改革开放、全面建设小康社会等辉煌时代，也有大革命失败、被迫长征以及遭遇"非典"、汶川地震和新冠肺炎疫情等艰难时刻。这部剧使用了很多经典的红色影视剧和红色歌曲，在回顾历史、缅怀英雄的同时，也展望未来和朝向世界。

这部剧紧扣中国共产党百年华诞的主题，展示中国百余年的磅礴历史。全剧分为 4 个篇章，分别是“浴火前行”“风雨无阻”“激流勇进”和“锦绣前程”，如同历史的接力棒，一代又一代共产党人不畏牺牲、不惧万险，战胜一个又一个困难，取得一个又一个胜利。几千年来，中华民族创造了灿烂辉煌的文明，积淀了丰厚的文化精神。1840 年“面对三千年未有之大变局”，中国沦为半封建、半殖民地，对外忍受列强凌辱和瓜分，对内遭受封建统治压迫。在这种背景之下，有识之士积极探索救国救民之路。1917 年，“十月革命”给积弱积贫的中国送来了“马克思列宁主义”，中国共产党在五四新文化运动和五四爱国运动的风起云涌中诞生。100 年来，中国革命和现代化建设的历史并非一帆风顺，遭遇过多次挫折和绝境，但每一次中国共产党都能团结中国人民最终实现涅槃重生，一步步探索出适合中国国情的社会主义道路。这既包括面对抗日战争、解放战争、抗美援朝等重大战争中的强大敌手，中国人民在中国共产党的领导和组织下浴血奋战、保家卫国，也包括在现代化建设和发展时期面临技术难关和国际封锁，中国科技工作者与人民一起独立自主地实现工业和高科技的巨大进步，在航空、航海、高铁等领域取得显著成绩。

这部剧贯穿始终的主题是以人民为中心和人民江山的形象。一方面展现了普通共产党员无私奉献的精神，如在京剧鼓点的伴奏下，戏曲联唱《激情岁月》歌颂了王进喜、史来贺、雷锋、钱学森、焦裕禄等一批先锋模范的奋斗群像，而在诗朗诵《跨越》中表现了西气东输、西电东送、南水北调、北煤南运等重大国家工程的工程师们的风采。在不同历史时期和重大事件中，中国共产党始终与人民在一起，不管是“非典”，还是新冠肺炎疫情，党员医务人员都是抗疫第一线的“逆行者”。与此同时，人民也是中国共产党的靠山和力量来源，这体现为数字屏幕上反复出现祖国的大好河山，既是风景如画的大江大海，也是层峦叠嶂的诗意山水。这部剧还运用现代舞台科技营造走向未来和世界的自信，从中国山水过渡为世界各地的群山峻岭，新时代的中国人民与世界各民族交流、融合，共同建设“人类命运共同体”。

（原载《中国文化报》2021 年 7 月 2 日）

《伟大征程》：初心与民心的完美融合

中国艺术研究院　鲁太光

大型情景史诗《伟大征程》是歌舞与光影交织的华彩篇章。演出以中国道路的曲折展开为主线，让我们在艺术中回望历史、展望未来。中国道路的求索、开辟本就是波澜壮阔、激动人心，但演出之所以具有诗的质地，还因为其独特的“动力学”——整场演出是在中国共产党的初心与民心的互动中推进并走向高潮的。

这一切的起点是中国共产党人的初心：为中国人民谋幸福，为中华民族谋复兴。演出完美地再现了这一主题。“南陈北李，相约建党”，就是为了让中国走出半殖民地半封建的深渊，让中国人民过上好日子。毛泽东等中国共产党人之所以一尝到共产主义“真理的味道”就矢志不渝，是因为共产主义将要建设的是“自由人的联合体”，在那里，每个人的自由发展是一切人的自由发展的条件——只有在这样的“联合体”里，只有在社会主义条件下，才能真正实现人民幸福、国家富强。戏剧与舞蹈《破晓》将中国共产党人寻找初心、确立初心的过程表现得淋漓尽致，动人心弦。

初心一经确立，就要落地生根、开花结果，就要在民族民主革命中加以落实。但由于帝国主义、封建主义、官僚资本主义彼此纠结，势力强大，由于中国的国情错综复杂，革命要解决的问题盘根错节，也由于中国共产党是一个新生的党，需要在实践中检验、发展真理，因而可以说中国革命是一场危机四伏的漫漫长旅，其艰难险阻，可谓空前。尽管如此，由于真理的力量，由于初心的感召，中国共产党带领全国各族人民克服艰难险阻，取得了抗日战争、解放战争的胜利，建立了新中国，为民族复兴奠定了坚实基础。这是一条光荣的道路、辉煌的道路，但这也是一条牺牲的道路、艰难的道路。回望来路，才能明确去路。情景舞蹈《起义 起义》、戏剧与舞蹈《长征》、合唱与舞蹈《向前 向前 向前》等，让我们看到中国共产党人是如何在革命烈火中淬炼初心、坚定初心的，让人心潮起伏，感动不已。

中国共产党人不仅在革命过程中淬炼初心，而且在社会主义建设、改革中砥砺初心，鞠躬尽瘁，为人民的美好生活而忘我奋斗。演出中，每当有这样的场景，比如戏曲与舞蹈《激情岁月》、诗朗诵与合唱《跨越》，总是掌声如潮。危机时刻是初心绽放的时刻，也是感人至深的时刻：2003 年，“非典”肆虐时，让人民安心的是鲜艳的党旗；2008 年，汶川大地震时，地动山摇中稳定人心的还是鲜艳的党旗。情景舞蹈《党旗在我心中》生动地演绎了这些艰难而光彩的时刻。抗震救灾部分的编排极具特色：背景中，废墟层累，灰白一片，突然闪现出一面党旗，犹如火炬，点亮画面，然后是一面又一面党旗迎风飘展，无数党旗连接起来，如同红色血脉，使大地重生、生活重启，令人泪下。

突如其来的新冠肺炎疫情使武汉瞬间陷入困境，是党中央派出的一支支医疗队让人民看到希望。舞台上，舞者逆行的脚步，是对“人民至上”的完美诠释。那开遍武汉的樱花，也是对这一主题的完美诠释。脱贫攻坚是中国共产党践行初心的又一伟大壮举。戏剧与歌舞《东方奇迹》让我们情不自禁地再次回顾这一彪炳史册的历程：经过全党全国各族人民共同努力，到 2021 年 2 月，现行标准下 9899 万农村贫困人口全部脱贫，832 个贫困县全部摘帽，12.8 万个贫困村全部出列，区域性整体贫困得到解决，完成了消除绝对贫困的艰巨任务。这是中国人民的光荣，是中华民族的光荣，更是中国共产党的光荣！中国共产党是付出了极大的牺牲才赢得这场战役的——在这一过程中，有 1800 多名同志献出了宝贵的生命，再次生动地诠释了初心的真意。

因此，当《唱支山歌给党听》的旋律在童稚的清音中响起时，全场掌声不断。随着背景中各地人民“山歌”高唱，真情向党，演出达到高潮，国家体育场成了歌舞的海洋、欢呼的海洋。至此，整场演出中引而不发的“人心”这一主题以强劲的方式凸显出来、鲜明起来，与初心实现完美互动——初心感召人心，人心坚定初心！这不仅是这场演出的“动力学”，也是百年来中国道路的“动力学”。因为，只有将初心融入民心，实现初心与民心的辩证律动，中国特色社会主义事业才能动力充足，中华民族伟大复兴事业才能动力充足。

演出收束得简洁明快。在主题曲《领航》昂扬的旋律中，一颗颗金色的光点跳跃、飞升，化成一条条金色的光线，无数金色的光线交织在一起，跳跃、飞升，形成一片循环涌动的金色光波。在这金色光波托举下，庄严的党徽缓缓上升。当党徽升至最高点时，盛大的焰火腾空而起，照亮国家体育场上辽阔的夜空，国家体育场再次沸腾。这个收尾极富美学意味。那一颗颗跳跃、飞升的光点，是共产党人的初心，也是中国的民心，正是由于初心与民心的完美融合，中国共产党才不断发展壮大，中华民族才在复兴的道路上一路前行。

（原载《光明日报》2021 年 7 月 9 日）

百年来征程伟大　未来路再创辉煌

——观大型情景史诗《伟大征程》有感

中国艺术研究院　雍文昂

为庆祝中国共产党成立100周年，由中央宣传部、文化和旅游部、国家广播电视总局、中央广播电视总台、中央军委政治工作部、北京市主办的文艺演出——大型情景史诗《伟大征程》日前在国家体育场盛大举行。这部作品综合运用多种艺术形式，并配合以目前最为先进的技术手段，生动展现了中国共产党百年来带领中国人民进行革命、建设、改革以及中国特色社会主义迈进新时代的壮美画卷。

人民的选择，历史的必然。随着一场绚丽的烟花绽放，大型情景史诗《伟大征程》拉开了序章的帷幕。戏剧与舞蹈作品《破晓》再现了近代以后中华民族饱经磨难，无数仁人志士前赴后继寻找救国救民真理的过程。在观演现场，烟花散去之后的硝烟味道，伴随着战火连绵的影像资料，将人们的思绪瞬间带入了曾经积贫积弱、满目疮痍的旧中国，这是一段令人痛心疾首的过往，也是一段觉醒的年代。面对国家的屈辱、人民的苦难，正是早期中国共产党人救亡图存，最终选择了马克思主义道路。

大型情景史诗《伟大征程》的第一篇章以“浴火前行”命名，情景舞蹈《起义 起义》、歌舞《土地》、戏剧与舞蹈《长征》、情景大合唱《怒吼吧 黄河》、合唱与舞蹈《向前 向前 向前》等节目，集中展现了从 1921 年建党到 1949 年中华人民共和国成立期间，革命先烈抛头颅洒热血所经历的重重磨难。长征路上、抗日前线、解放战争，中国共产党人团结和带领全国各族人民，步履坚定，浴火前行，最终实现了国家的解放和民族的独立。这组演出运用了小场景戏剧表演与大屏幕切换呈现相结合的方式，并配合以一首首人们耳熟能详的革命乐曲，将这一段充满艰难险阻的历程展现在观众面前，使人在困苦中看到希望，并为创立时期以及新民主主义革命时期中国共产党人无畏追求真理的精神所深深感动。

携手并肩，成就伟大征程。“打破了一个旧世界的中国共产党人，能否建设一个新世界?”演出的第二篇章“风雨无阻”以旁白的一句设问庄严开启。在舞蹈《开国大典》中，人们打起了安塞腰鼓，秧歌的步伐与鼓声的节奏，将中华人民共和国成立时的喜庆氛围生动呈现。人们载歌载舞，引吭高歌，为的正是迎接一个新世界的到来。其后，情景合唱与舞蹈《战旗美如画》、戏曲与舞蹈《激情岁月》等节目，又刻画出抗美援朝、保家卫国的志愿军战士以及王进喜、史来贺、雷锋、钱学森、焦裕禄等一批先锋模范的奋斗群像。“为什么战旗美如画，英雄的鲜血染红了它，为什么大地春常在，英雄的生命开鲜花”，在《英雄赞歌》熟悉的旋律声中，舞台中央的一块屏幕缓缓升起，屏幕上的影像重峦叠嶂，如同是陡峭的山崖，更像是迎击的战壕。忽然，前赴后继的志愿军战士冲上“高岗”，在密集的战火声中，王成的扮演者站上了屏幕“制高点”，并高声呐喊“为了胜利，向我开炮”。那是一段英雄的生命铺就的鲜花之路，在这样的道路上，更有前赴后继的中国共产党人、中国人民，在和平年代，赓续着英雄们为了国家奋不顾身的坚强信念。“铁人精神”“红旗渠精神”“雷锋精神”“两弹一星精神”“焦裕禄精神”，无不为新中国建设贡献出坚实奋进的力量。

随后，第三篇章“激流勇进”讲述了党的十一届三中全会胜利召开之后，改革开放所取得的一系列历史成就。这一篇章由舞蹈《春潮澎湃》、歌舞《特区畅想曲》、情景合唱与舞蹈《回归时刻》、诗朗诵与合唱《跨越》、情景舞蹈《党旗在我心中》以及合唱与舞蹈《行进的火炬》等节目组成，将深圳特区建立，香港、澳门回归，以及西气东输、西电东送、南水北调、北煤南运等重大国家工程集中呈现，并表现了在中国共产党领导下，全国人民勠力同心、众志成城，取得抗击“非典”、抗震救灾的伟大胜利。此外，北京奥运会、上海世博会、神舟七号飞船发射成功等历史画面，也在这一篇章中得到再现。

伟大的征程、壮阔的场景，在国家体育场一面矗立的巨型屏幕上，不断上演着新中国改天换地的显著变化。场地中央，人们时而列队舞蹈，时而唱诵高歌，打破了旧世界的中国共产党人，不但建设出了一个全新的世界，更使得这样的新世界璀璨而夺目。

新时代的画卷已然铺就，未来必将再创辉煌。当演出第四篇章“锦绣前程”的大幕开启，一幅新时代的壮阔画卷也随之映入了观众眼帘。戏剧与歌舞《东方奇迹》、情景交响歌舞《人民至上》、情景歌舞《强军战歌》、诗朗诵与合唱《强国力量》、鼓乐歌舞《新的天地》以及器乐、童声合唱与舞蹈《命运与共》等节目，回顾了党的十八大以来，以习近平同志为核心的党中央统揽伟大斗争、伟大工程、伟大事业、伟大梦想，领导全国各族人民所实现的历史性变革。

这其中，戏剧与歌舞《东方奇迹》以闽宁镇、十八洞村的脱贫攻坚故事为例，宣示了中国共产党人引领中华民族实现全面小康的伟大胜利。脱贫攻坚，既是宏大的，可以载入史册、彪炳千载、关乎全局的伟大壮举，同时又是细琐的，需要具体到一时一地、一家一户、一餐一饭的普通日常。因为只有每一户百姓的安居乐业，才能带来国家整体上的繁荣富强。脱贫攻坚，不仅为全面建成小康社会打下了坚实的基础，也使得我国成为世界上减贫人口最多的国家，成为世界上率先完成联合国千年发展目标的国家。而与此同时，“唱支山歌给党听”，每一个贫困村实实在在的生活改善，每一个鲜活而具体的人更有尊严的生命体验，也同样带给人深深的触动。其后，情景交响歌舞《人民至上》则再现了新冠肺炎疫情发生之后，举国动员、上下同心的全民战“疫”。人民至上、生命至上，中国共产党人之所以能够带领中国人民实现脱贫攻坚以及抗击疫情的胜利，最重要的一点即在于始终以人民对美好生活的向往作为奋斗的目标。

“一切过往，皆为序章。”鼓乐歌舞《新的天地》，由一面直径10米的巨型鼓和100面悬挂于空中的大鼓共同奏响，展现出新时代昂扬奋进的精神风貌。节目在整体上呈现出一种大气磅礴之感，使观者在《强军战歌》与《强国力量》自信的歌声中，继续昂首阔步迈向中华民族伟大复兴的新征程。

第四篇章“锦绣前程”的最后一个节目，是器乐、童声合唱与舞蹈《命运与共》。此时，绿水青山在屏幕上叠映呈现，伴随着现场古筝的悠扬琴声，与世界各地的名胜古迹交相辉映。“各美其美，美人之美，美美与共，天下大同”，在“构建人类命运共同体”的格局与理念中，将整场演出的气氛推向了高潮。

“领航！伟大的中国共产党！”随着主题曲《领航》旋律的奏响，高达16米的金色党徽在舞台正中的屏幕上空缓缓升起，光芒四射。在两个小时左右的时间里，《伟大征程》生动展现了中国共产党百年来带领中国人民进行革命、建设、改革的壮美画卷，热情歌颂了党的十八大以来，在以习近平同志为核心的党中央坚强领导下，我们国家取得的历史性成就、发生的历史性变革，展示了全面建设社会主义现代化国家的光明前景。“百年来征程伟大，未来路再创辉煌”，《伟大征程》是继《东方红》《中国革命之歌》《复兴之路》《奋斗吧中华儿女》之后的又一部史诗之作。这部作品以大型情景史诗的全新艺术方式，进一步将歌舞、戏剧、朗诵等艺术形式融为一体，对今后同类题材、同等规模的文艺演出创作均有重要的启示意义。

（原载《文艺报》2021年7月7日）

《伟大征程》，你我见证壮阔百年

中国艺术研究院　柯　凡

1840年，西方列强的坚船利炮破开了古老中国的大门。中国人民在苦难中跋涉，在屈辱中抗争，在如磐的黑暗中寻觅光明。风雨飘摇中，中国共产党诞生，从1921年到2021年，百年征程中，党带领中国人民一步步站起来、富起来、强起来，书写了举世无双的壮丽篇章。庆祝中国共产党成立100周年大型情景史诗《伟大征程》分“浴火前行”“风雨无阻”“激流勇进”“锦绣前程”四个篇章，以大气磅礴的艺术情景、创意迭出的艺术构思、丰富多彩的艺术形式和热忱真挚的艺术情感，史诗般展现了这一波澜壮阔的历史征程，热情地礼赞了中国共产党人坚守初心、百折不挠、开拓进取的精神谱系，自信地彰显了中国共产党为人民谋幸福、为民族谋复兴、为世界谋大同的伟大成就。

演出的最大亮点是将科技与艺术有机融合，充分发挥视听影像、戏剧情境和戏剧表演的作用，综合运用舞蹈、音乐、诗歌等艺术形式，以崇高与壮美的艺术风格和极具冲击力的视听语言，营造出强烈的历史感、现场感和未来感。情景大合唱《怒吼吧 黄河》，舞台中央的巨幅屏幕上是奔腾不息的黄河水和狼牙山五壮士等抗日英雄坚毅的脸庞，舞台上聚集着数千名身着军装、手持大刀的抗日军队和紧握拳头、高喊口号的抗日民众，耳畔则萦绕着激昂澎湃的《保卫黄河》歌声，壮阔的画面、激情的表演和高亢的音乐令人震撼。戏曲与舞蹈《激情岁月》将传统文化融入现代艺术，以铿锵有力的京剧戏歌为主旋律，大批演员用戏曲身段舞动金色的旗帜，演绎波涛层叠的麦浪，表现奋斗的豪情和丰收的喜悦。配合着紧凑、清脆的戏曲锣鼓点，巨幕上浮现王进喜、史来贺、雷锋、钱学森、焦裕禄等先锋模范人物的音容笑貌，展示着红旗渠、南京长江大桥等意义重大的建设成果，回顾了我国第一颗氢弹爆炸成功、中国恢复在联合国合法席位等重要事件，生动反映了中国人民在党的领导下冲破阻力、艰苦奋斗所取得的辉煌成就。情景交响歌舞《人民至上》，以优美的芭蕾舞、细腻的戏剧表演和动人的纪实影像，再现了新冠肺炎疫情发生后，党与人民同舟共济、生死与共、战胜疫情的过程。

令人耳目一新的还有舞台两侧的戏剧现场表演，再现了《党醒年代》《山海情》等热门影视剧的经典片段，这些表演同步到巨幕上，兼具历史的质感和艺术的美感，充满时代气息。情景歌舞《强军战歌》以精彩的多军兵种实战表演展示了当代军人的飒爽英姿，以激动人心的纪实影像呈现了改革强军、科技强军带来的崭新风貌。

《伟大征程》成功运用技术和艺术手段，发挥了影像和戏剧表演在营造情景、强化情感、提升共鸣等方面的巨大作用，从而将常见的“人海”演出创作出新意。这是一场艺术的盛宴，历史与现实、真实与想象、传统与现代、古典与时尚、阳刚与柔情……交相辉映。这也是一堂生动的党史课，中国共产党人的一次次呐喊，一次次奋进，犹在眼前，从未远去。它让你我见证中国共产党的壮阔百年，它让你我相信：“中国共产党立志于中华民族千秋伟业，百年恰是风华正茂！”

（原载“中国艺术头条”2021 年 8 月 3 日）

铭记伟大　继续征程

——观大型情景史诗《伟大征程》有感

中国艺术研究院　叶　青

从1921年到2021年，中国共产党带领人民走过了波澜壮阔的历史道路。那些百年历史上改变中国面貌的重要事件和它们所携带的集体经验与记忆，需要在“一百年”这样一个关键的历史节点再一次被深入体验与理解，用优秀艺术作品激励每一位党员不忘初心、牢记使命、展望未来、继续前行。大型情景史诗《伟大征程》用刚健明亮的历史叙事，明初心，竖脊梁，把握历史主潮，提炼了共产党人的品质，彰显了中国人的民族精神与自信心。《伟大征程》选取各时期的关键事件，在开篇“启航”后分为“浴火前行”“风雨无阻”“激流勇进”“锦绣前程”四个篇章，综合戏剧、音乐、舞蹈等多种艺术形式，用大气磅礴的表演呈现百年历程。整个舞台庄重唯美，表演真诚动人，内容与形式相得益彰。令人惊喜的是，《伟大征程》还与众多广受观众好评的优秀主旋律影视作品“联动”，如《觉醒年代》《山海情》等，调动起观众多层次的情感体验，极具艺术感染力。

在两个多小时的演出时间中呈现如此高密度的历史内容绝非易事，需要创作团队对百年党史有深刻理解，并确立鲜明的思想主线。以“伟大征程”来命名这部史诗，正是因为贯穿其中的是一条核心线索：中国共产党为什么伟大?

因为党用正确的思想武装自己。史诗开场描画了党诞生的前史：内忧外患、国将不国，虽曾有无数次探索，但都没能真正找到救中国的道路。只有当马克思列宁主义传入中国、自觉用马列思想武装自己并探索中国道路的政党诞生之后，历史才真正进入扭转的通道。这是决定性的历史时刻，伟大征程由此正式“启航”，舞台在浓云笼罩中曙光初现，并终成星火燎原之势。

从陈独秀、李大钊、瞿秋白等革命先驱传播马克思主义，到毛泽东思想的形成，独立自主解决中国自己的问题，再到邓小平理论、“三个代表”重要思想、科学发展观的形成，进入新的历史阶段，中国共产党确立了习近平新时代中国特色社会主义思想。中国共产党的思想自觉在于，不断以中国化的马克思主义理论实践来更新自己、回应时代、探索未来。思想理论的武器要真正发挥作用，必须在历史时势中得到淬炼。在史诗对历史的浓缩中，从新民主主义革命到抗美援朝，从社会主义建设到改革开放，从脱贫攻坚到抗击疫情，中国共产党的先驱和每一代领导人，始终保持着思想自觉，在每一个重大历史挑战面前，实事求是，发展新的理论，形成新的实践，完成了一次次的英雄壮举。大屏幕上浸透鲜血的先烈们的绝命书，夏明翰的名言“只要主义真”和“还有后来人”，壮烈而动人。党的坚定信念感召了一代代后来人前赴后继，持续奋斗。

因为党以人民为中心。在勾画共产党百年奋斗的整体面貌的过程中，史诗着重描画了一系列革命先烈与英雄模范的奋斗群像，呈现了一座座精神丰碑。史诗用慷慨激昂的演绎，串联起不同时空的英雄们的故事，表现他们的精神超越时空的感召力量，构筑起从历史通往未来的红色长城。

为什么中国共产党在百年历程中涌现出无数的英雄模范，尤其是在脱贫攻坚和抗击疫情的伟大胜利中，我们切身体会到，英雄就在我们身边。那是因为中国共产党始终以人民为中心，相信人民，依靠人民。人民诞生英雄，英雄团结人民、引领人民，史诗将英雄与人民的辩证关系深刻地呈现了出来。正如舞台上集体歌舞的壮阔景象，正是由于每一个平凡的表演者汇聚在一起，才得以实现如此豪迈壮美的视听效果。可以说，舞台上的视觉中心是集体，是人民。

于是，地图成为这场演出的一个重要的辅助意象。从革命根据地在中国各地的接连建立，到西气东输、南水北调等横贯国家各地域的重大建设，地图所勾连的是国家和地方，也连接起在中华大地上的每一个中国人：国家的命运、党的道路、人民的幸福紧密相连，诉说着中华民族伟大复兴的奋斗故事。

因为党高扬理想，着眼未来。中国共产党从诞生起，就把创造一个更美好的新世界当作其历史使命。在28年的浴血革命中，共产党人舍生忘死，只为民族解放与新中国成立；在抗美援朝战争中，共产党人英勇无畏，在帝国主义面前保卫新生的红色中国；在社会主义建设中，共产党人筚路蓝缕、艰苦奋斗，在工业、农业等领域取得了瞩目的成就；为了让中国人民富起来，共产党解放思想，实行改革开放；在社会主义新时代，共产党统揽伟大事业，在航空航天、高铁、5G、深海潜艇等方面达到了世界一流水平。

舞台上呈现的一幕幕成就激动人心。正是由于中国共产党始终怀抱理想，才能实现这些过去难以设想的成就。中国共产党的理想之美、信念之真，激发起一代代后继者，接过前人的火炬，继往开来。

大型情景史诗《伟大征程》演绎初心与使命、历史与未来、英雄与人民、集体与个人的辩证关系，继承并发扬了中华民族抒情史诗的传统，精彩纷呈。“伟大征程”只是序幕，我们还要继续前行。

（原载《中国艺术报》2021年7月2日）

宏大美学与胜利哲学的统一
——大型情景史诗《伟大征程》观后

中国艺术研究院　李　静

2021年是中国共产党成立100周年。中国人民迎来了“两个一百年”奋斗目标历史交汇的关键节点。大型情景史诗《伟大征程》正诞生于这一前所未有的伟大历史时刻，以其恢弘激昂的史诗笔法，为我们党所走过的百年历程赋予艺术形象。6月28日，《伟大征程》在国家体育场隆重上演，其中内蕴的历史品格与大国气象，令观者无不慨然神往。在观看节目的过程中，我始终关心的问题是，在有限的时间内，应当如何为一百年的“伟大征程”赋予艺术形象，怎样艺术地再现漫长且复杂的“雄关漫道”，从而能够既准确地呈现历史，又富有艺术上的感染力，达到历史与审美的统一呢?

这首先需要对“一百年”的时间范围，获取更加深刻的理解，而这也将构成整个节目的思想基调。在《伟大征程》的叙述中，党史之“百年”是在中华民族伟大复兴、中国人民走向现代的宏阔历史视野中加以定位，加以描画的。由此可知，党的伟大征程，是与民族、国家、人民的命运紧密相连、休戚与共的。只有在如此深厚宽广的视野中，才能明白百年党史的“史诗性”何在。

《伟大征程》对百年党史的艺术再现，完整地印刻了1921—2021年的坚实步履，在两个多小时的时间内，分为“浴火前行”“风雨无阻”“激流勇进”与“锦绣前程”四个篇章。同时，重要的历史年份也被“经典化”，形成一个个纪念碑式的节点，比如1921年、1949年、1978年、2008年、2012年，等等。这些时间节点，标记了历史的波澜起伏，也为整个节目赋予了内在节奏。对这些时间节点的强调，除去综合性的舞台呈现（包括歌舞与声光化电技术），更是引入了重要的历史文献与生动的“小剧场”，大大增加了思想含量，实现了美学与思想的完美统一。

如果说“百年”的时间尺度是整台节目的“筋骨”，那么扎根中国大地的空间观，则为之注入了鲜活的血肉。无论是革命时期星星之火般分布的根据地，还是建设年代先后展开的诸多国家工程，一条条蜿蜒而行的地理大动脉，穿越南北，沟通东西，共同体意识被不断激发与巩固。更不必说对于不同地区风土、方言的呈现，对于少数民族同胞的重点展现，都令中华民族共同体的形象变得可感可触。山川湖海、黄河长江，这些中华儿女共同的精神原乡，都构成了节目中重要的文化符号。那一曲曲脍炙人口的歌曲，更唤起历久弥新的文化记忆。民族器乐、舞蹈与唱腔的加入，也为整个舞台注入了中国的精气神，获得了基于自身文明形态的“民族形式”。

与民族美学气质相伴随的另一面，是一种全球性的空间观，这突出体现在结尾处的舞蹈《命运与共》里。作为复兴大国的执政党，中国共产党依托于革命经验与历史智慧，为全球治理提供了富有建设性的方案。“一带一路”“人类命运共同体”“人与自然生命共同体”，无不是以极其开阔的胸襟，打破与重组时空观念，为谋求和平、繁荣、互利互鉴的美好世界而积极努力。只有在以上这些时空观念的支持下，《伟大征程》才能呈现出如此宏大的美学抱负，在民族与全球的辩证关系中，讲出我们党的百年荣光，道明我们党的理想与信念。

在具体的艺术表现上，宏大美学最为明显地体现于舞台的视觉呈现上。整场演出的基调是红色与金色，而这正与党徽、党旗的配色相呼应。鲜艳欲滴的红色象征着我们党的革命性与先进性，同时也意味着革命与建设中的牺牲与奉献，丰富的文化意涵不必过多言说，便有直击人心的力量。此外，蓝色带有沉静的反思气质，而绿色则带来了建设与发展的蓬勃朝气。借助“色彩的政治学”，那些汹涌澎湃的真实情感，终于拥有了自己的载体，在最直观的层面上讲述着坚韧不拔、百折不挠的胜利哲学。

每一次的胜利，都是通过艰苦卓绝的奋斗换来的。相信每个观众在舞台上再次目睹2003年与2020年的疫情，再度置身于2008年汶川地震的废墟上时，都能明白党的领导的重要性。这既需要科学理性的决策部署能力，又离不开百折不挠的理想主义情怀。光线刺破乌云，党徽从光明的闸口缓缓降落，落在大地之上，熠熠闪光。那束光芒，是胜利之光，是理想之光，是正道之光。而在结尾处，高达16米的金色党徽庄严升起，光芒四射，成为舞台上绝对的主角，配合着漫卷红旗，令人心生敬仰。在党的领导下，中华儿女遍地英雄，为实现伟大复兴的中国梦而不懈奋斗。屏幕上的七一勋章名单、劳模陈辞，乃至每个普通人的笑容，点滴汇聚为一曲曲颂歌，这颂歌既献给党，也献给我们身边每个奋斗前行的中华儿女。

总之，《伟大征程》是一部具备鲜明的史诗品格、拥有深刻时间观与宏阔历史观的作品。在声光化电、歌舞朗诵与重要文献、纪录片、小剧场的综合演绎之下，这部作品既浓缩了我们党的百年历程，又准确截取了关键的历史时刻，在思想深度与美学呈现上都精益求精，感染了每一位观众。可以说，宏大美学构成了其视觉风格，而胜利哲学造就了其精神底蕴，在二者的统一中，百年党史获得了光辉灿烂的艺术化身，而这一化身必将铭刻于继续行进的宏图伟业之中。

（原载光明网，2021年7月2日）

以历史之真确助艺术之花绽放

中国艺术研究院　李骐芳

《伟大征程》这部回顾中国共产党百年光辉历程的史诗巨作，不仅综合运用了多种艺术形式、时下先进的舞台设计和技术手段，而且充分利用了各类历史资料，以历史的真确为土壤，培育出震撼人心、感人至深的艺术奇葩。

《伟大征程》之所以为情景史诗，即在于其重历史、重真实，这也是其艺术生命的不竭源泉。演出将丰富的历史资料，如文献、图片、视频等熔于一炉，并与多种多样的艺术形式相结合，如实还原了一个又一个中国共产党历史上的伟大时刻，生动再现了一个又一个英雄的中国共产党党员，记述了中国共产党百年征程中一个又一个里程碑事件。在演出中，历史资料主要是以视频播放的形式出现在中央及两翼的屏幕上，但其作用绝不仅仅限于为演出提供历史背景或情景说明，其在整场演出的艺术表现中发挥着奠定基调与统一风格的重大作用。

在开篇“启航”的戏剧与舞蹈《破晓》中，《南京条约》《马关条约》和《新青年》杂志的文本影像配合着相关的黑白老照片出现在大屏幕上，这些文献形式的资料为之后戏剧片段的展开营造了一个宏大的时空背景，又做了充分的情景铺垫，为舞蹈的抒情增添了文本的深刻理性。此外，文献图片或影像本身是具有形式感与年代感的，笔墨书法写就的条约、诏书，油墨印刷的小开本刊物，承载着百余年前的沉沉暮气，腐朽的清政府、蛮横的列强、保守而落后的封建制度、朝气蓬勃又犀利先锋的革命人士都隐现在那一张张泛黄的故纸中。这种固有的厚重气质为现代戏剧与舞蹈复刻了清末历史的情景书写，更将观众带入那个战祸频仍的年代，为后续的舞台演出做了情绪上的准备。

第一篇章“浴火前行”的情景舞蹈《起义 起义》中，一位位被敌人羁押狱中的革命先烈创作的诗歌、名句被置于铁窗下幽暗的墙壁上，一个个殷红的字迹如血书般烙印在黑暗的牢笼上，点亮了舞蹈的舞台，也燃成了起义的火种。与之前的资料以图片形式出现不同，刘伯坚的《带镣行》、杨超的《就义诗》、恽代英的《狱中诗》、周文雍的《绝笔诗》等文献资料并未留下原版图像，而是由后人传诵至今，故而在展现这些资料的时候，采用了现代制作方式。但没有文本图像不代表没有形式感与时代感。在艺术表现上，这些资料不再铺陈历史背景，而是侧重渲染死亡威胁的牢狱气氛，烘托悲壮而慷慨的情绪，突显共产党人昂扬不屈的革命精神。与舞台上戴着镣铐起舞的舞者相比，这些资料的显现与消散构成了另一种无声的抒情，传递了一种来自那个年代的声音，诗文、名句的抒情与现代舞者的演绎共同作用，将星火燎原的起义形势展现得淋漓尽致。

在表现长征主题的节目红军歌曲《会师歌》（节选）中，地图的大量出现及多媒体形式的行军线路指示尤其精彩。地图配合行军线路是表现长征历程的极其有效的形式，不但能以全局视角在最短的时间内反映战争的走向，更为舞台上一队队行进的红军队伍标明了方向。舞台上的表演有如行军图的放大版、真实版，而图纸上的标记又以全景视角展现了长征的曲折，以及红军战略战术的高超精湛。与前述抒情功能不同，此处历史资料是以冷静、理智的形象出现，为展现历史进程增添了严肃而真实的色彩。在长征题材的艺术作品中，表现长征途中的具体情景，或是长征某一阶段的作品已屡见不鲜，但真正能表现出其战略转移意义的还是如历史课本上的整体把握。宏观的地图虽无法表现情感，似乎也无益于烘托渲染，但它胜就胜在真实。在这个节目中，表演的抒情性搭配地图的理性与克制，二者相得益彰，以近乎完美的艺术表现歌颂了长征的伟大与辉煌。

历史资料在大型情景史诗《伟大征程》艺术表现中的重要作用归根结底可以说是历史真实在艺术创作中的重要性。艺术永远是源于生活的，而过往的生活即历史。真实性与艺术性在《伟大征程》的创作中实现了统一，演出的精彩纷呈与感人至深无不源于中国共产党百年征程之伟大辉煌。《伟大征程》的成功为我们今后的重大主题创作带来了启迪，更为今后探索历史资料利用新方式、新手段奠定了基础，提供了借鉴。

（原载《中国旅游报》2021 年 8 月 13 日）

创新融汇多种舞台艺术
展现史诗般的伟大征程

中国艺术研究院　李小菊

庆祝中国共产党成立100周年文艺演出《伟大征程》以恢宏的气势和宏大的场面，对100年来中国共产党带领中国人民进行革命、建设、改革的艰苦卓绝、气吞山河的历史进程进行了全面回顾，是一堂生动鲜活的学史明理、学史增信、学史崇德、学史力行的党史学习教育课。《伟大征程》整台演出共分“浴火前行”“风雨无阻”“激流勇进”“锦绣前程”四个篇章，分别对应中国共产党历史发展的探索、革命、建设、改革等重要历史阶段，以清晰的时间脉络展现共产党领导下的中国在百年时间跨度里经历的重大历史事件。

盛典仪式一开场，巨型屏幕上，巨大的金色党徽左右两侧是“1921”和“2021”金色字样，彰显建党百年的主题。左右两侧旋转舞台上是两组具有金属雕塑质感的战士群像，像两座英雄纪念碑，象征着革命先烈英勇拼搏、忘我牺牲的奋斗精神，提示我们不忘来路、不忘先烈。舞台正中央演员组成的红色方阵变换出“100”字样和党徽的图样，伴随着腾空升起放射出相同图案的焰火，大型情景史诗《伟大征程》拉开了帷幕。

《伟大征程》的演出紧紧抓住“情景史诗”的舞台呈现特点，既有风起云涌的宏大革命场面的整体呈现，又有重大事件、重要人物的细部展示，以近景、远景与大屏幕相结合的方式全景展现建党百年历程，近景分左、中、右三个表演区域，是情境再现和主要演员的表演场地。情境表演真实地再现重要历史事件、历史场景和历史人物，远景群众表演展现风起云涌的革命浪潮和时代风貌，配合巨幅背景屏的特写镜头、背景说明和图片阐释，使观众对百年党史的重要时刻印象深刻。从武装起义到土地革命，从长征出发到遵义会议，从建立新中国到抗美援朝战争，从家庭联产承包责任制到设立深圳特区，从香港回归到澳门回归，从抗击“非典”到抗击“新冠”，从抗震救灾到脱贫攻坚，从北京奥运会到上海世博会，建党百年历史上的重要时刻都被波澜壮阔地展现在舞台上。

同时，《伟大征程》的演出综合运用了多种文艺形式、巧妙再现经典红色文艺作品，表现建党百年历史上的重要时刻，唤起观众的历史记忆。盛典仪式在《跟着共产党走》的歌声中拉开大幕，在“你是舵手，你是灯塔”的歌声中，中国共产党百年历程中的重要历史时刻一幕幕呈现在观众面前。百年历史风云证明，只有共产党才能救中国，只有共产党才能发展中国，盛典仪式在《没有共产党就没有新中国》的全体大合唱中结束。以人们耳熟能详的经典歌曲开篇，同样以深入人心的经典歌曲结束，以相同的艺术形式和闭合式的叙事结构让盛典仪式十分圆满。

在表现重要历史人物和重要历史事件时，演出运用了情景再现的表现手法。戏剧与舞蹈《破晓》瞬间让人们想起热播剧《觉醒年代》的经典片段，结合大屏幕的特写镜头，让观众深切地感受到革命先烈们为探索救国之路而作出的伟大贡献和付出的巨大代价。同样，表现闽宁镇和十八洞村脱贫攻坚的戏剧与歌舞《东方奇迹》也让我们想起优秀电视剧《山海情》。在表现抗美援朝战争时，重现了电影《英雄儿女》的经典场景，大屏幕上播放的是王成呐喊“为了胜利，向我开炮”的场景，舞台上扮演王成的演员高高屹立，伴随着“烽烟滚滚唱英雄”的经典歌声，以及万弹齐发的视频场面，让观众身临其境地感受到战争场面中英雄的壮烈和伟大。红色经典美术作品和音乐作品也出现在舞台上，戏剧与舞蹈《长征》把红军万里长征的情形与大会师的绘画作品有机结合起来，慷慨激昂的歌曲《保卫黄河》与大屏幕上奔腾的黄河相互呼应，让人热血澎湃。

熟悉的画面、熟悉的旋律，这些观众熟知的文艺作品充分调动了观众积蓄的知识记忆，增强了盛典仪式的艺术表现力和感染力。

除此之外，演出对空间的多维利用也值得赞叹，特别是《强国力量》一场中汽车、大炮从舞台上隆隆驶过，让人震撼，武警战士从天而降，让人惊叹。《伟大征程》的色彩运用让人印象深刻。在以红色为基调的背景下，结合具体情境，灯光色彩起到画龙点睛的作用，特别是舞蹈《春潮澎湃》和歌舞《特区畅想曲》，先是代表生命和活力的绿色，象征着希望的田野，紧接着舞台颜色从绿色变成蓝色，蓝色代表大海，自然而顺畅地把人们的目光从广袤的内陆引向开放的沿海，时间的推进和改革的进程就这样巧妙地呈现在人们面前。第四篇章“锦绣前程”的色彩表达更是绚烂，七彩的服装簇拥着十面鲜艳的五星红旗共同向大屏幕中央的金色党徽汇聚，代表五十六个民族和全国人民万众一心团结在党中央周围，此刻灿烂的烟花在空中绽放，把晚会气氛推向高潮。

《伟大征程》演出场面宏大，场景众多，演出人员多达近万人，综合运用了多种艺术手段和多元演出空间。整台演出干净利落、简洁有力，各个演出方队无缝衔接，充分运用了两个多小时的演出时长，完美全面地演绎了建党百年历程，展现了大国气象和大国实力，增强了全国人民的向心力、凝聚力、自信心。相信在新的100年里，伟大的中国共产党必将带领全国人民向着更加灿烂美好的明天不断前进。

（原载《中国旅游报》2021年8月10日）

红旗漫卷，星火燎原
——评建党百年文艺演出《伟大征程》

中国艺术研究院　汪琬琦

今年是中国共产党百年华诞，庆祝中国共产党成立 100 周年文艺演出《伟大征程》于 6 月 28 日晚在国家体育场盛大举行。整场演出长达两个多小时，与以往文艺晚会不同，本次演出以大型情景史诗形式呈现，分为“浴火前行”“风雨无阻”“激流勇进”“锦绣前程”四个篇章，生动展现了中国共产党百年来带领中国人民进行革命、建设、改革的辉煌画卷。

建党百年，发生了数不胜数的重要事件。为了全方位展现中国共产党的伟大征程，演出综合运用了多种艺术手段。宏大的演出背景不只是简单的史料连缀，在常规的历史文件和新闻记录之外，加入了大量的摄影作品、绘画作品和电影画面，几代艺术家的心血淬于一处，多维还原历史情境，弥补了历史影像的不足，增强了演出的在场感。第三篇章“激流勇进”，演出背景中时代潮头一浪接一浪，记载了党的多次重要会议，以隐喻的形式记录了中国发展的历史节点，“实践是检验真理的唯一标准”在今天依旧振聋发聩。

值得一提的是本次演出采用了画中画的巧妙形式，大舞台两侧的旋转舞台不断上演着精彩的小剧场话剧，聚焦时代剖面，与大舞台上大型歌舞节目平行展开，使观众产生了时空交错的观感。小剧场号准了观众的脉，截取了我党伟大事业中极具代表性的画面，如近年来备受欢迎的主旋律影视作品《觉醒年代》中，于和伟扮演的陈独秀和张桐扮演的李大钊目睹难民流离荒野，泪洒海河：“我们应当建立一个用马克思学说武装起来的先进政党！”塑造了两位启蒙者的光辉形象。这一幕曾感动了无数电视观众，如今再次唤起观众的情感共鸣。

参加建党百年文艺演出的既有广受青年人喜爱的年轻演员，也有备受尊重的老一代优秀演员，更有无数面貌昂扬的群众演员。演出通过音乐、舞蹈、戏曲、话剧、朗诵等多种艺术表演形式的糅合，再现了无数激动人心的历史场景。演出选取了我党前进道路上的代表旋律，从《保卫黄河》到《英雄赞歌》，从《春天的故事》到《走进新时代》，这些深情激昂的红色歌谣，是我们党各个历史时期重要的精神符号，体现了我们党的文化力量。

建党百年文艺演出呈现了我们党百年历史洪流中涌现的无数先

进个人，第一篇章“浴火前行”勾勒出江姐、董存瑞、狼牙山五壮士等革命英雄的轮廓，第二篇章“风雨无阻”的戏曲与舞蹈《激情岁月》描画了王进喜、史来贺、雷锋、焦裕禄、钱学森等国家建设中的先锋模范，第三篇章“激流勇进”的诗朗诵与合唱《跨越》讴歌了西电东送、西气东输、北煤南送、南水北调等国家重要工程中光辉的工人形象。他们之间也许素不相识，但演出将这些“时代先锋，民族脊梁”汇聚于同一时空，让先锋模范的奋斗群像先后矗立于舞台，为共同的目标携手奋斗。

醒目的红色元素贯穿整场演出，既体现了中国文化传统，也强调了中国共产党的艰苦与成就。“浴火前行”中革命烈士的鲜血代表斗争，“激流勇进”里工人的红色工装代表奋斗，《行进的火炬》中高举的奥运火炬代表强大，“锦绣前程”里为脱贫攻坚战中的先进个人献上的鲜花代表幸福，《人民至上》中新冠肺炎疫情防控志愿者身穿的红衣代表奉献。红色的意蕴不断演变，红色的基因不断传承。当夺目耀眼的红融化到孩子们脖子上的红领巾上，代表中国美好的未来与无尽的希望。

演出伊始，点点星火汇聚成党徽的图案。这耀眼的金色，可以是港澳回归时礼兵光荣的枪缨，可以是新时代沃野上金黄的麦浪，可以是神舟十二号发射燃起的滚滚烈焰，也可以是“一带一路”上升起的金色曙光。昔日的星火，一经点燃就不会熄灭，共产党人浴火而来，炽热的革命情怀从未改变，必将永远地烧燎下去。

从 1921 年的南湖红船到 2021 年的国家体育场，征程百年，沧桑巨变。中国人民在中国共产党的带领下，从站起来、富起来到强起来，谱写了一首举世瞩目的壮丽史诗。这场伟大征程的重演，既是回顾与纪念，也是展望与向前。“百年恰是风华正茂，百年正是风雨兼程。”伟大的中国人民，一定会在伟大的中国共产党的领导下，实现伟大复兴的中国梦。

（原载光明网，2021 年 7 月 2 日）

《伟大征程》为打造文艺演出精品带来启示

中国艺术研究院　蔡郁婉

无论是戏剧式的演绎，还是影像资料的直接使用，都需要舞台投影技术的全新运用。《伟大征程》在这方面的尝试，无疑为以后的文艺演出形式留下了探索的广阔空间。庆祝中国共产党成立100周年文艺演出《伟大征程》以大型情景史诗的形式呈现。演出分为"浴火前行""风雨无阻""激流勇进""锦绣前程"四个篇章，以及首尾的"启航""领航"部分，回顾了中国共产党成立100年来波澜壮阔的光辉历史，并面向下一个百年描绘壮丽的新图景。

演出以音乐与舞蹈为主体。我们知道，音乐舞蹈是长于抒情的形式，却有一个明显的劣势，即短于叙事。《伟大征程》却在短短两个多小时的有限时长内，完成了对中国共产党成立100年来"伟大征程"的叙述。为了弥补音乐舞蹈的短板，《伟大征程》创新地在演出中引入了戏剧的形式。一些重大的历史事件由演员在现场直接演绎，并通过巨幕投影展现给现场观众。如“启航”部分演绎了陈独秀、李大钊面对满目疮痍的社会现实，提出了创立一个能够引导中国走向光明的政党的设想，言简意赅地介绍了中国共产党的前史；“浴火前行”篇章中则再现了遵义会议的场景，并阐释遵义会议在党史上的重要性。这些戏剧形式的演绎和再现，明确了歌舞无法精准表达的意义，使歌舞的颂扬具有了更为明确的所指。

另一方面，《伟大征程》将一些重大历史事件的影像资料直接在大屏幕上展现，如开国大典、香港回归等，与现场表演相结合，制造了一种对历史现场的重返。这一重返，使亲历者重温彼时激情澎湃的时刻，也使未历者得以触摸历史的温度。同时，这种影像资料的再现实现了一种时空的交错和碰撞。这不是一种忆苦思甜式的今昔对比，而是一种盛世如愿式的告慰先烈——我们的今天，来自他们曾经的浴血奋战、筚路蓝缕；我们的今天，也更是他们愿景蓝图的梦想成真。尤其是当巨幕投影上重现开国大典毛主席站立于天安门城楼之上的影像时，国家体育场上空的烟花绽放出五颗五角星的图案。这一刻，两重时空被打通，仿佛毛主席来到这庆典的现场，仿佛他能够亲眼看见现在的日月新天、山花烂漫。观众的情感因此而被推向高潮。

无论是戏剧式的演绎，还是影像资料的直接使用，都需要舞台投影技术的全新运用。这一次《伟大征程》的演出，在国家体育场之内架起了一个 180 米长的投影巨幕，使体育场成为一个巨大的沉浸式剧场。而这个投影巨幕不再像以往那样仅仅作为歌舞表演的背景，而是直接成为演出的一部分。令人难以忘记的一个场景是关于抗击新冠肺炎疫情的片段。在这个片段里，投影巨幕有效地参与到叙事进程之中，极大地提升了演出的现场感和真实感，让人有身临其境之感。这一幕，投影巨幕中出现了一架直升机的巨大影子。直升机从观众所在之处进入舞台上方，机身随着视距的拉远逐渐缩小，然后稳稳停在舞台上方，机舱打开，登机通道拉下。这些呈现在投影巨幕中的景象与舞台上演员的一系列肢体表演结合得天衣无缝，再现了当时抗疫战士迅速空降武汉、展开救援的生动过程。这样的投影巨幕所营造的现场感，是无论多少戏剧性的言语设置与演员的肢体动作都无法替代的。它无疑对整个叙事的完成有着至关重要的作用。这一尝试，无疑为以后的文艺演出形式留下了探索的广阔空间。

回到音乐舞蹈本身，《伟大征程》在音乐的选择上也别出心裁。对一些重大历史进程的表现，演出选择了借助经典歌曲来辅助完成，如以《八月桂花遍地开》喻苏维埃政权的建立，以《十送红军》《红军战士想念毛主席》《遵义会议放光辉》《会师歌》表现长征，以《怒吼吧 黄河》与《中国人民解放军军歌》分别表现全民抗战与解放战争，以《春天的故事》指代邓小平南方谈话。这一手法，对于展现中华人民共和国成立之前的那段历史效果尤佳。对于今天的绝大多数观众来说，这一段历史只能借助文字、影像、音乐等渠道来建构。那些自革命年代传唱至今的经典革命歌曲，携带的正是关于其所产生年代的想象。在听歌曲、传唱歌曲的过程中，这些想象也随之进入了观众们的情感结构之中。当熟悉的旋律响起之时，与那些峥嵘岁月有关的想象便被充分调动，弥补着观众与历史在时空上的距离以及体验上的不足。在《伟大征程》中，长征仅以四首歌曲来连缀表现。这四首歌分别指代着长征的起点与终点，以及湘江战役和遵义会议两个重要节点。但就观众而言，这些音乐召唤出的是四渡赤水河、巧渡金沙江、过雪山草地等其他与长征有关的历史记忆，从而在想象中补足了这段叙事。同样的，解放战争只以合唱与舞蹈《向前 向前 向前》、歌曲《中国人民解放军军歌》与交响乐《激情燃烧的岁月》来呈现，而它们在观众之中所召唤出的，则是《红日》，是《保卫延安》，是百万雄师过大江。经典的旋律如同打开观众集体记忆的催化剂，有限的舞台时空因之而被拓展为无限。

整个《伟大征程》的演出浑然一体。虽然着重表现的是中国共产党成立至今 100 年的光辉历程，但也相当重视对 1921 年之前中国共产党的“前史”与 2021 年之后中国共产党的“未来史”的呈现。通过观看演出，我们不仅了解了中国共产党百年来的艰苦奋斗与辉煌成就，了解了中国共产党和中国人民血浓于水的深情厚谊，更对中国近代以来的历史图景有了清晰直观的把握，从而更加理解了何以“没有共产党，就没有新中国”，也更体会了“唱支山歌给党听”的拳拳之意。整个《伟大征程》的演出以艺术的方式有力地呈现了中国共产党带领中国人民不懈奋斗，在百年来取得伟大发展成就的过程。整个《伟大征程》的演出不仅善于总结成绩，也善于展望未来，描画宏伟蓝图。在演出中，我们时刻为中国未来的发展前景所感召所激励，热血沸腾，壮怀激烈。可以说,《伟大征程》的演出在建党百年的历史节点上，很好地扮演了凝心聚力的角色。

（原载《中国旅游报》2021 年 7 月 21 日）

浓墨重彩演绎伟大征程

四川省德阳市文艺评论家协会　侯为标

7月1日，庆祝中国共产党成立100周年文艺演出《伟大征程》在中央广播电视总台播出后，引国人振臂欢呼，热血沸腾。这台以大型情景史诗形式呈现的演出，浓墨重彩地展现了中国共产党百年来带领中国人民进行革命、建设、改革、奔小康的壮美画卷，在社会各界引起热烈反响，也将激励各族人民在中国共产党的坚强领导下，不忘初心、牢记使命，振奋精神再出发。

演出四个篇章以历史时间轴为节点推向纵深，歌舞史诗和声光电、沉浸式AR、5G太空连线和舞美造型等多种艺术手段交相辉映，带给人一场震撼的视听盛宴。

第一篇章“浴火前行”，情景舞蹈《起义 起义》、歌舞《土地》、戏剧与舞蹈《长征》等节目顺次登场，生动还原当时的历史场景，展现在大革命的烽烟中，无数仁人志士前赴后继、寻找救国救民真理，在艰险的长征路上，在抗日战争、解放战争的沙场上，中国共产党团结带领中国人民浴血奋战、饱经磨难、淬火成钢的伟大历程，将历史演绎成一幅幅有温度的画卷，折射出今天幸福生活来之不易。

第二篇章“风雨无阻”，以舞蹈《开国大典》开篇，回顾热火朝天的社会主义革命和建设年代的峥嵘岁月。在震耳欲聋的炮声中，情景合唱与舞蹈《战旗美如画》呈现抗美援朝的激战场面，讴歌志愿军战士保家卫国的炽热情怀，当听到“向我开炮”那舍生忘死的高呼时，仿佛把人们带入枪林弹雨、战火纷飞的战争年代，亿万观众流出了激动的泪水，正是无数革命先烈用生命和鲜血捍卫了祖国的山河无恙。

第三篇章“激流勇进”，舞蹈《春潮澎湃》把春天的故事铺展在希望的田野；歌舞《特区畅想曲》跃动着特区“先行先试”面对挑战、勇立潮头的不竭动力；情景合唱与舞蹈《回归时刻》欢庆香港、澳门回归祖国怀抱；合唱与舞蹈《行进的火炬》让人们重温北京奥运会、神舟七号飞船发射等激动人心的历史场景，展现了改革开放带来的蓬勃生机和辉煌成就，唤起一代人珍贵的“中国记忆”。一波波“中国红”服装像浪花一样，在舞台中央荡漾，令人荡气回肠，倍感荣光。

第四篇章“锦绣前程”，戏剧与歌舞《东方奇迹》讲述了闽宁镇、十八洞村的脱贫攻坚故事，宣示中国共产党人引领中华民族实现全面小康的伟大胜利。从贫穷落后到地球上五分之一的人口共同走向富裕，见证了一个又一个人间奇迹。情景交响歌舞《人民至上》再现新冠肺炎疫情发生后，一场举国动员、众志成城、上下同心的全民战“疫”总动员。是无数甘于奉献担当的逆行者换来了今天的岁月静好。鼓乐歌舞《新的天地》，一面直径 10 米的巨型大鼓和 100 面大鼓在空中擂响，百名号手吹响号角，大气磅礴，展示了新时代民族复兴的壮丽画卷，描绘从富起来到强起来的历史巨变，感召中华儿女自信前行。器乐、童声合唱与舞蹈《命运与共》掷地有声，传递中国好声音，彰显“构建人类命运共同体”在全球奏响的心灵和鸣。

伴随着主题曲《领航》的旋律，高达 16 米的金色党徽庄严升起，光芒四射。歌声、掌声簇拥出 10 面巨型红旗，迎风招展，红色基因代代相传。当灿烂的焰火又一次点亮夜空时，全场起立，共同高唱《没有共产党就没有新中国》，将演出推向高潮。百年征程波澜壮阔，百年初心历久弥坚。《伟大征程》体现出中国共产党赓续红色血脉和伟大精神的传承，体现出新时代中国人民在共产党领导下的昂扬斗志，体现出中国特色社会主义现代化国家的建设成果和实力，让观众赞叹连连。

（原载《中国文化报》2021 年 7 月 29 日）

以色彩与旋律铭刻历史记忆

——评庆祝中国共产党成立100周年大型情景史诗《伟大征程》

中国艺术研究院　王玉王

在国家体育场（鸟巢）的舞台上，庆祝中国共产党成立100周年大型情景史诗《伟大征程》拉开帷幕。宏大的场景、整齐而有力的歌舞、令人身临其境的舞台设计、盛大辉煌的烟花表演共同创造出回首百年、展望未来的宏伟气魄，中国共产党百年征程的历史画卷徐徐展开。

国家体育场（鸟巢）的巨大场地，为演出设计创造了广阔空间，同时对于演出设计者提出了挑战。依托于数控升降、数字化联网、AR等先进技术手段，演出设计者们充分利用舞台景深和演出调度，完成了一次成熟而壮观、极富想象力的艺术呈现。主表演区由中部巨大的斜坡舞台与两侧的旋转舞台共同组成，两侧旋转舞台上具有代表性的时代人物群像，与主舞台上舞蹈、歌曲演唱等表演相得益彰。特别是开场时旋转舞台上的英雄纪念碑浮雕群像，庄严肃穆，一下将观众拉入了百年党史的厚重历史记忆之中，令人眼前一亮。演出创造性调用了话剧、影像等多种艺术形式，立体呈现中国共产党的伟大征程。宽近180米的超大LED屏幕上，播放着经过精心择选和高质量修复的纪实影像，以及珍贵的历史文献图片材料，这些屏幕放映内容结合雄壮的歌舞演出，生动再现抗日战争、抗美援朝、开国大典、香港回归等重要历史场景，令人身临其境，深受感动。借助即时摄影技术，演员们的舞台表演也可以实时呈现在大屏幕上，并通过胶片老电影的特效，使得即时搬演的话剧与纪实影像风格一致、浑然一体，时空交错间，往事历历在目。与优秀电视剧作品《山海情》《觉醒年代》等的创意联动，也以人民群众喜闻乐见的方式，与当下现实亲切互文。

演出共分为“浴火前行”“风雨无阻”“激流勇进”“锦绣前程”四个篇章，按照时间顺序全景式回顾了中国共产党成立百年来不断克服艰难险阻、创造胜利与辉煌的历程，展现出党在革命与建设的各个不同阶段，发挥的重要引领作用，以及无数优秀的共产党人前赴后继、冲锋在前、勇于攻坚的光辉形象。

大型情景史诗这一演出形式是极具创造性的，舞台前景与视频背景交融互动，既有严肃的历史纪实性，又有饱满的情绪与艺术表现，高科技的声光电舞台技术与见证沧桑巨变的历史画面交叠在一起，令观众产生既穿越时光、重回历史现场，又身处当下繁荣富强的现代化中国的双重时空感受，在抚今追昔的时空对照中，切身感受到党领导下中华民族伟大复兴的历史进程。如果说“史诗”着眼于历史纵深的时间维度，那么“情景”就着眼于舞台环境与社会场域的横向空间维度；史诗是民族精神的结晶，是庄严而恢弘的叙事，情景则是时代气象的奔涌，是丰饶细腻的再现，一横一纵、一博一精，搭建起整场演出的艺术结构与审美特色。

演出特别出色地运用了灯光与色彩来渲染情绪、推进叙事。第一篇章中呈现1840年第一次鸦片战争以来，内忧外患中的中国人民面对列强入侵、军阀混战时的苦难与屈辱，使用了阴郁的蓝色调，表达苦苦求索救国之道而不得的中国人民的压抑与愤怒。直到十月革命一声炮响，为中国送来了马克思主义。1921年以马克思主义武装头脑的中国共产党诞生，中国人民才看到曙光。南陈北李相约建党，舞台色调一转而变为灿烂的金色，响彻全场的《国际歌》配合着朝阳初升中嘉兴南湖的一尾红船，让观众鲜明感受到中国共产党的成立无异于长夜将尽时的第一缕希望之光。表现1921—1927年共产党人遭受的迫害，则使用了沉重、惨烈的暗灰色背景，被捕入狱的共产党人身戴镣铐、身上血迹未干，仍顽强不屈地坚持着共产主义的理想，以热血写就丹心。因这一片赤诚丹心的存在，阴森的监牢与铁窗之上，始终有着点点火光长明不灭，寓意理想信念之火一经点燃，就永远不会熄灭。及至秋收起义、井冈山会师，革命根据地便如星火燎原耀九州，整个演出空间的灯光色彩也一扫晦暗，变得明亮而昂扬。从 1921 年建党到 1949 年中华人民共和国成立，演出中的色彩运用总体呈现出由压抑到热烈、由冷调到暖调、由灰暗到明亮的流畅变化，《开国大典》场景中遍布的红绸与安塞腰鼓的热情鼓点，配合金灿灿的五角星形烟火，将这种光明、盛大、热烈的色彩美学发挥到极致，中国人民从此站起来了的自豪感，透过色彩与光辉鼓荡着每一位观众的爱国激情。

1978 年，中国共产党的征程进入改革开放的新阶段，演出中的色彩风格也随之一变，先是微风吹拂下青葱明媚的万顷良田与碧波荡漾的清澈海水，营造出一片充满春日气息的希望原野，随后是以蓝、紫、粉为主色调的霓虹灯光呈现出深圳特区建设的速度感与科技感，生动展现了积极乐观的青年与青春昂扬的中国携手向前的美好图景。香港与澳门回归、神舟七号成功发射、北京奥运会与上海世博会的成功举办、脱贫攻坚的伟大胜利、“一带一路”的规划壮举……编排精彩而紧凑的节目，配合鲜活明快的灯光、色彩运用，带领观众领略改革开放以来，中国人民在党的领导下艰苦奋斗、开拓创新，取得的一个又一个举世瞩目的巨大成就，让每一个人以最直观的方式感受到中国人民富起来了，中国强大起来了。特别是器乐、童声合唱与舞蹈《命运与共》，分别身穿白、红、黄、绿、蓝五色服装的舞蹈演员们汇聚在一起，展现出放眼世界的宏大气象，以及中国作为负责任的大国屹立于世界之林的光辉形象。

一路走来，中国共产党与中国人民也曾面临1998年特大洪水、2003年“非典”疫情、2008年冰冻灾害与汶川地震、2020年新冠肺炎疫情等疾病与自然灾害的考验，每逢这样的时刻，党领导人民、团结人民的强大力量就显得越发不可或缺。演出中表现汶川地震救援的段落，在一片灾后废墟之上，救灾人员聚集在一起围成同心圆，鲜红党旗上灿烂夺目的金色党徽从人群中央缓缓升起，如太阳照亮了舞台，也照亮了救灾抢险和灾后重建的信心与希望。一方有难、八方支援，在中国共产党的带领下，中国人民在一次次的自然灾害之中守望相助，以坚守战胜绝望，以温暖治愈伤痛。多难兴邦，这一幕幕场景，也让观众情不自禁地因回想起那些难忘岁月而动容。

演出还使用了许多带有鲜明历史印记的经典旋律，比如贯穿始终的《东方红》，五四运动中唤醒民众的《国际歌》，体现抗日战争精神的《黄河大合唱》，反映港澳回归同胞心声的《我的中国心》，北京奥运会主题曲《我和你》，改革开放代表歌曲《春天的故事》，配合脱贫攻坚主题的《唱支山歌给党听》，等等。湖南民歌、安塞腰鼓、戏曲等民间的、传统的中国音乐元素的加入，也在丰富演出内容的同时，展现出幅员辽阔、历史悠久的中国大地上，全国人民团结一心、众志成城的主题与内涵，是以民族形式展现中国精神的出色范例。在表现抗美援朝的场景中，声光电配合下逼真的战火与硝烟表现出战争的艰难与惨烈，于上甘岭战役前线入党的小战士写给母亲的家书以点带面，表现出志愿军战士们保家卫国、为和平而战的英勇与坚定。悲壮中带着柔情的《英雄赞歌》在这样的场景中唱响：

为什么战旗美如画，
英雄的鲜血染红了它。
为什么大地春常在，
英雄的生命开鲜花。

稳健舒展、娓娓道来的旋律饱含无限深情，恰似祖国母亲在回应自己的英雄儿女。耳熟能详的旋律串联起百年民族的记忆，最后融汇于全场齐声合唱的《没有共产党就没有新中国》，声彻寰宇，其势如虹。烟火表演也在此时达到高潮，以党徽的金色与党旗的正红色为主色调的烟火庄严而纯粹，恰与铿锵有力、一往无前的旋律相得益彰，共同构成对中国共产党百年华诞的美好祝福。

声音与色彩，不同于文字与影像，是以感性的、直击人心的方式发挥作用的。庆祝中国共产党成立100周年大型情景史诗《伟大征程》恰恰出色运用了声音与色彩这两种艺术装置，以直观而充沛的情感将观众卷入情景之中，省去大量的、繁复的叙事与说明环节，使得整场演出高度凝练，有极强的沉浸感。

从1921年到2021年，在这一百年间，中国经历了沧桑巨变，有着无数历史事件与历史瞬间，不可能在一场演出之中一一表现。择选最具代表性的事件与场景，再配以声音与色彩，形成最恰切的演出再现，也展现出党和国家站在建党百年的重要时代节点上，以面向未来的姿态重述历史，完成一次历史再阐释的意图与决心。从毛泽东思想到邓小平理论、“三个代表”重要思想、科学发展观，再到习近平新时代中国特色社会主义思想，马克思主义中国化的每一次创造性发展，都是中国共产党领导中国革命、改革、发展实践过程中的思想结晶，也是指导中国革命、改革、发展实践的理论旗帜。整场演出以中华民族的伟大复兴之路为主轴，将马克思主义中国化各个阶段革命、改革、发展的主要成就串联起来，也凸显了马克思主义中国化各个阶段之间的贯通性，凸显出马克思主义中国化永恒的问题意识，是中华民族的伟大复兴与中国人民的幸福生活。中国共产党是中国特色社会主义事业的坚强领导核心，这一永恒的主旋律在不同的时代面对不同的阶段性任务时，有着不同的主题变奏。习近平总书记《在“不忘初心、牢记使命”主题教育总结大会上的讲话》中说：“我们党作为百年大党，要始终得到人民拥护和支持，书写中华民族千秋伟业，必须始终牢记初心和使命。”历史是过去的现实，现实是未来的历史，筚路蓝缕，不忘初心，一切过往皆为序章。当今世界，正逢百年未有之大变局，世界局势瞬息万变，技术发展日新月异，这对于中国共产党与中国人民而言既是机遇又是挑战。中国共产党正带领人民进行新的历史阶段的伟大斗争。知道我们从哪里来、走过哪些路，才能更明白我们要到哪里去。正如演出中一一回顾的那样，革命与战争时期，我们有红船精神、井冈山精神、长征精神、延安精神、西柏坡精神……建设与发展时期我们有铁人精神、劳模精神、雷锋精神、“两弹一星”精神、焦裕禄精神、载人航天精神、女排精神、伟大抗疫精神……党的百年历史里镌刻的红色精神熠熠生辉，历史记忆中蕴含着强大的精神力量，也孕育着开拓进取的前进方向。

以色彩与旋律唤醒历史记忆、铭刻历史记忆，《伟大征程》通过这样的方式重述百年党史，既缅怀先烈又极具时代气象，凝聚着中国精神与中国气派，体现出强大的文化自信，以文艺的、形象的、感性的形式让每一位观众深受感染，为今日的强大中国而深感自豪，再一次发自内心地认同“没有共产党就没有新中国”这一毋庸置疑的正确历史论断，同时也强化了在党的带领下万众一心、为实现中华民族的伟大复兴而继续奋斗的理想与信念。

（原载《艺术评论》2021 年第 8 期）

新时代　新文艺　新表达

中央广播电视总台　赵亚曦

庆祝中国共产党成立100周年的大型情景史诗文艺演出《伟大征程》，以其创新的文艺表达形式和饱满的精神文化内涵，从历史厚度、现实温度、国际高度追溯了百年来中国共产党团结带领中国各族人民不懈奋斗的辉煌历程，展现了中国共产党坚守“全心全意为人民服务”的根本宗旨所创造的历史性成就和变革，阐释了当今中国走上世界舞台携手共建“人类命运共同体”的核心理念。新时代需要新的文艺形式对其进行多维度、全方位、立体式的回应与表达。《伟大征程》文艺演出正是给我们建构了一个新时代的新的文艺坐标，以其形态之新、符号之新、谋篇之新的创新尝试综合运用现代传媒技术呈现出震撼人心的视听盛宴，描绘了一幅宏伟壮丽的艺术画卷。

《伟大征程》的成功首先在于形态的创新，在新技术下实现了美学样式的新表达。

《伟大征程》文艺演出对新时代新的美学样式的构建和呈现做了很好的艺术探索和回答，以演艺空间的突破重新定位了重大文艺演出样式，歌、舞、诗、剧被统合于“情景”的营造之下，生动谱写着从1921年起的100年来中国共产党团结带领中国人民进行革命、建设、改革的宏大史诗，将意境和情感进行高度浓缩和完美统一，运用现代传媒技术建构了一个深度沉浸式的观赏空间，展现了情景史诗的各种创新美学表达。整场演出采用的是一种开放式的整体艺术观念，充分利用立体表演空间来产生整体性的效果。

艺术与技术的融合，要完美呈现在大屏和小屏端，就要充分利用电视文艺的创新。依托中央广播电视总台“5G+4K/8K+AI”战略布局，视频团队综合运用现代技术和艺术手法通过多屏幕呈现震撼人心的视听效果。《伟大征程》在演出过程中使用了大量最新演艺科技，堪称一场光电高科技盛宴。比如在连线太空支持下，三位航天员聂海胜、刘伯明、汤洪波从太空发来建党百年的祝福，在情景大合唱《怒吼吧 黄河》中运用虚拟现实技术展现黄河奔腾而下的景象等视觉奇观。这种纵横交错、虚实相生的创作手法，不仅使整场演出拥有了艺术的高审美价值，而且极具教育价值。《伟大征程》新技术下的美学创新还表现在焰火的使用上。新型数控焰火表演不再仅仅是简单的气氛烘托道具，而是围绕整场晚会的核心定位包含着特殊意义与内涵的内容呈现手段。

《伟大征程》的成功还在于这是一场富含深刻文化符号意义的高科技视听盛宴。

新时代的文艺表达需要对于新的视觉符号和听觉符号进行制造、传播和解读。《伟大征程》文艺演出将“团结”“民主”“文明”“和谐”等抽象概念进行创新性的视觉化表征，通过视听奇观引起观众获得情感共鸣、集体归属感和塑造共同的民族记忆。

《伟大征程》视听符号的创新是在传承基础上的创新。其中，通过“老歌传唱”方式对于经典歌曲《黄河大合唱》《唱支山歌给党听》《红旗颂》等进行现场演绎和对几代中国共产党领导人在关键时间节点的珍贵历史影像资料的运用是对听觉符号和视觉符号体系的接续传承。而创新性的符号呈现方式包括演出中利用多个电影片段和电视剧片段进行二次加工创新性地呈现在文艺舞台上，如在戏剧与舞蹈《破晓》中重现电视剧《觉醒年代》中“南陈北李”相约建党的经典场景等，这些影像画面不断进行互文式的表达与传播，不断指涉其他相关文本，形成完整的媒介循环、共同记忆的勾连和情感反馈机制的闭环。

《伟大征程》视听符号的创新实现了新媒体传播语境下对符号的进一步延展和利用。整场演出的视觉符号被参与的网民充分发掘，充分展现了视觉符号的可延展性、可参与性与可创造性。比如在《开国大典》影像放映环节，“毛主席一抬头，五星焰火上升”的意象被网民进行二次截图拼接创作的图片在新媒体传播端引起大量转发。

《伟大征程》的成功最根本的原因就在于谋篇创新，在于将伟大的建党精神贯穿于四个篇章。

《伟大征程》文艺演出通过对于节目结构的设计和内容篇章的编排将中国共产党人的精神谱系用新的文艺方式展现在全新舞台上。通过“浴火前行”“风雨无阻”“激流勇进”“锦绣前程”四大篇章，在历史横截面上选取最典型最关键的转折事件，着重演绎伟大建党精神，生动展现了中国共产党是如何带领中华民族一步步实现从站起来、富起来到强起来的伟大飞跃，实现中华民族伟大复兴的光明前景。

这两个多小时的演出是高度凝练的波澜壮阔的百年党史，是对中国共产党人的精神谱系的完美诠释。正如《伟大征程》总撰稿朱海所说：“每一个节目不能只看成这是一个作品，应看成共同组成系统工程的一部分，它体现了中国共产党成立一百年的那种生气。这些节目组合起来才叫‘情景史诗’。”正是贯穿四大篇章的无数共产党人前仆后继在艰苦奋斗中形成的伟大建党精神、情景歌舞《强军战歌》所体现的“强军思想”和歌曲《和合之美》所展现“人类命运共同体”理念的国际化视角共同组合，有机地构成了新时代的大型情景史诗《伟大征程》文艺演出谋篇布局的创新之处。

整个文艺演出张弛有度，所有的舞台设计、灯光调度、焰火设计、视频播放等都有机地融合在一起，为“伟大建党精神”的核心理念服务。每个时代都有每个时代自己的美学样式，《伟大征程》运用现代传媒技术在传承的基础上对于新文艺的美学样式和视听符号进行了创新性表达。在中国向第二个百年奋斗目标迈进，在全面建成社会主义现代化国家和实现中华民族伟大复兴的新征程中，文艺创作正是要以扎根本土、深植时代为基础，立足中国特色社会主义伟大实践，把握时代脉搏，聆听时代声音，回答时代课题。新时代正在呼唤更多诸如此类的新的文艺表达。

（原载《中国文化报》2021 年 8 月 5 日）

用饱含深情的音乐笔触，勾画出百年光辉历程

——大型情景史诗《伟大征程》音乐创作刍议

中国艺术研究院　李宏锋

2021 年是中国共产党成立 100 周年。6 月 28 日，大型情景史诗《伟大征程》在国家体育场隆重上演，近 8000 名演员倾情演出，表达对中国共产党建党百年的深深祝福。此次演出由陈维亚任总导演，关峡任音乐总监，主创团队在作品的继承、创新、发展等方面努力探索，使之成为继音乐舞蹈史诗《东方红》《中国革命之歌》《复兴之路》和《奋斗吧中华儿女》等之后的又一力作。

《伟大征程》共分“浴火前行”“风雨无阻”“激流勇进”“锦绣前程”四个篇章，展现中国共产党成立以来波澜壮阔的奋斗历程。为与各时期重要历史场景相契合，主创团队采用了以百年经典旋律为主导的形式贯穿始终。无论是革命战争时期广泛传唱的《国际歌》《秋收起义歌》《苏区干部好作风》《八月桂花遍地开》，长征时

期的《十送红军》《遵义会议放光辉》《会师歌》，抗日战争时期的《保卫黄河》，解放战争时期的《中国人民解放军军歌》，还是社会主义建设时期的《咱们工人有力量》，改革开放初期的《在希望的田野上》，新时代的《不忘初心》，等等，无不是时代的宝贵记忆。这些经典旋律主题被作曲家创造性地汇集、拼合，仿佛串联在一起的珍珠一样熠熠生辉，既起到了连接剧情的作用，又发挥了对时代主题画龙点睛的功能。

时间跨度百年之长、时空场景千变万化的情景史诗，必然对音乐形式提出更高的要求。为处理这一问题，作曲家采用了具有丰富表现力的交响乐队为主导的音乐写作模式，以适应不同场景的多样化表现需求。歌唱方面则根据内容需要灵活运用独唱、重唱、合唱等形式，加之男声、女声、童声等不同音色的转换，使音乐与舞台的跨时空呈现相辅相成。无论是展现改革开放时代活力的《青春啊青春》《假如你要认识我》《与我同行》《走四方》等独唱，还是气势恢宏的合唱《春天的故事》《走进新时代》《江山》《新的天地》，天籁童声的《唱支山歌给党听》，等等，都令观众仿佛置身历史情境之中，较完满地实现了背景与舞台、音乐与视觉的有机融合。

相比交响乐体裁而言，歌曲因受篇幅与唱词制约，在艺术表现的深度与广度方面往往有一定局限。为使经典歌曲旋律与宏阔内涵相适应，作曲家创造性地采取了从“时代之声”中提取基本元素的手法，以典型化动机为基础展开音乐，渲染气氛、烘托场景。例如，“抗美援朝”场景音乐中，作曲家从《中国人民志愿军战歌》的第一、第三句旋律提取出隐形对比主题加以延展，以交响化手法描画出恢弘的战争场面；在音乐达到高潮时又戛然而止，随之从画面几乎静止的舞台深处，飘来女声深情的《英雄赞歌》，使音乐充满戏剧性张力，形成激情与理性的强烈对比，为观众营造出更为深沉的艺术体验。

多元化音乐风格适时呈现，是《伟大征程》音乐写作的又一特点。这里既有古典风格的艺术表现、浪漫气息的交响音画，又有民族音乐、流行音乐元素的巧妙融合，极大地拓展了音响的表现空间。例如，“社会主义建设”场景中，作曲家引入京剧锣鼓经和唱腔，使其与《祖国颂》和《咱们工人有力量》主题相交织；在“激流勇进”开篇的海潮背景下，涌动着极富浪漫色彩的钢琴协奏音响；“香港回归”一节又呈现出《我的中国心》的流行音乐主题和圆舞曲风格的《今夜无眠》，音乐与一幕幕变幻的场景交相辉映，绚烂多彩。

《乐记》有言：“唯乐不可以为伪。”在大型情景史诗《伟大征程》的音乐写作中，音乐主创团队用饱含深情的笔触，勾画出百年来中国共产党与人民、与国家荣辱与共、携手并进的光辉历程。无论是在音乐主题的选取、形式的表现，还是音乐语言的深化、风格的拓展等方面，整部音乐都始终与舞台场景紧密结合，很好地发挥了背景渲染、主题贯穿、画龙点睛的作用，展现出主创团队锐意探索、不断创新的艺术追求，为当代文艺创作提供了可资参考的范本。

（原载《中国艺术报》2021 年 7 月 2 日）

百年历程的恢弘诗篇

——大型情景史诗《伟大征程》的音乐呈现

中国艺术研究院　陈　乾

庆祝中国共产党成立100周年文艺演出——大型情景史诗《伟大征程》由合唱《跟着共产党走》拉开序幕，分为“浴火前行”“风雨无阻”“激流勇进”“锦绣前程”四个篇章。

整台演出以统一的主题和完整的构思，利用诗歌朗诵、戏剧表演和舞台美术等形式，把党的各个历史时期具有代表性的音乐、舞蹈贯串起来，以鸿篇巨制的演出规模和历史分量，艺术地再现了中国共产党历史上具有划时代意义的重大事件，以135分钟的时长，为观众打造了一幅气势磅礴的百年画卷。

演出并未以“大型音乐舞蹈史诗”命名，但从整场演出的结构逻辑、歌舞基调、演出规模和功能意义来看，《伟大征程》无疑是一部在继承音乐舞蹈史诗风格的基础上，融入时代风格的恢弘史诗。

中华人民共和国成立至今，在规模上真正能被称为大型“音乐舞蹈史诗”的作品共有四部，分别是《东方红》(1964)、《中国革命之歌》(1984)、《复兴之路》(2009）和《奋斗吧中华儿女》(2019)。在以上四部作品中，音乐元素无疑是音乐舞蹈史诗体裁中最重要的表现手段之一。大型情景史诗《伟大征程》延续并发展了这一特征，全作以音乐元素覆盖“史诗”表演的全部听觉呈现，用音乐叙述历史、传递情感、塑造形象、搭建桥梁……总体而言，其音乐编创呈现出以下特点。

一、对大型音乐舞蹈史诗叙事功能的继承

历史叙事长期为中国文艺创作提供强劲的动力，大量“经典”“重磅”之作都与历史题材有关。“音乐舞蹈史诗”编创的艺术难关在于对历史叙事的把握。尤其是在《伟大征程》之前，已有四部“史诗”作品。一方面，许多重要的历史事件、历史进程已被反复呈现，相关题材的创作经验在经典化的同时，也面临着难以超越的风险；另一方面，对于当下所熟悉的新近历史的编排，又因其经验的丰富性、内涵的多维性，给舞台化的诠释与呈现提出了更加严苛的要求。

为了避免与前四部音乐舞蹈史诗在歌曲选择上出现过度重复的情况并贯彻全作的交响思维，《伟大征程》在关键段落选取听众耳熟能详的经典歌曲进行旋律主题变奏的编创手法，以“语义性”的方式提示听众，以旋律铺陈的写作手法进行主题衔接与历史叙事。比如，第一篇章中并未以声乐体裁演绎《十送红军》，而是以管弦乐的形式演奏歌曲音乐主题，展现了中华苏维埃共和国临时中央政府的成立，并完成和戏剧与舞蹈《长征》节目的衔接；同样的，还以旋律编排的方式呈现了歌曲《红军战士想念毛泽东》，再现了人类历史上一次旷世罕见的战略大转移；以交响乐《激情燃烧的岁月》完成与第二篇章的衔接，音乐不断，叙事不停。第二篇章中，以民乐合奏的方式演奏《东方红》的旋律，呈现开国大典的历史盛况；以管弦乐的形式呈现《我的祖国》和《中国人民志愿军战歌》的音乐主题，展现中华人民共和国成立初期抗美援朝的激战场面；还以戏歌的形式吸收《咱们工人有力量》的曲调编写了一段衔接作用的过渡旋律，描绘社会主义建设时期的欣欣向荣；并以歌曲《祖国颂》的旋律完成与第三篇章的音乐衔接；等等。类似情况在全作中还有多处，不再一一赘述。

除了选择以器乐形式呈现经典音乐之外，另一方面也注重挖掘同样具有时代特征的、人民群众喜闻乐见的革命歌曲和新创歌曲编入作品中。这些歌曲既沉淀了革命文艺的红色记忆，又内含强大的历史叙事力量，与大型音乐舞蹈史诗的艺术要义相得益彰。

序篇“启航”以中国共产党成立初期，工农革命运动发展期间流传开来的《国际歌》为起始。

第一篇章“浴火前行”，以合唱和管弦乐编排的形式选编了革命民歌《秋收起义歌》《苏区干部好作风》《八月桂花遍地开》《会师歌》《遵义会议放光辉》和创作歌曲《保卫黄河》《中国人民解放军军歌》等。这些歌曲是对特定时期革命斗争史实的记录和描写，呈现了中国共产党领导广大人民群众进行新民主主义革命的艰辛历程。

第二篇章“风雨无阻”，选取《东方红》《红旗颂》《我的祖国》《中国人民志愿军战歌》《英雄赞歌》等经典歌曲进行重新编排，既呈现了中华人民共和国成立之初载歌载舞欢庆胜利的社会风貌，也刻画出当时艰难复杂的国际形势和人民军队保家卫国的英雄气概。在社会主义建设环节，采用时代歌曲《咱们工人有力量》的音乐曲调进行旋律编创。首次在“史诗”中吸纳京歌的表现形式，塑造出各行各业劳动者在社会主义建设时期的人物群像。

第三篇章“激流勇进”，以男声重唱、女声重唱、大合唱、混声合唱等形式，通过时代歌曲《在希望的田野上》《青春啊青春》《假如你要认识我》《与我同行》《走四方》《春天的故事》《我的中国心》《今夜无眠》《走进新时代》《我们和党旗在一起》《我和你》《江山》12 首歌曲，形象地概括了改革开放和社会主义现代化建设新时期的重大历史事件，展示了中国共产党团结带领中国人民实现了中华民族从站起来到富起来的历史飞跃。

第四篇章“锦绣前程”，则以歌曲《小康之歌》讲述闽宁镇、十八洞村的脱贫攻坚故事，而后依次以《唱支山歌给党听》《生命至上》《我们从古田再出发》《强军战歌》《未来你好》《新的天地》《和合之美》《领航》《没有共产党就没有新中国》等歌曲讴歌了党的十八大以来，在以习近平同志为核心的党中央的领导下，党和国家各项事业取得的历史性成就和历史性变革，呈现了新时代的中国从富起来到强起来的伟大飞跃，在引发观众审美共鸣的同时，为观众展开了一幅民族复兴的壮丽画卷。

总体而言，大型情景史诗《伟大征程》以音乐表现主题、串联主题、烘托情节，在曲目编选方面，将重大事件的时间节点作为选拔曲目的坐标，用各个时期最具有代表性的优秀音乐作品串起百年党史，在叙述不同时代风貌的同时，使用重唱、混声合唱、男女对唱、大合唱等表演方式和更加多元的编创手法打造更为鲜活的叙事表达，在旋律进行的同时完成历史叙事。

二、对音乐舞蹈史诗创作要义的遵循

大型情景史诗《伟大征程》继承和延续了音乐舞蹈史诗体裁的

革命文艺传统，遵循创作上民族化、大众化和时代化的内在要求。

众所周知，从诞生于1964年的音乐舞蹈史诗《东方红》起，在“史诗”体裁中，由民歌改编的革命歌曲占据了较大比重。这些歌曲源自军民对民间音乐所进行的转化和嫁接，即通过将人民群众喜爱的民歌曲调配以朴实生动的白话唱词，创作出一批旋律好听、歌词好记的“革命民歌”。大型情景史诗《伟大征程》遵循这一方式，在第一篇章“浴火前行”中，选用多首将不同地域风格的民歌曲调与革命内容相结合的革命民歌，如《秋收起义歌》由湖南民歌改编而成，《苏区干部好作风》《十送红军》是对江西民歌的改编，《八月桂花遍地开》的旋律源自大别山民歌等。除了歌曲体裁之外，全作对于民族风格的呈现还体现在为戏剧发展、曲目串联、情景描写等方方面面的器乐写作中，如第二幕中展现《开国大典》的一段秧歌，第四篇章中采用民族调式进行创作的器乐、童声合唱与舞蹈《命运与共》等。

自《东方红》起，音乐舞蹈史诗便拥有了坚实的群众基础。这些承载着红色记忆的革命文艺，很大程度上依托于革命歌曲的大规模呈现。革命歌曲将易唱、易记的熟悉旋律配以白话新诗或宣传口号创作而成，成为传播革命理想、战斗精神和必胜信念的种子。也正因革命歌曲雅俗共赏的艺术魅力，使其既具有时代价值，又有传承下去的群众基础。《伟大征程》中第一、第二篇章中选编的具有时代特征的革命歌曲如《会师歌》《遵义会议放光辉》，以及由《怒吼吧 黄河》《中国人民志愿军战歌》等革命歌曲曲调所改编的交响乐旋律，既增强了史诗的厚重质感，又唤起了听众留存在心底的时代记忆。

重视现实成就的展示、展现当下的时代风貌，是音乐舞蹈史诗的创作规律。新创歌曲是最能够体现编创者主观意图的音乐类型之一。自《东方红》起，四部音乐舞蹈史诗的高潮段落均出现在对现实的歌颂中，为“史诗”特别创作的新作品也多安排于此。同样，大型情景史诗《伟大征程》也为十八大以来的新创歌曲留有充足的展演空间。入选曲目包含《小康之歌》《我们从古田再出发》《强军战歌》《未来你好》《新的天地》等。上述曲目大多来自十八大以来由中宣部、文化部（现为文化和旅游部）等组织的歌曲评选与推介活动，如“庆祝中华人民共和国成立70周年优秀歌曲100首”、“中国梦”主题新创作歌曲、精神文明建设“五个一工程”奖、庆祝改革开放40周年新创歌曲音乐会等。作曲家根据第四篇章“锦绣前程”的表现主题，对脱贫攻坚、全民战“疫”、强军、构建人类命运共同体等重大事项进行针对性的创作，为戏剧与歌舞《东方奇迹》，情景交响歌舞《人民至上》，情景歌舞《强军战歌》，鼓乐歌舞《新的天地》，器乐、童声合唱与舞蹈《命运与共》和《伟大征程》的主题曲《领航》等作品进行了全新的音乐编创。以更加紧贴时代的编排手法，采用童声合唱、男声合唱、交响乐、民族器乐合奏、配乐诗朗诵等形式，配以与音乐相互呼应的舞美设计，描绘时代发展，展现时代风貌。

三、对音乐舞蹈史诗内容与形式的发展

除了对音乐舞蹈史诗体裁的继承之外，大型情景史诗《伟大征程》在吸纳新的艺术样式和音乐编创技法与表演手法的同时，也拓宽了音乐舞蹈史诗的内容与形式，深化了其艺术表现力，使演出既是一部宏伟的历史诗篇，也是一台精彩的舞台呈现。

首先，大型情景史诗《伟大征程》对于音乐舞蹈史诗体裁的发展体现在音乐写作思维和音乐表现体裁上。在文化多元化发展的今天，音乐艺术也朝着更加多元的方向发展。21世纪以来，音乐舞蹈史诗逐渐呈现出器乐化、交响化、抒情化的创作趋势。这一特点在大型情景史诗《伟大征程》中有较为鲜明的体现：音乐不再仅以歌曲体裁或晚会音乐的形式贯穿始终。《伟大征程》呈现出更加综合的艺术构思和音乐编创手法。它使用包含歌舞、配乐诵赋、交响合唱、交响乐、民族管弦乐合奏、音乐剧元素等多种形式进行编排。整台演出以《唱支山歌给党听》为主题贯穿，以“交响化”的音乐构思，既深化了“史诗”的艺术品格，回应了听众对经典音乐

作品的期待；同时，还以新时代音乐编创的手法，紧扣时代脉搏，使整台演出在诗学与史学的紧密结合、历史与现实的交相辉映中，彰显出新时期舞台创作的文化活力。音乐于此，已不单是舞台表演的配乐，而是以整体化的交响思维、以兼顾自身的发展逻辑为整台演出的音乐编创进行布局，从而使音乐呈现出“史诗感、交响感、现代感”的创作特点，体现了音乐舞蹈史诗体裁的发展新貌。

中国传统民族声乐艺术中，传统戏曲与现代民族声乐关系密切。京歌作为一种独特的文艺形式，在现代民族声乐的创作与发展中深受群众的喜爱。在《伟大征程》第二篇章“风雨无阻”中，戏曲与舞蹈《激情岁月》的编创者首次使用京歌与不同类型的音乐语言进行混编，在大气磅礴的“京”腔“戏”韵中，以京剧艺术的“声”“台”“板”“表”，配上王进喜、史来贺、雷锋、钱学森、焦裕禄等一批先锋模范的珍贵影像，呈现出社会主义建设时期蒸蒸日上的社会风貌，塑造了工人、农民、军人、科学家、国家干部等各行各业共产党员的奋斗群像。

其次，大型情景史诗《伟大征程》对于音乐舞蹈史诗体裁的发展还体现在更加综合的艺术表现手法上。在艺术科技的不断发展中，音乐由纯粹的听觉艺术逐渐与视觉艺术相融合。《伟大征程》于国家体育场上演，其舞台位于体育场中心，由一块 5133 平方米的 LED 主显示屏和 4 块共 2300 平方米的副屏构成。LED 显示屏的表现力，为舞台设计开创出多种可能。除了在演出过程中播放与音乐相得益彰的影像资料之外，5 块显示屏经过专业舞美设计师的设计之后，能够更为直观地传达出舞台表演的思想内涵。如在第一篇章情景舞蹈《起义 起义》的表演过程中，随着民族管弦乐的推进，LED 主显示屏呈现出土地革命战争时期，红色革命根据地在地图上遍地开花的影像，既诠释了音乐的内容，又同步传达了音乐想要表达的情感，在更加直观的场景中推动现场气氛，具有极强的艺术感染力。又如，在第四篇章上演为《伟大征程》特别创作的歌曲《和合之美》时，舞台利用 LED 显示屏营造出山水写意的舞台，设计者将 LED 主显示屏设计成山川的形状，似中国传统绘画中水墨画里绵延起伏的山峦。主屏、侧屏形成视觉传达的主要载体。其中，4 块竖屏可单独呈现，丰富了舞台效果。将音乐表演和视觉装置相结合，拓宽了“史诗”的艺术表现力。水墨空间的造境与《和合之美》的音乐主题相辅相成，呈现出中国文化中对于调和、和谐之美的理想与追求，传达了构建人类命运共同体的理念，也完成了对新时代中国尊重自然、热爱生命、祈求和平、开放包容、生生不息的国家形象的塑造。

再次，大型情景史诗《伟大征程》对于音乐舞蹈史诗的发展还体现在音乐的叙事表达上。一方面，“史诗”是一门综合性的艺术形式，《伟大征程》在以声乐、交响乐和民族管弦乐等体裁对整部作品的音乐进行统一构思与编创的同时，还关注与舞蹈、戏剧等艺术门类的综合呈现，探求更加契合当下语境的年轻化表达。比如，在序篇的《破晓》、第一篇章的《长征》和第四篇章的《东方奇迹》中，音乐协助戏剧表达的需要，以类似电影音乐的编创手法在戏剧发展中起到烘托气氛、渲染环境的作用，深化了演出的叙事内涵。另一方面，大型情景史诗《伟大征程》表达了中国共产党百年征途中一路与人民同行的核心主题，因此，整部作品在音乐写作中也以更加抒情的笔触，体现时代生活，体现人民至上，在“宏大叙事”中展现诗情与温度。全作在为“史诗”体裁增添新的表达内容与表现形式的同时，还深化了其“民族性、大众性、时代性”的创作理念与审美追求。

综上所述，大型情景史诗《伟大征程》在音乐编创上释放出强烈的吸引力、凝聚力和感召力，使观众在历史的推演中，记住歌、记住舞、记住人、记住情，在构建民族价值认同、充分展示全新的中国国家形象的同时，也完成了中国现当代演出史上的华丽亮相。

（原载《艺术评论》2021 年第 8 期）

领航

——庆祝中国共产党成立100周年大型情景史诗《伟大征程》观后感

中国艺术研究院　都本玲

2021年6月28日晚，庆祝中国共产党成立100周年大型情景史诗《伟大征程》在北京国家体育场（鸟巢）隆重上演。演出全面回顾了1921年以来中国共产党的百年光辉历史，热情讴歌了实现中华民族伟大复兴的新征程。

《伟大征程》充分发挥综合性舞台和情景史诗的巨大包容性，以一种多维立体、动静结合、虚实相生的叙事模式，将中国共产党百年间的重要事件和历史时刻浓缩到两个多小时的演出中。通过凝练的舞台语言、象征写意的表现手法、震撼的历史影像和情景交融的艺术时空，于舞台的方寸之间书写下一部气势浩荡、波澜壮阔的英雄史诗。

全剧以时间为序，分为四大篇章。第一篇章“浴火前行”，通过《起义 起义》《土地》《长征》《怒吼吧 黄河》《向前 向前 向前》等节目，描绘中国共产党的创建和新民主主义革命历程；第二篇章“风雨无阻”，以《开国大典》《战旗美如画》《激情岁月》等节目，讲述共产党领导全国人民完成新民主社会主义革命，进行社会主义建设，确立社会主义基本制度的历史；第三篇章“激流勇进”，通过《春潮澎湃》《特区畅想曲》《回归时刻》《跨越》《党旗在我心中》《行进的火炬》等节目，赞美改革开放的伟大成就和中国特色社会主义道路的探索；第四篇章“锦绣前程”，以《东方奇迹》《人民至上》《强军战歌》《新的天地》《命运与共》等节目，歌颂党的十八大以来，万众一心走进中国特色社会主义新时代的征程。不难看出，演出的四大篇章正是对党史的呼应与诠释。

习总书记强调：“要讲好中华民族的故事、中国共产党的故事、中华人民共和国的故事、中国特色社会主义的故事、改革开放的故事，特别是要讲好新时代的故事。”为讲好党的百年史诗故事，《伟大征程》主创团队探索了音乐、舞蹈、诗词、戏曲、影像等艺术的多种表现可能性，最终呈现出情景舞蹈、合唱与舞蹈、歌舞、戏剧与舞蹈、情景大合唱、诗朗诵与合唱、情景交响歌舞、鼓乐歌舞等多元艺术叙事形式。

音乐是情景史诗的灵魂。选择有故事的音乐，用音乐来讲故事，是《伟大征程》的一大特色。纵观演出的整体布局，时间是明线，音乐是暗线，二者共同贯穿全场。选取什么样的音乐，怎样用好这些音乐，是整个作品编创的关键所在。《伟大征程》中采用了大量经典革命歌曲和红色影视音乐，这些脍炙人口的歌曲中蕴藏着大量的历史信息和大众记忆，具有鲜明的时代特征和象征意义。用熟悉的曲调做铺陈，让故事的讲述更加生动流畅，唤起观众的共鸣，直击人心。

以开篇“启航”为例。节目《破晓》开场压抑感充斥着舞台，近代中国饱受战乱，灾难深重，西方列强如恶犬分食中华，山河破碎，生灵涂炭，杀戮场面触目惊心。一片黯然中，《国际歌》旋律响起，舞台上新青年开始会聚奔走：“这是最后的斗争，团结起来到明天，英特纳雄耐尔就一定要实现！……”这段音乐是共产主义理想和无产阶级不屈斗争的象征，用在这里代表着觉醒者的声音，它冲破了黑暗，也预示着马克思主义思想在中国的开端和传播。

第一篇章“浴火前行”《保卫黄河》是《黄河大合唱》的第七乐章，由光未然、冼星海所创写成于中国抗日战争时期，曾被抗日军民广为传唱，具有广泛的群众基础。节目《怒吼吧 黄河》表现的正是抗日战争时期的历史，此处选用《保卫黄河》的音乐，恰到好处。“风在吼，马在叫，黄河在咆哮……万山丛中，抗日英雄真不少！青纱帐里，游击健儿逞英豪！”大屏幕上黄河壶口瀑布奔腾咆哮，舞台上演员随音乐的铿锵起伏列阵，营造出波澜壮阔的场景，正如中国共产党领导下的军民抗日，气势不可阻挡。

再如第二篇章“风雨无阻”，节目《战旗美如画》表现的是抗美援朝的英雄故事。只一声“雄赳赳，气昂昂，跨过鸭绿江”，马上把时空推到了20世纪50年代的抗美援朝战场。遥想当年，中国人民志愿军正是唱着这首《中国人民志愿军战歌》奔赴朝鲜英勇杀敌，保家卫国，挺起了新中国的脊梁。很显然，对的音乐用在对的地方，一句顶一万句。

音乐之外，LED大屏幕在此次《伟大征程》故事的讲述中也扮演了十分重要的角色。百年风云变幻，需要传递的信息量十分巨大。制作团队花大气力对数字舞美进行完善，特别是选用大量历史珍贵影像资料，用真实的力量撼动观众，让历史说话。“一个忘记来路的民族必定是没有出路的民族，一个忘记初心的政党必定是没有未来的政党。”中国共产党百年来为了民族复兴和人民幸福所做出的努力和牺牲，在大屏幕上被生动还原，海量信息扑面而来，直观又富于冲击力。一幕幕鲜活的画面，一张张生动的面孔，一场场艰苦卓绝的战斗，一个个来之不易的胜利。与舞台上的艺术表演一样，大屏幕上的影像也是党史这个伟大故事的重要讲述者，二者共同承担着带领观众“不忘初心”“重走来时路”的重要使命。

充满象征性写意的舞台表现也是《伟大征程》的重要特色。党旗和党徽作为中国共产党的象征符号贯穿全剧。汶川地震后的废墟场景中，一面绣着金黄色党徽的红旗被高高举起，黑白色的世界随之出现了橘色曙光，众人将手伸向党旗的方向，是力量，更是信任。党旗的出现是一种隐喻，有困难的地方就有中国共产党，“有党旗的地方就有希望”。新冠肺炎疫情暴发后，全国紧急动员驰援武汉，物资支援，医护人员支援，方舱紧急建设，舞台中央的演员围成一颗跳动的心脏，而在这万众一心共抗疫情的时刻，背后飘扬的正是一面党旗。整场演出中，无论是革命、建设、改革时期，还是实现中华民族伟大复兴的征途中，党徽党旗总是出现在核心而重要的位置。它象征着党的先进领导，也象征着希望与力量。演出的尾声，当《领航》旋律响起，高达 16 米的金色党徽庄严升起，这是对党的象征主题的再一次升华与定格，“领航！伟大的中国共产党！”将这一象征性的舞台写意形式推向了顶峰。

《伟大征程》以艺术为媒介书写党的历史，讲述中国故事，立足全景式宏大构思，巧妙处理了艺术性与思想性、群像与个像、全局与细节等关系，实现了严肃史诗主题的生动与流畅，体现出深厚的历史内涵和高度的艺术审美追求，为中国共产党成立 100 周年献上了一份诚意拳拳的厚礼。

（原载光明网，2021 年 7 月 2 日）

百年巨变　伟大征程

中国艺术研究院　冯卓慧

6月28日，庆祝中国共产党成立100周年大型情景史诗《伟大征程》在国家体育场上演。整场演出由四个篇章组成，分别为“浴火前行”“风雨无阻”“激流勇进”“锦绣前程”。各章以时间为叙事顺序，将百年来中国发生的巨大变化，以及中国共产党带领全国人民站起来、富起来、强起来的历史进程，通过舞台艺术的综合形式予以生动展示。

第一篇章“浴火前行”，历数了20世纪以来中华民族曾经的苦难，在略带悲凉的音乐背景下，唱出了求索的心声；歌颂了“五四”以来无数仁人志士前赴后继寻找救国救民真理的过程。戏剧与舞蹈《长征》以湘江战役为起点，突出展现了中国共产党人和红军将士用生命和热血铸就的伟大长征精神。虽然作品中使用的音乐是克制的，但充满了朝气，能感受到其中蕴含的坚定信念。随后，江姐、董存瑞等英雄形象依次出现，“苦难的日子快完了!”“为了新中国，前进!”是对新时代的期盼与预言。背景音乐的风格也随之发生改变，曲调的风格逐渐明亮，预示着苦难阶段的结束与新希望的萌生。这一篇章主要以土地革命战争、抗日战争、解放战争为背景，展现了中国共产党团结带领中国人民浴血奋战的历史征程。

第二篇章“风雨无阻”，以舞蹈《开国大典》开篇，在由尖子号演奏的《东方红》主题中，锣鼓齐鸣，礼花再次燃放，全场铺满了金色的光芒，场内的情绪再一次热烈起来。当口琴演奏出《我的祖国》平静甜美的旋律时，舞台上呈现出祖国祥和富饶的景象。随后展现了土地改革、中国共产党第八次全国代表大会，以及这一时期社会主义建设取得的成就，突出了中国共产党领导全国人民建立起崭新的社会主义制度，同时描绘出王进喜、史来贺、雷锋、钱学森、焦裕禄等一批先锋模范的奋斗群像。在《祖国颂》激昂的乐曲声中，结束了这一篇章。每当我们回顾这一段历史，热烈的社会主义建设场景总会在脑海中涌现，一首首经典的歌曲也常把我们带入那个激情燃烧的岁月。

党的十一届三中全会的胜利召开，明确了中国共产党和全国人民崭新的使命。第三篇章“激流勇进”以此为背景，奏响了希望的音符。音乐、舞蹈与改革大潮的景象相互交织，构成了一幅充满希望的图景。诗朗诵与合唱《跨越》、情景舞蹈《党旗在我心中》，既讴歌了社会主义市场经济建设取得的伟大成就，又呈现出面对困难与挑战时，同心协力、众志成城的民族精神。在表现汶川地震的段落，舞台上一片地动山摇之后，音乐中响起了希望的动机，为情绪赋予了勇气和力量。其后，重温了北京奥运会、上海世博会、神舟七号飞船发射等激动人心的历史时刻。当《我和你》再次唱响在国家体育场的上空，在战鼓和号角般音乐的推动下，奥运火炬再次点燃了全场的热情。

第四篇章“锦绣前程”，展现了进入新时代，以习近平同志为核心的党中央带领全国人民取得的历史性成就。戏剧与歌舞《东方奇迹》着眼于脱贫攻坚视角，“美得让人心动，穷得让人心痛”的乡村全面步入了小康社会。在弦乐如歌的旋律中，巨大的生命之树被点亮，情景交响歌舞呈现了新冠肺炎疫情发生后，举国上下同心抗疫的决心，也展现了中国共产党将保护人民生命安全视作首要任务的责任感。其后的作品贴近于当下，展示出在以习近平同志为核心的党中央坚强领导下，国家在经济、科技、军事等方面的快速崛起，民族正在走向伟大复兴的壮丽画卷。最后，代表着未来与希望的儿童再次走上舞台，与舞蹈、器乐演奏一同奏响了“构建人类命运共同体”这一时代主题。

演出的尾声，全体演员与现场观众激情高唱《没有共产党就没有新中国》，共同歌颂了伟大的中国共产党。

一场成功的演出，需要主题情感、节目结构、舞台美术等环节的精心设计，以及演员的精彩表演，《伟大征程》这场演出毫无疑问都做到了。特别是以巨型背景屏幕、四块侧屏、一块折翻屏为代表的舞台设计，兼顾了精美、华丽、优雅的风格特征与灵活多变的形式特点。在创造优秀舞台效果的同时，为充分展现丰富的历史信息提供了舞台基础，给予观众完美的视觉享受。从音乐编创的角度来看，较多地使用经典作品而少用新创作品，是符合本次演出活动需要的创作理念。一来，就综合性舞台艺术而言，视觉形象的新鲜感与听觉感受的熟悉感相结合，对艺术情感的表达来讲是有益的方式。二来，创作者将这些大家耳熟能详的音乐作品一一呈现，可以有效地塑造历史情景，充分调动音乐在情感塑造方面的能力，将气氛带入到一个个历史的瞬间。

中国共产党建党这一百年时光，恰逢中国历史上前所未有的巨变时期。在党的领导下，国家取得了开创性的历史成就。记录这一光辉的历程，再现初心和使命，展现百年来革命、建设、改革的壮举，使我们更加坚信，全国人民在中国共产党人的领导下，必将奔向更加美好的未来。

（原载《中国文化报》2021 年 8 月 5 日）

在音乐布局上呈现“以人民为中心”的主旨思想

中国艺术研究院　施　艺

大型情景史诗《伟大征程》作为庆祝中国共产党成立100周年的红色文艺作品，是一部兼具政治性、思想性、艺术性和教育性的舞台艺术精品。中国共产党带领广大人民走过的百年之路，正是中华民族根本改变命运的抗争、奋斗之路，亦是祖国建设翻天覆地、社会发展日新月异的辉煌之路。通过大型情景史诗的重温与“再现”，我们可以真切地体会到人民和历史赋予党的信任与重托，也能够深刻地意识到党始终坚持以人民为中心的崇高使命感。

在整场演出的四大篇章中，歌舞表演、合唱交响、戏曲、朗诵、情景演绎等多维度艺术形式交织相融，为观众带来了视听盛宴。试从音乐和选曲主题的层面来看，整部作品始终贯穿着“以人民为中心”的音乐结构布局，其中，既有革命、建设时期党和人民群众及文艺工作者改编、创作的经典歌曲，也有改革开放以来赞美祖国现代化建设取得骄人成绩的时代歌曲，还有党的十八大以来人民为歌颂党在新时期所取得的举世瞩目的伟大成就而创作的众多新曲目。

在第一篇章“浴火前行”中，史诗选排了《秋收起义歌》《八月桂花遍地开》等红色民歌，这些来自革命根据地改编的“新民歌”生动体现了党和人民生死与共的鱼水深情。其中《八月桂花遍地开》的合唱改编版曾用于20世纪60年代创编的大型歌舞表演《革命历史歌曲表演唱》和大型歌舞史诗《东方红》中，让人印象深刻的是，在本场演出中，该曲目采用了传统吹打乐与民歌合唱相融合的表现形式，以歌曲原有的速度展现根据地朴实无华且充满朝气的劳动场景，贴切地呈现出革命先辈同人民“自己动手丰衣足食”时的欣欣向荣之意，一幅军民一家亲，共同忙生产的温暖画面生动地展现在面前。在歌曲的中段，通过减慢的速度变化，使歌曲转换为更加宽广和厚重的风格，营造出和谐、热闹、忙碌的生产场面，让人体会到了百姓与党所领导的革命军队间的深情厚谊。

在表现军民难舍难分依依惜别时，音乐选用了歌曲《十送红军》的经典旋律，并以此将整场表演收转，开启新征程，承接其后的是遵义会议的情景表演，并以旁白颂赞了遵义会议“挽救了党、挽救了红军、挽救了中国革命”的重要历史意义，这也让笔者联想到，在前一场建设根据地的表演中，人民不仅为党和红军的发展与休整提供了生产基础和大本营，而且还为红军实现战略转移提供了人员和物资的保障，这充分说明革命根据地就是党和红军的老家，人民就是党和红军的亲人，我们的党是由人民送自己的子女投身到革命事业而组建起来的政党，是真正由人民哺育成长起来的充满感恩情意的政党。

在表现全民族团结一心奋起抗战的场景中，音乐选用了《黄河大合唱》中《保卫黄河》的经典唱段，并将“风在吼，马在叫”的乐句进行节拍扩展，将每个字唱得更加坚定有力，这种节奏上的延长，展现了在党的号召下，人民群众唤醒了心中的爱国主义精神，体现了在民族危亡之际，无产阶级政党站在了抗战救亡的第一线，同人民一道发出了挽救民族、抗战到底的坚定决心。演出在歌曲合唱中推向最高潮，现场的画面最终也定格在日本战败投降时的通讯报刊。通过歌曲的演唱把观众带回到那热血沸腾、全民族反抗帝国主义侵略的时代，体现了党和人民患难相依、生死与共的血肉联系。在激荡的演唱和热烈的表演中，现场观众的情绪达到了第一次高峰。

在表现解放战争时期的场景中，选取了创作于 1939 年的《八路军进行曲》(解放战争时期改名为《人民解放军进行曲》，1988 年确定为《中国人民解放军军歌》)，歌曲中所表述的“我们的队伍向太阳”，正如习近平总书记多次提到的中华民族是向往正义的民族一样，向全世界表明了我们建设的是维护世界正义和平的人民军队；人民解放军的神圣使命来自唱词中所述的“脚踏着祖国的大地，背负着民族的希望”；而无论是在任何时期，都要时刻牢记“我们是工农的子弟，我们是人民的武装”这一本质属性，坚决维护党和人民生死相依的关系。

开国大典的历史时刻，表演特别选用了象征着中国人民共同记忆的《东方红》作为配乐，然而与以往不同的是，随着毛泽东同志宣告中华人民共和国成立的原声再现，响起的是唢呐吹奏出的《东方红》，体现了党把人民民主革命斗争的胜利和新中国的建立看作党和人民，乃至整个中华民族的共同光荣和历史成就。在刻画抗美援朝战场时，镜头借一名志愿军战士给母亲（象征祖国母亲）写的信，宣告了中国人民军队为了保卫祖国母亲和亲爱的人民，绝不允许敌人跨过我们的阵地。与此同时，以口琴吹奏的歌曲《我的祖国》作为配乐，深沉地抒发了人民军队对祖国和人民的深刻的爱，他们是保卫祖国山河、维护人民尊严的坚强力量。在一番激烈的现场战斗表演过后，画面定格在“为了胜利，向我开炮”的感人场景，并由女生领唱引出“为什么战旗美如画，英雄的鲜血染红了它”的深情唱段，这首《英雄赞歌》也体现出了人民和祖国对英雄烈士的深切缅怀与永远铭记。

经历了血与火的战争洗礼，我们迎来了宝贵的发展空间，改革开放的伟大战略部署使我国逐渐走上通往富强的道路。在表演场地上，舞蹈演员身着象征着春意盎然的绿色服饰，在远山、蓝天、白云的映衬下，伴随着女生合唱及抒情版《在希望的田野上》主题曲和管弦乐交织变奏，从场地中央如海潮涌动般奔向前台，他们象征着改革的春风吹遍神州大地，而合唱的歌声里饱含着人民对美好生活的无限憧憬与深切向往。在接续的几个单元中，先后选取了人民群众耳熟能详、具有高度时代特征与群众基础的歌曲，如《走四方》《春天的故事》《我的中国心》《今夜无眠》等，这些人们喜闻乐见的歌曲由于凝结了高度的象征意义，早已成为人们心中闪光的回忆，并逐步完成了由主旋律歌曲到群众歌曲的审美功能转化。

20 世纪末到 21 世纪初，中国进入高速发展时期，合唱《走进新时代》《我们和党旗在一起》《我和你》(重唱和合唱)、《江山》等歌曲，运用千人级的大合唱形式，充分展现了在党的带领下全民共享社会发展成果，人民就是党永远坚守的江山这一鲜明主题。

党的十八大以来，中国特色社会主义进入新时代，通过科学治理、依法治国、从严治党和全面深化改革等重大举措，党中央带领中华民族实现了第一个百年奋斗目标，向全世界庄严宣告我们已完成全面建成小康社会的宏伟目标。当现场歌曲唱出“你和百姓同心同行”“不忘初心，继续前进”等唱词时，画面上展现出习近平总书记带领全国各族人民全面脱贫、战胜疫情、勇攀世界强国高峰的伟大壮举，并相继展现了国家在社会发展、法治建设、科技创新、军队建设等方面取得的伟大成就，全场数次爆发出热烈的欢呼声，现场的气氛达到了最高潮。紧随其后的是《命运与共》章节，该部分以传统乐器“筝”为基础，创作的歌曲《和合之美》唱出了人间的大爱无疆、大美无形，传递了福祉共享、美美与共、天下大同的思想境界，充分展现了中国共产党和中华民族向往世界和谐，满怀善意，心系人类福祉的伟大愿景。

全场表演在歌曲《领航》中表达了人民对党的带领发自心底的呼唤，万人合唱再次凝练并升华了“江山就是人民”的主旨思想。情景史诗《伟大征程》在《没有共产党就没有新中国》的全场大合唱中圆满落幕，而象征着先驱和先烈们坚守一生的理想信念的党徽，散发着金色光芒明亮地高悬于夜空，作为党的精神之源指引着党员和人民永远前行。

毛泽东同志在对文艺工作的论述中指出：“任何阶级社会中的任何阶级，总是以政治标准放在第一位，以艺术标准放在第二位的。……我们的要求则是政治和艺术的统一，内容和形式的统一，革命的政治内容和尽可能完美的艺术形式的统一。”史诗级的大型歌舞表演，新中国历史上曾有《革命历史歌曲表演唱》《在毛泽东的旗帜下高歌猛进》《东方红》《复兴之路》等经典作品，因此，对于本场文艺演出的表现形式，笔者在观看前还是有着一些疑问的，如：题目和立意皆十分宏大，要采取何种形式，才能在容纳数万人的国家体育场开展超大空间和超视距的实地表演和情景再现呢？此外，要如何做到既满足观众的审美需求，也观照到艺术作品的人文价值与艺术魅力，还要实现史诗文艺作品的现实意义，这想必是不大容易兼顾的事。然而，在观看演出后，笔者认为，大型情景史诗《伟大征程》在主创团队和参演人员的共同努力下，已经解决了这些问题，并出色地完成了艺术上的创新与突破，用自身取得的成功实践着毛泽东同志有关“革命的政治内容”与“尽可能完美的艺术形式”统一起来的理论。

习近平总书记说过：“中国共产党根基在人民，血脉在人民，力量在人民。”党用实际行动在百年征程上践行了一条人民至上的发展道路。在这条光明道路上，人民高唱凯歌，用亿万颗炙热与激动的心为党奏响光荣而辉煌的新乐章。

（原载《中国旅游报》2021 年 8 月 9 日）

《伟大征程》的艺术性

中央音乐学院　项筱刚

庆祝中国共产党成立100周年文艺演出大型情景史诗《伟大征程》虽已演完10余天，但其带来的“震撼”“恢弘”“史诗”之余音至今依然在耳畔萦绕，令人难以忘怀。

究其原因，除了深邃的思想性外，盖因其很高的艺术性。

一、光辉的艺术形象

《伟大征程》凸显写实与写意相结合，“写意”尤甚。作为一台展现中国共产党百年奋斗历程的文艺演出，《伟大征程》纵跨181年的历史（1840—2021），与《东方红》28年（1921—1949）、《中国革命之歌》142年（1840—1982）、《复兴之路》169年（1840—

2009)、《奋斗吧中华儿女》98年(1921—2019)相比,《伟大征程》堪称历史跨度最大的一次重大文艺演出。就演出时长而言,2小时15分钟的《伟大征程》仅次于2小时30分钟的《复兴之路》。不论是历史跨度,还是演出时长,《伟大征程》既“全覆盖”地展现了中国共产党及其领导的中国革命、社会主义建设的伟大征程,又将相关内容浓缩在一个适度的审美范围之内,做到了融写实于写意之中,以写意来升华写实,在国家体育场的大舞台上,鲜明、具体、典型、浪漫地展示了中国共产党及其伟大征程的光辉艺术形象。

二、生动的艺术情境

与《东方红》《中国革命之歌》《复兴之路》《奋斗吧中华儿女》等以往历次重大文艺演出形式——音乐舞蹈史诗不同的是,《伟大征程》堪称创造了一种新的演出形式——“大型情景史诗”。《伟大征程》是站在历次音乐舞蹈史诗的肩膀之上,将关注的目光由原来的“载歌载舞”上升至“寓情于景”“寓情于‘境’”,将创作的笔触由原来一个个相对独立的叙事板块,转而指向一个完整的、有着严谨结构的宏大主题——“党和人民生死相连”。不论是四个篇章的浑然一体,还是各个篇章的一气呵成,不论是每个节目麾下的子节目的贯穿，还是节目之间上下场的衔接，都没有间断之感，使人觉得整台演出就是一台戏，2 小时 15 分钟内全神贯注。《伟大征程》整台演出似有一个生动、曲折、抓人的艺术情境贯穿始终——“走过百年，走过千秋伟业”。

三、凝练的艺术结构

《伟大征程》将中国共产党的百年征程浓缩在 4 个篇章——“浴火前行”“风雨无阻”“激流勇进”“锦绣前程”中，恰似一首有着“起承转合”结构的完整音乐艺术作品。第一篇章“浴火前行”（携手“启航”部分）纵跨中国共产党成立至中华人民共和国成立，通过从《国际歌》至作曲家关峡的交响乐《激情燃烧的岁月》等 10 首“时代音调”的音乐作品，展现了中国共产党人从星星之火到燎原之势的前进步伐。第二篇章“风雨无阻”纵跨开国大典至改革开放前，通过从交响乐《红旗颂》至合唱《祖国颂》等 7 首“时代音调”的音乐作品，展现了社会主义建设初期共产党人的丰功伟绩。第三篇章“激流勇进”纵跨改革开放至党的十八大前，通过从歌曲《在希望的田野上》至《江山》等 12 首“时代音调”的音乐作品，描绘了共产党人的“敢教日月换新天”。第四篇章“锦绣前程”纵跨党的十八大至今，通过从歌曲《小康之歌》至《和合之美》等 9

首“时代音调”的新老音乐作品，讴歌了党的十八大以来党和国家翻天覆地的历史性变革。38首音乐作品（不含编曲部分）浓缩了中国共产党百年的奋斗历史，使《伟大征程》以一个凝练的艺术结构呈现于世人面前。

四、丰富的艺术语言

尽管《伟大征程》的形式为“大型情景史诗”而非音乐舞蹈史诗，然而“大型”“情景”“史诗”的定位，决定了此文艺演出的艺术语言必须囊括音乐、舞蹈、戏剧、戏曲、杂技、影视等多个艺术门类。其中，毋庸置疑音乐与舞蹈仍居主导地位。就音乐而言，齐唱、对唱、重唱、合唱、交响乐等音乐语言堪称演出的有声艺术语言，为另一艺术语言——舞蹈提供了不可或缺的“有声源泉”。就舞蹈而言，民族舞、芭蕾舞、现代舞、国标舞、街舞等舞蹈语言，共同汇成演出画面感的第一“有型源泉”。换言之，为什么舞台美如画？因为舞蹈语言的色彩斑斓、流光溢彩。此外，戏曲、戏剧语言的调色、影视语言的“舞台化”表述，则进一步为音乐、舞蹈这两种艺术门类起到了丰富、完善的积极作用，亦反映出主创人员将不同审美取向的受众“一网打尽”。

五、独创的艺术载体

从人民大会堂到国家体育场，表面看不过是演出场地的变迁，然而，后者为《伟大征程》的华丽绽放提供了一个前所未有、超大开阔的表演平台，使以往众多不敢想的画面能够被付诸实践，如大型机械的登堂入室、千百人的载歌载舞、战士们如潮水般的冲锋陷阵以及从天而降……均为今后重大文艺演出提供了一种新的可资借鉴的开阔思路。如果说以往历次重大文艺演出的舞台背景尚停留在舞美层面的话，那么《伟大征程》舞台后方的立体环形大屏幕却已然超越了舞美的范畴，将舞台背景推上了历史的新高度。该屏幕以宽广、大气、宏伟的特点令现场观众不得不感叹视野狭窄。观众于瞬间被引入主创团队设计的时代洪流，令人不禁感慨：主创的心有多大，屏幕就有多大；屏幕有多大，舞台就有多大；舞台有多大，《伟大征程》的诗意就有多大。

大型情景史诗《伟大征程》，与广阔无垠的思想性相对应，其绽放出的独特艺术性可圈可点，令人印象深刻，对未来的舞台艺术将会产生深远的影响。

（原载《中国文化报》2021 年 7 月 16 日）

中国共产党百年奋斗历程的多维呈现

——大型情景史诗《伟大征程》观后

中国艺术研究院　赵　倩

经过两年策划、创排的庆祝中国共产党成立100周年文艺演出——大型情景史诗《伟大征程》，于2021年6月28日在国家体育场盛大举行。这是一台壮怀激烈、大气磅礴、意象丰满的演出，是一台多维度呈现中国共产党百年奋斗历程的演出，更是一台学党史、悟初心、催人奋进的演出。

一、以人民为主体的文艺创作

人民是历史发展的决定性力量，人民的选择决定了历史发展的方向，因此，文艺作品，尤其是以“历史”为叙述对象的作品，只有站在人民的立场，以人民为主体，反映人民的意志、情感和愿望，才能被观众更为深刻、充分、真切地理解和认识。中国的革命和建设的成就，无一不是人民参与的、依靠人民而取得的。习近平总书记指出："社会主义文艺，从本质上讲，就是人民的文艺。"《伟大征程》所讲述的1921—2021百年党史，以新民主主义革命时期、社会主义革命和建设时期、改革开放新时期和党的十八大以来等四个时期为叙事主线，以"浴火前行""风雨无阻""激流勇进""锦绣前程"为篇章，艺术化地讲述了中国共产党在革命、建设、改革等不同历史时期领导中国人民从弱小走向强大，进而走向繁荣富强的、波澜壮阔的光辉历史进程。在此过程中，人民始终是主体，人民的利益始终是中国共产党为之奋斗的目标。那一段段真实再现的历史影像、一曲曲感人肺腑的红色歌曲和一个个风格各异的舞蹈作品，都让观众通过曾经的"历史"，感受到中国共产党的伟大、人民的伟大。如戏曲与舞蹈《激情岁月》，表现了中华人民共和国成立之初王进喜、史来贺、雷锋、钱学森、焦裕禄等奋战在各个行业的人民"用青春激情绘制理想、攀科学高峰为祖国争光"的风发义气和奋斗群像。歌舞《特区畅想曲》则以建筑工人的舞蹈为主体，描写了一代打工人为深圳特区的建设和发展立下汗马功劳，动情地演绎人民群众追求美好生活的不懈奋斗与昂扬风貌。

此外，习近平总书记在党史学习教育动员大会上指出："我们党的历史，就是一部不断推进马克思主义中国化的历史，就是一部不断推进理论创新、进行理论创造的历史。”回首百年来，我们党在继承和发扬马克思主义思想的过程中，产生了毛泽东思想、邓小平理论、“三个代表”重要思想、科学发展观和习近平新时代中国特色社会主义思想等理论，指导着党和人民各项事业的实践与发展。在这些思想理论中，“人民”一直是核心要素和旨归。而《伟大征程》也恰恰从马克思主义中国化的视角，解读了中国共产党是一个怎样的有理论、有思想的政党，解读了为什么只有中国共产党才能够领导中国人民开展革命斗争与社会建设并能取得一个又一个胜利。如在描写抗洪救灾、汶川地震、抗击“非典”与“新冠”、脱贫攻坚等环节中，那飘扬着的党旗，正是秉承“人民至上”的中国共产党在任何时候都不会缺席、永远是人民的主心骨的生动诠释。

二、对传统之“乐”内涵的扩展

其一，超越“乐”之内涵的互文性表达。在古代中国，“乐”是一个复合的艺术概念，包含着歌（诗歌）、器乐和舞蹈等艺术形态。而不同于《东方红》《复兴之路》和《奋斗吧中华儿女》等“音乐舞蹈史诗”,《伟大征程》带给观众的并非一种简单的“复调”式的表演集合，演出不仅有歌曲、戏曲或舞蹈的跨界融合，有的节目还加入了戏剧表演的元素，包括由影视演员参与的历史事件的艺术创造和舞台上演员参与的历史事件的情景再现，突出了“情景史诗”的艺术特点。在视听效果上，《伟大征程》颇具立体性和丰富性，舞台上的歌舞表演与大屏幕上的影像，形成互文性表达，彼此“诠释”。如情景舞蹈《起义 起义》，戏剧与舞蹈《长征》，情景大合唱《怒吼吧 黄河》，戏曲与舞蹈《激情岁月》，合唱与舞蹈《行进中的火炬》，情景交响歌舞《人民至上》，鼓乐歌舞《新的天地》，器乐、童声合唱与舞蹈《命运与共》等，这些经过艺术淬炼和提升的节目，蕴含着多元艺术形态的跨界互文。如《命运与共》，表现了全国人民践行习近平总书记“构建人类命运共同体”的丰富实践。舞台后场与旋转舞台上的乐手操琴，弹奏着主题旋律；中场身着红、黄、蓝、绿、白五色服装的青年舞者们的表演，象征着五大洲人民一起欢歌起舞；大屏幕上，一帧帧播放着的黄河、珠穆朗玛峰、金字塔、亚马孙雨林、阿尔卑斯山、孔子学院以及中国对非洲各国的援建、智利总统迎接中国疫苗等影像，深刻地彰显着“构建人类命运共同体”在全世界奏出的心灵交响。

本次演出的节目，除了立足人民性之外，还包含时代性特征。节目编排以历史发展为主线，每一个节目都与特定历史时期的事件相呼应，以歌曲、舞蹈、戏剧及舞美等多样化编配，描绘出不同时代的特征，让观众不仅回顾了中国共产党的百年历史，更对中国的发展变化有了更进一步的了解。如在反映改革开放初期深圳发展的歌舞《特区畅想曲》中，靓丽的青年男女在舞台上跳起了 20 世纪 80 年代兴起的街舞，让观众很容易想起那个充满青春活力的年代，唤起他们甜蜜的回忆。

其二，表演区域的多点并举与殊途同归。此次演出大部分节目具有舞台表演的去中心化特点。舞台被分为前、中、后三个主要表演区域，还可以划出左前、右前等区域。每个区域的表演在统一的主题下，又有一定程度的独立性。因此，与一般综艺性歌舞表演的写意性“留白”不同，本次演出的大部分节目更多的是对写实手法的运用，以舞台的密与实，彰显大气磅礴的艺术风格。此外，舞台后方的大屏幕通过历史与当代重要事件的影像播放，与舞台表演成为一体，形成了表演区域立体、多点的特征。这些区域在功能上殊途同归，共同完成对不同主题的多元化建构。

尤其要指出的是左前和右前方的旋转舞台。在其一侧，是专门为戏剧表演预留的空间，这是本场演出的亮点之一。如在表现新民主主义革命时期革命先驱们的爱国抗争、脱贫攻坚时期党员干部们的奋勇当先、抗击新冠肺炎疫情的斗争中医护人员的逆向而行等环节中，分别由影视演员在这一方小舞台再现了相应事件的真实场景，并通过大屏幕予以同步播放，与中场的歌舞表演互为补充，共同完成对中国共产党人引领中华民族实现全面小康的伟大胜利的书写。

再如鼓乐歌舞《新的天地》中，百面大鼓在空中擂响，在威亚的调度下进行左右和上下的队形变换；百名号手则在舞台上吹响号角，以乐声与鼓声相和；舞台上除了数十面大鼓外，数百名旗手舞动着红旗又与鼓乐相应，描摹出一幅气象万千、新时代民族复兴的盛世画卷。

三、艺术与科技的水乳交融

其一，屏幕的设计。由近 8000 平方米的 LED 屏幕组成的大屏幕也是本场演出的亮点之一，它几乎与鸟巢一样高，宽度有数十米。当不同时期的历史画面及新创影像在大屏幕上出现时，带给观众的是扑面而来的震撼力，加上灯光元素的精准运用，为现场观众营造出更为真实的观演效果。舞台左前和右前方旋转舞台的其中一侧，也安装了显示屏，其播放的内容或与主屏构成统一的画面，或独立成篇与主屏呼应。另外，在舞台的中部，安装了可以向上折角近 90 度的地面屏幕，在不同的场次，它发挥着不同的功能，如刻画抗美援朝时期战斗之惨烈时，它用于表现战士们一次次的冲锋，并最终夺取了阵地，取得了胜利。

其二，舞台的设计。此次演出所用的舞台，有后场的阶梯平台、中场的平面场地，在舞台的前部两侧，除了可旋转的舞台，可升降的舞台也是颇具新意的设计。虽然旋转和升降舞台并非主要表演空间，但它们的使用则是表演空间立体、多点视觉效果形成的主要原因。

应该说，从艺术呈现到舞台设计，《伟大征程》从各个层面为观众解读了“中华美学精神”在新时代语境中的新境界，即着重表现为以歌、舞、演，声、光、电及视频等艺术与科技相结合的多维手段，带给观众立体、丰富的感官审美体验。

四、社会功能：从成果展示到精神激励

作为一台大型史诗类文艺作品，《伟大征程》与中华人民共和国成立以来的各类文艺汇演以及大型主体性文艺演出，如音乐舞蹈史诗《东方红》《中国革命之歌》《复兴之路》《奋斗吧中华儿女》等，并非只存在差异性，而是在功能上有内在的一致性和延续性。首先是成果展示。歌曲无疑是描写时代发展和风貌最快捷的艺术形式，本次演出中，我们不仅听到了《八月桂花遍地开》《在希望的田野上》《我的中国心》《走四方》《春天的故事》《今夜无眠》《走进新时代》《唱支山歌给党听》等经典歌曲或其改编作品，还听到了在新时代涌现出的《小康之歌》《人民至上》《强军战歌》《未来你

好》《领航》等优秀作品，这是历代音乐工作者在红色主题音乐作品创作上的成果体现，演出是推动本土音乐创作的重要途径。其次是人才培养。一次大型主题创作、排练和演出过程，对于参与其中的年轻演员而言，不仅丰富着他们的舞台经验，强化着他们的爱国主义精神和无私奉献精神，也极大地改变着他们对于艺术创演规律、组织和协调规范等方面的认识，并引发对于自己作为一名文艺工作者责任和态度的反思。正如音乐舞蹈史诗《东方红》的排演所产生的后继贡献——“为新中国未来文艺人才树立典范形象”“为新中国未来文艺事业提供骨干力量”“为新中国未来文化繁荣确立价值取向”那样，本次《伟大征程》的排演，无疑也将为新时代培养一批思想认识过硬、艺术水准较高的文艺骨干。再次是文化认同。简单说来，在不同节目的表演中，台上与台下、演员与观众同唱一首歌的气氛，正是观众对于中国文化特质、中国共产党的贡献和中国人身份的强烈认同。最后是增强民族自信。《伟大征程》全面书写中国共产党历史的发展及成果，展现出大国气象、大国风范。当领袖和民族英雄出现在大屏幕上，当战士出现在舞台上，当我们在生态、工业、科技、医疗、军事等方面的建设发展成就一一出现在眼前时……全场观众热情地挥动手中的党旗和国旗，并且由衷地发出了震耳欲聋的欢呼声，这即是新时代中华儿女民族自信的最有力表征。

我们党之所以能够由小变大、由弱变强，根本原因是始终坚持和践行为中国人民谋幸福、为中华民族谋复兴的初心和使命，始终保持同人民群众的血肉联系。在中国共产党成立100周年之际，学习党史、新中国史的目的，正是让我们懂得党的初心和使命之可贵，理解坚守党的初心和使命之重要。观看完《伟大征程》，我们无疑都会被一代代革命先烈为了民族独立、人民解放而抛头颅洒热血的革命精神和牺牲精神所感动，也能够真切地体会到当下幸福生活的来之不易，更体会到时代榜样的力量以及长征精神、井冈山精神、延安精神、红旗渠精神、焦裕禄精神、大庆精神、抗疫精神等精神丰碑在中国革命和建设不同阶段的重要意义，也让我们的党史更加生动、立体地“活”在了观众心中，进而激励我们将这种感动化为前进的动力，转化为全面建设社会主义现代化国家、实现中华民族伟大复兴的强大力量。而这正是这场大型情景史诗创作和演出的核心意义所在。

（原载《文艺报》2021年7月7日）

浅谈《伟大征程》的音乐叙事

中国艺术研究院　饶　曦

《伟大征程》采用多种艺术表现方式讲述中国共产党的百年征程，其在运用音乐叙述伟大征程、串联起波澜壮阔的百年历史面貌方面的探索值得研究。《伟大征程》虽然分为四个篇章“浴火前行”“风雨无阻”“激流勇进”“锦绣前程”，但始终以一个主题贯穿，那就是中国共产党百年来带领中华儿女进行革命、建设、改革、奋斗的壮丽图景。《伟大征程》将历史上中国共产党所经历的、真实发生的重大事件筛选出来，汇集呈现，采用多种艺术表现方式讲述百年征程，这让观众更加深刻地领悟到没有共产党就没有新中国，就没有社会主义现代化建设，就没有中华民族的伟大复兴。那么，我们需要关注的是，此次演出如何运用音乐叙述伟大征程、串联起波澜壮阔的百年历史面貌。

第一篇章“浴火前行”，以情景大合唱《怒吼吧 黄河》作为主要音乐主题，再配合《起义 起义》《土地》《长征》《向前 向前 向前》等歌舞节目，展现了中国共产党建立的各大革命根据地，追忆了土地革命时期吹响的反封建号角以及在抗日战争、解放战争的战场上带领中国人民浴血奋战的场景。《怒吼吧 黄河》由光未然作词、冼星海作曲，创作于1939年，是《黄河大合唱》大型声乐套曲的第九乐章，合唱曲目则以第八乐章《保卫黄河》为重点。歌词“风在吼，马在叫，黄河在咆哮，黄河在咆哮”拟人式地唱出了中国人民的心声，旋律上以分解大三和弦进入，小六度大跳do、mi极具方言色彩，既融合了民族音调，又显现出同仇敌忾、奋勇向前的精神。乐曲后半段的轮唱使用卡农技法，其特点是同一旋律在不同声部间隔反复，形成此起彼伏的流动画面。

第二篇章“风雨无阻”，大合唱名为《战旗美如画》。之所以选用“战旗美如画”作为题名，应当是出于两方面的考虑。一方面，这首作品是改编自1964年由公木作词、刘炽作曲的《英雄赞歌》，前段歌词选用了毛泽东《渔家傲·反第一次大“围剿”》的后半阕，副歌歌词则由刘炽创作。“为什么战旗美如画？英雄的鲜血染红了它；为什么大地春常在？英雄的生命开鲜花！”这种自问自答形式的歌词突出了革命先烈英勇就义、无畏牺牲的果敢，也点明了主题——中国人民是打不倒的，今天的幸福生活是无数战士用鲜血和生命换来的，所以大地常在、战旗如画。另一方面，从音乐结构上看，乐曲是分节歌形式。主歌部分的音调来自蒙古族民歌《巴特尔陶陶乎》与大提琴曲《黄昏的景色》，收束在徵音。副歌部分取自新材料，结束在宫音。以属、主功能性呼应显示出对比，给人以稳定感，借此重申中国人民不好战、也绝不畏战的心境。

第三篇章“激流勇进”。首先，映入眼帘的是一片盎然春意，舞者们身着绿色舞裙，随着歌曲《在希望的田野上》的节奏放缓，踏着旋律节奏舞动。其次，《春天的故事》《今夜无眠》《走进新时代》《江山》等金曲作为歌舞《特区畅想曲》、情景合唱与舞蹈《回归时刻》、诗朗诵与合唱《跨越》，以及合唱与舞蹈《行进的火炬》等节目的过渡，让观众在面对经典作品与新创作品时，既保持了熟悉感，又增添了新鲜感。实际上，这些金曲分别代表了在以中国共产党三代领导人为核心的党中央集体努力下，我国发展的三个不同阶段。《春天的故事》描述了邓小平同志南方谈话后做出改革开放的重大决策，旋律极富时代气息，尤其是开始处的八度大跳，具有回声式呼应，有打破陈规之意。《走进新时代》展现了第一代领导人毛泽东同志到第三代领导人江泽民同志引领中国人民走进新时代、开创美好未来的画面。该曲分前后两个乐段，且都终止于宫调式。《江山》由作曲家印青创作于 2002 年，是在以胡锦涛同志为总书记的党中央提出的“以人为本”执政理念下创作完成的，同样也是宫调式的单二部曲式。印青编写的曲调之所以为老百姓所喜闻乐见，是因为他的创作仍然是地道的民族调式，他所编配的歌词语调与旋律音调走向一致。

第四篇章“锦绣前程”。该篇章由脱贫攻坚的故事说开去，以《唱支山歌给党听》作为各族人民回馈给党的深情告白。情景交响歌舞《人民至上》再现了新冠肺炎疫情暴发后，举国同心、共同抗“疫”的决心，充分展现了中华民族一方有难、八方支援的互助精神。情景歌舞《强军战歌》、诗朗诵与合唱《强国力量》反映了在以习近平同志为核心的党中央坚强领导下人民军队的雄姿与航天人的抱负。鼓乐歌舞《新的天地》以巨型大鼓撑起信仰，托出中国。大鼓代表中国人民，小鼓寓意中国共产党人的百年历程，加入百名号手的声响后，功能合二为一，逐渐化为至高无上的国家象征，可谓一鼓立中国！器乐、童声合唱与舞蹈《命运与共》，分三组表演者：群筝伴奏、童声演唱与舞者舞出和平鸽的形状，这种演绎方式是为表达“和平与发展”的当今时代主题、围绕“人类命运共同体”给出中国方案。

“领航！伟大的中国共产党！无论多远，你都在我们身旁，信念永恒，初心不忘。”此时，党徽冉冉升起，围绕周边的十面巨型红旗随风飘扬，舞台上的视觉效果越发强烈，歌曲也更加悠扬。至此，全国各行各业的典型形象与各族人民的典型形象齐聚舞台，全场起立合唱《没有共产党就没有新中国》，晚会在一片欢腾声中圆满结束。

（原载《中国旅游报》2021 年 7 月 28 日）

展现百年大党盛大气象与高远格局

中国艺术研究院　孙茂利

现场观看大型情景史诗《伟大征程》后，我被演出中盛大恢宏的歌舞场面、激昂奋进的音乐和全体演职人员饱满的热情深深折服。整场演出给我最深的感受就是看到了一个百年大党具有的盛大气象和高远格局。这种气象和格局在中国共产党成立时就已初露端倪，在此后百年的奋斗历程中愈发坚定、清晰和明确。

《伟大征程》用两个多小时全面、生动、深刻展示了建党百年来，党带领全国各族人民从取得新民主主义革命胜利到建立新中国，从巩固新生的人民民主政权到全面实施改革开放，直到全面建成小康社会、完成第一个百年奋斗目标的全过程。这个过程充满曲折，这个过程历经磨难。中国共产党成立以来，每当中华民族遇到艰难和挫折，每当中国人民充满迷茫和无助时，总会有一面鲜红的党旗高高扬起，这面党旗飘扬在抗美援朝的战场、抗洪救灾的大堤、抗击新冠肺炎疫情一线，哪里有危险，哪里有牺牲，哪里有磨难，哪里就有鲜红的党旗指引党员和中国人民奋不顾身地投入抵抗侵略、抗疫救灾一线，带领中华民族战胜一切艰难险阻，取得一个又一个伟大的胜利，培育了一个又一个伟大的民族精神。中国的面貌在这百年间焕然一新，国运蒸蒸日上，呈现出雄伟磅礴的盛世气象。

为了充分展示这种气象，演出的场地、布景、音乐、舞美、灯光等都做了精心的筹备，特别是作为演出中主体内容的歌舞表演，大型舞蹈场面队形与队列变化迅捷，设计巧妙，动作到位，有力配合了各篇章中不同的主题，使演出高潮迭起。演出中大量选用经典红色歌曲，通过速度、节奏、旋律上的变化与对比，辅以配器上精巧的设计，不仅使人们听到熟悉的旋律，还能感受到新意。特别是流行音乐的加入，年轻歌手登上舞台，打破了以往这种类型演出多采用美声唱法、民族唱法的局面，更能感受到今天中国具有的自信与朝气以及更加开放的胸襟和气度。

本场演出场景切换快、时间跨度大，因此只能把建党百年来重要历史节点与具有转折性意义的重大事件予以呈现。尽管不能展现所有细节，但对熟知百年党史的中国观众而言，一个符号、一帧画面、一句标语、一句歌词、一次队列变化所要传达的内涵早已了然于胸。

“情动于中而形于言”，当言语不足以表达心中共庆党的百年华诞的喜悦之情和对祖国的热爱与赞美之情，就化作诗朗诵、歌舞、戏曲、影视等综合艺术呈现。这种大型史诗般呈现形式，把党全心全意为人民服务的宗旨展现得淋漓尽致，以无可辩驳的事实告诉所有人：只有共产党才能救中国，只有共产党才能领导中国、发展中国。

时代在发展，国际形势风云变幻，“世界处于百年未有之大变局”，中国共产党正带领全国各族人民走在建设社会主义现代化强国的路上，为实现第二个百年奋斗目标扬帆起航。历经百年风雨，中国共产党从建党时 50 多名党员，发展成为今天已经拥有 9500 多万名党员、在 14 亿多人口的大国长期执政的党。我们已经成为社会主义国家的“灯塔”，昂首屹立于世界的东方。

迈进新征程，中国共产党不仅要带领全国人民继续奋进，而且发出推动建立“人类命运共同体”的号召。

不忘初心，方得始终。中国共产党带领中国人民将奔向更加美好的生活，富强起来的中国还要带领全人类走向更加和谐、美好、幸福的明天。

（原载《中国旅游报》2021 年 7 月 22 日）

百年沧桑　举世无双

——热评大型情景史诗《伟大征程》

中国艺术研究院　欧建平

百年一度、不负众望的大型情景史诗《伟大征程》终于登台亮相了！作为党龄与舞龄均为40载的舞评人，我有幸接连观看了3场，进而使得这心潮澎湃的感受永生难忘，而满满的正能量与深刻隽永的身体记忆则将贯穿我的余生……

自2008年北京奥运会开幕式以来，我到国家体育场观看这种盛大演出的经历至少已有四次，但这次可谓名副其实的登峰造极——无论是国家投入的人力、物力、财力，还是全体创作和演职人员的尽心竭力，以及语言、音乐、舞蹈、杂技、戏剧、舞美等各门类艺术的综合效应，都达到了前所未有的极佳效果，而最让人瞠目的则是那帧横跨整个体育场、面积有近8000平方米的超高清大屏幕！它不仅集中体现了我们的国力强盛与科技创新，而且在转瞬间将近8000位演员和数万名观众带入了这部融中国共产党的百年沧桑与井喷创意于一体的鸿篇巨作《伟大征程》，并让每位观演者心悦诚服地接受了一次高强度的红色教育……

整部情景史诗由“浴火前行”“风雨无阻”“激流勇进”“锦绣前程”四个篇章组成，分别展现了我们党100年来尽管历尽艰辛却始终砥砺前行的不同时期。

一、大屏幕：海量历史镜头让党史成为信史

前所未有的超高清大屏幕上，精挑细选出来的海量历史镜头，让波澜壮阔的百年党史成为眼见为实的铮铮“信史”。其中，有太多令人泪如泉涌的镜头让我刻骨铭心，无形中夯实了我的“四个自信”。

李大钊编辑《新青年》时的理想、陈望道翻译《共产党宣言》时的气概、瞿秋白翻译《国际歌》时的风采、毛泽东编辑《湘江评论》时的胸怀；1949年4月21日，那位不知姓名、满脸沧桑的老母亲，作为广大人民群众的代表，冒着枪林弹雨奋力划桨，运送亲人解放军打过长江，摧毁蒋家王朝；20世纪60年代初，大庆油田的王进喜拖着重伤的身体，义无反顾地带头跳进混凝土搅拌池的壮举；1971年10月25日，为中国恢复联合国合法席位做出卓越贡献

的外交部前部长乔冠华，在得知成功时，百感交集且开怀大笑的瞬间；2008 年夏，北京奥运会上女子马拉松运动员周春秀在获得季军之际疲惫至极的状态等，可谓不胜枚举……

二、大舞台：天地共融手法让信史成为艺术

在横跨整个国家体育场的超大舞台上，纵向的三层平台与两侧的多层转台，以及“天高任鸟飞”的高空，为近 8000 位演员充分表达爱党真情、展示艺术才华，提供了宽广无垠的空间——这种在整体结构上，将天地之间纵横交错、虚实相生的创作手法，不但让整台演出具有了“信史”的教育价值，更使整部作品拥有了“艺术”的审美价值，由此实现了历史真实与艺术真实的完美统一。

我以为，最能体现这种天地之间遥相呼应的段落当属那段鼓乐歌舞《新的天地》了——首先吸睛的是大舞台的高空中，那面悬挂在后区中央、直径足有 10 米且不停旋转的巨型大鼓，固定于其上的 9 位鼓手率先击鼓，隆隆的鼓声代表着党中央发出的“脱贫攻坚”号召；接着是高悬于舞台两侧高空的百面人鼓与百位鼓手，在上下错落的调度中敲击出整齐如一的和声，象征着全国各族人民伸出同舟共济的援手，最终实现了小康社会的理想；与此同时，大舞

台的地面上，数以百计的金装舞者与东风劲吹的红旗飘扬，既表现出中国人脱贫致富的坚定决心，更抒发出他们告别穷困后的欢喜若狂。

三、宏大叙事：史诗的语言优势

这台演出之所以定性为“大型情景史诗”，或许是为了突出其超高清大屏幕这种举世无双的高新科技载体，以便用海量的史料视频，强调其“信史”的价值，因而暂且将以往名称中的“音乐与舞蹈”略去，但这两种分别以“叙事和抒情”见长的表演艺术在整台演出中的存在价值，无论是量化的比例，还是质性的审美，都是举足轻重的。否则，我们看到的就只是一部高度浓缩了的历史纪录片了，虽有教育价值，却失去了审美价值。正因为如此，历年来的大型演出，其总导演、副导演往往都是由舞蹈家担纲的。

不过，就“宏大叙事”而言，有声语言提供的豪言壮语，足以为史诗提供流芳百世的语料！譬如董存瑞在解放战争期间舍身炸碉堡前高喊的“为了新中国，前进”！毛泽东主席在开国大典上，向全世界宣告的“中华人民共和国中央人民政府今天成立了”！王成在抗美援朝故事片《英雄儿女》中高喊的“为了胜利，向我开炮”！王进喜高喊的“宁肯少活二十年，拼命也要拿下大油田”等，它们的威力和魅力就在于都是以宝贵的生命为代价的，而语言的优势由此可见一斑。

四、音乐与舞蹈：集叙事与抒情于一身

就音乐而言，我以为，《伟大征程》无疑汲取了1964年首演的“大型音乐舞蹈史诗”《东方红》的成功经验，因而毫不犹豫地吸纳了建党百年来，不同时期最具代表性的经典老歌，这些脍炙人口的歌曲不仅因为通俗易懂、优美动人、好唱好听、韵味无穷而广为流传，而且还形象生动地还原历史、昭示当代、贯穿古今、预兆未来，并且具有超强的代入感，其影响范围之大，一定超出了我们的想象：仅是我个人能随口唱出来的歌曲中，就有贯穿开场、高潮和尾声的主题歌《唱支山歌给党听》，抒发共产主义伟大理想的《国际歌》，以及唱出不同时期最强音的《秋收起义歌》《八月桂花遍地开》《十送红军》《红军战士想念毛主席》《怒吼吧 黄河》《中国人民解放军军歌》《英雄赞歌》《在希望的田野上》《青春啊青春》《假如你要认识我》《走四方》《春天的故事》《走进新时代》《我和你》《江山》《我的中国心》《今夜无眠》等20余首。这些朗朗上口的经典歌曲虽然大多未能得到完整的演唱，有些只用了其中的主旋律，却立刻将我带回了那些激情燃烧的岁月，无形中增添了我为理想继续奋斗

的动力。整台演出中，当然不乏委约创作，比如“激情岁月”中的京剧联唱以及“领航”中的昂扬旋律，这些作品都有令人荡气回肠的张力，并且有望在未来广为传扬。

作为舞评人，我自然会更加关注舞蹈的创作和表演，在整台演出中，舞蹈大多是以“歌舞”“鼓乐歌舞”“戏剧与歌舞”“情景交响歌舞”“戏剧与舞蹈”“合唱与舞蹈”“戏曲与舞蹈”“情景舞蹈”“情景合唱与舞蹈”“器乐、童声合唱与舞蹈”等综合形式出现的，仅有几段独舞、双人舞、五人舞等独立成章的小型舞蹈，以及大型舞蹈《开国大典》《春潮澎湃》。从高高的看台望去，虽然看不清舞者的身体质感与动作细节，更莫谈任何细腻表情。但我依然为这种动辄数百甚至数千舞者的宏大场面，为这些时而鲜花盛开、时而麦浪滚滚的构图，时而斗笠翻转、时而刀光剑影的舞蹈所感动，为全体舞者严肃认真的态度和整齐划一的动作而备受鼓舞。经典场景如大批五四运动中的热血青年，为了反帝反封建，纷纷走上街头，挥舞拳头，高举标语，抛撒传单，不畏拘捕和殴打；数百位农民高举火把，拿起武器，在井冈山等地陆续建立起红色根据地；大批共产党员和其他爱国人士在监狱中团结一致，高唱《国际歌》，奋力抗争；数百位舞者为欢庆中华人民共和国的成立，打着腰鼓、扭着秧歌、舞着红绸；数十对交谊舞者在“改革开放”的春风中轻盈圆舞，表现花好月圆的心境；数百位红裙少女在足尖上翩翩起舞，赞美更上层楼的幸福生活，可谓举不胜举。

五、“00后”的学子们：足以同战士演员们媲美

作为北京舞蹈学院30多年的客席教师，我曾在近三个月前的南大门，目送千余位品学兼优、训练有素的“00后”学子，人手一只旅行箱，登上了去训练基地的大巴车。因此，我在数次观演中，曾无数次地为他们的倾情表演而心动过速、血脉偾张，并在6月25日晚间第二次观看彩排时，为他们在倾盆大雨中的奋力狂奔而屏住呼吸、提心吊胆，生怕有人不幸跌倒，造成终生的遗憾。尽管在这台超大型的综艺演出中，我未能辨认出任何一位学生舞者的面孔，却清楚地意识到，他们经过这近三个月来的淬炼，已具备了吃苦耐劳的精神，形成了集体主义的作风。与此同时，我深信，这种百年一遇的经历将成为他们人生中令他人羡慕、使自己骄傲的精神财富！

撰写这篇评论文章期间，我在央视新闻中高兴地得知，《中国共产党一百年大事记》即将出版！我以为，我们亲睹的这部大型情景史诗《伟大征程》就是一部名副其实的、鲜活立体的“一百年大事记”，因此，我情不自禁地举起双手，为它点赞！

与此同时，我更想借此机会，向全体创作和演职人员，特别是

那些不知姓名的在校“00后”、部队战士和志愿者们，致以深深的敬意和谢意，因为他们在整个节目的创作、排练、演出和服务过程中所付出的激情与才情，让我们更加深刻地体悟到了中国共产党的伟大、光荣和正确！

（原载《艺术评论》2021 年第 7 期）

宏大与细微结合　诗意与真情交融

中国艺术研究院　金　娟

庆祝中国共产党成立100周年文艺演出——大型情景史诗《伟大征程》生动展现了百年来中国共产党带领中国人民进行革命、建设、改革的壮美画卷，让观众切实融入中国共产党发展的历史情境之中，深刻感受中国共产党矢志不渝、践行初心的百年征程，从而铭记党的奋斗历史、坚定理想信念、砥砺初心使命、奋勇启航新征程。

《伟大征程》在艺术创作上延续了艺术与历史高度统一的创作原则，诠释了情景史诗的优美诗意和高邈深远，是一部具有重要政治意义、文化意义和艺术性的史诗巨制。

一、宏大叙事与细微展现相结合的结构方式

从1921年到2021年，中国共产党有无数可歌可泣、值得纪念的历史内容。如何在135分钟内将它们囊括其中，同时又凸显重大历史事件，具有新的艺术视角和表现形式，是整个作品的关键问题。

从史诗的演出内容来看，创作团队主要采用了宏大叙事与微观展现相结合的创作方式。通过突出一些具有典型意味的重大历史节点和事件，对百年党史进行凝练体现。

在宏观结构上，除序幕和尾声外，演出将党的百年征程以建党、中华人民共和国成立、改革开放和新时代中国特色社会主义为节点，分为“浴火前行”“风雨无阻”“激流勇进”“锦绣前程”四个篇章。

在各篇的具体实施上，注重以小见大的细节展现，通过一件件经典、细微的事件和一个个真实可感的人物形象，折射、体现出党史上的重要历史阶段，营造特定历史情景。

如“启航”中的戏剧与舞蹈《破晓》，通过塑造挥舞标语、冲破阻碍的青年学生形象，反映五四时期中国人民积聚已久的愤怒和爱国精神；第三篇章里的歌舞《特区畅想曲》，通过建筑工人动感十足、活力四射的街舞，展现城市现代化建设场景，折射出改革开

放初期“先行先试、敢为人先”的特区精神；第四篇章的器乐、童声合唱与舞蹈《命运与共》，以五名舞者携手起舞，象征新时代以来五大洲的人们携手互助，构建人类命运共同体……这些经过反复斟酌、极具代表性的典型细节，从侧面反映了党不同时期的发展历程。

《伟大征程》在谋篇布局上着重运用宏大叙事和微观展现相结合的方式，通过宏大的结构、合理的布局，将百年党史进行浓缩和集中呈现，同时又塑造了形色各异的人物形象，充满了生命张力和饱满热情，具有宏大深厚的史诗气质和品格。

二、表意与抒情相结合的舞蹈语言创作

《伟大征程》高度重视舞蹈在整体结构中的地位和作用。舞蹈贯穿始终，是史诗的主要表现形式和艺术特色之一。群舞《土地》《开国大典》《人民至上》等众多舞蹈都给观众留下了深刻印象。

首先，从艺术目的来看，史诗中的舞蹈创作与一般舞蹈作品有明显区别。它必须服从史诗的整体风格，体现史诗的主题内容，贴合史诗的情景变化，展现党的宏阔历史，营造恢弘壮丽的舞台氛围。如序幕时，两千多名英姿勃发的青年组成方阵汇聚在舞台中央，通过举臂、站立、深蹲、跪地等系列舞动，形成高中低相互错

落的空间差，配合手中的鲜花和灯片，一会儿形成蜿蜒流淌的红色河流，象征着乘风破浪党领航，一会儿又聚成数字“100”和党徽图案，象征着党走过的百年征程。该舞蹈用凝练的语言、宏伟的构图，彰显了庆祝中国共产党成立100周年的宏大主题，拉开了史诗的帷幕。

其次，由于史诗的舞台宏伟，演员阵容庞大，因此主要采用大型群体舞蹈的形式进行表演。编导们充分发挥大型群舞构图多变、想象丰富的艺术特点和优势，常以群舞为主体，独舞、双人舞、三人舞等舞蹈形式穿插其间，并进行多样化组合，构成形式和内容的多层次、立体化交汇，形成震撼的群舞场面。此外，编导们还充分进行时空的多样化处理，让群舞极具流动性、视觉冲击力和艺术感染力。因此，史诗中的群舞常具有诗化的意蕴和恢弘的气势。如第三篇章的群舞《春潮澎湃》，舞者们身着绿纱裙，通过身体的晃动、手臂的摆动营造出春草萌动、生机盎然的田野景象，象征着十一届三中全会前后，党和国家开始酝酿体制改革和对外开放的新局面。之后群舞的构图由多种曲线快速向圆心移动，形成向心形舞动，后又迅速展开、铺满全场。同时，舞者们手执长裙起伏翻转的动作，表现出水滴汇成小溪、河流，最终形成澎湃海浪的热烈场面，以此隐喻在党的领导下，中国掀起了波澜壮阔的改革大潮。

最后，史诗中的舞蹈特别注重情感表达和氛围营造，充分彰显舞蹈的表意性和抒情性。如群舞《开国大典》以腰鼓舞和红绸舞为主要形式，舞者挥舞红绸、热情跳动，其欢快明亮的艺术风格、声势浩大的舞蹈队伍与第二篇章热火朝天的社会主义革命和建设的主题极为贴切，表达了民众对美好新生活的热切期盼和喜悦心情。再如歌舞《强军战歌》通过多军兵种一体化的纪实表演，展示了在习近平总书记强军思想指引下，人民军队阔步前进的豪迈姿态，展现了日益强大的中国力量。

大型情景史诗《伟大征程》的创作演出标志着我国艺术发展的高度。通过《伟大征程》回望党不懈奋斗的百年征程，更加深刻理解了一代代共产党人顽强拼搏的精神。展望未来，中国共产党将继续发扬红色传统，带领全国人民为实现第二个百年奋斗目标、为实现中华民族伟大复兴的中国梦而奋斗。

（原载《中国文化报》2021 年 7 月 8 日）

新时代的艺术奇观

——观庆祝中国共产党成立 100 周年大型情景史诗《伟大征程》

中国艺术研究院　茅　慧

2021 年 7 月 1 日，伟大的中国共产党成立 100 周年。虽然 100 年在人类文明数千年的历史长河中只是一个短小的时段，但是对于有着 5000 多年文明史的中国来说，这 100 年却是翻天覆地、能量与容量皆巨的 100 年。在这一个世纪的筚路蓝缕、沧桑巨变的岁月进程中，中国共产党从起先的一颗思想的火种，逐渐燃烧燎原，铸造成思想与武装俱强的社会力量，带领着全中国人民从自救到自立，从自立到自强，从自强到自信，迈上了一条必由之路、一条康庄大道。中国共产党始终是中华民族这一伟大历史征程上的灯塔，是这艘劈波斩浪航船上的舵手……2021 年 6 月 28 日晚 8 时，在国家体育场盛大开演的庆祝中国共产党成立 100 周年大型情景史诗《伟大征程》文艺演出正是以恢弘的大合唱“你是灯塔，你是舵手……”拉开了序幕。

一、史诗巨篇的宏大叙事

这场历时 2 小时 15 分钟的大型演出由“浴火前行”“风雨无阻”“激流勇进”“锦绣前程”四个篇章组成，在每个篇章里又细化为第一篇章的情景舞蹈《起义 起义》、歌舞《土地》、戏剧与舞蹈《长征》、情景大合唱《怒吼吧 黄河》、合唱与舞蹈《向前 向前 向前》；第二篇章的舞蹈《开国大典》、情景合唱与舞蹈《战旗美如画》、戏曲与舞蹈《激情岁月》；第三篇章的舞蹈《春潮澎湃》、歌舞《特区畅想曲》、情景合唱与舞蹈《回归时刻》、诗朗诵与合唱《跨越》、情景舞蹈《党旗在我心中》、合唱与舞蹈《行进的火炬》；第四篇章的戏剧与歌舞《东方奇迹》、情景交响歌舞《人民至上》、情景歌舞《强军战歌》、诗朗诵与合唱《强国力量》、鼓乐歌舞《新的天地》和器乐、童声合唱与舞蹈《命运与共》以及歌曲《领航》。在这 21 个具体节目中以音乐、歌唱、舞蹈、戏剧、朗诵、影像的多重艺术形式提炼和浓缩了中国共产党百年来在革命、建设、改革的光辉历程中最主要的丰功伟绩。我们看到了觉醒年代里的革命先驱为寻求救国救民的真理而前赴后继；我们看到了烽烟滚滚的战争年代里军民同心浴血奋战；我们看到了和平建设时期，各条战线上劳动大军的热火朝天；我们看到了抗美援朝出国作战的英雄儿女冲锋陷阵；我们看到了各行各业那些党性高扬、贡献卓著的英雄模范；我们看到了改革开放后，希望的田野绿浪滚滚，蔚蓝的大海辽阔无垠；我们看到了改革前沿年轻一代的热情与梦想；我们看到了中国人民解放军在现代化装备下的威武雄壮；我们还看到了香港澳门回归、2008 年北京奥运会、“神舟七号”升空等重大的历史时刻；西气东输、南水北调、西电东送、北煤南运等重大国家工程一幕幕映入眼帘……排山倒海般扑面而来的视听影像，令人目不暇接，在场的约 2 万名观众无不为之震撼和感动，兴奋与激动的心情伴随着整场演出的每分每秒。这是中国共产党百年伟业的一次强有力的全新艺术呈现，它以最新的艺术手段在顺时的时间线上，浓缩和整合了 100 年间那些深刻影响了中国历史发展进程、深刻改变了中国人民思想和生活的重大事件、伟大人物、不朽功绩，以此极大地弘扬了中国共产党伟大的精神感召力，起到了以艺术感动和陶冶亿万人民心灵和精神的强大功效。

二、舞蹈调度大手笔挥洒诗意画景

舞蹈在这台演出中充分传达和实现了既能写实又可写意的艺术特性，无论是写实性的段落还是写意性的部分，两者相得益彰，搭配有序，建构出一种诗化后的舞台艺术宏阔景观，而这一切皆是通过近8000名舞蹈演员的全力表演来完成的。在第一篇章中的《起义 起义》和《土地》，表现南昌起义和秋收起义的历史情境时，我们看到一边是身着蓝色军服、戴着红色领巾的军队在号角声中集结；一边是大群的头缠帕子的农民手持火炬从舞台两侧如潮水般奔涌而入，随后他们像黄河水中的巨大漩涡汇成一个紧密庞大的圆圈，这个圆圈在群舞演员们的快速奔跑中形成聚集、扩散、盘旋、合流的动态意象，最后簇成了一个巨大的金色五星，跳动和闪耀在舞台中央。这个意象象征着中国共产党在新民主主义革命时期强有力的主导和核心作用，以及农村包围城市的武装策略。再如表现2015年军委改革工作会议后，组建五大战区的国防军事格局背景，数千名身着野战军装备服饰的舞蹈演员排布成多种锋利的尖锋阵型和犬牙交错的变幻阵型，以舞蹈调度构成的舞台视觉意象，传达出强军战略的精髓。2020年，突如其来的新冠病毒横扫全球，在神州大地上，无数逆行的白衣天使，选择勇敢地直面看不见的敌人，义无反顾地走上那静谧的战场。我们看到一颗由舞蹈演员簇拥而成的红心在跳动，那是爱的无私，那是生命的坚强！这颗红心催生出一棵鲜绿的生命之树向着天宇伸展出宽阔的枝蔓，中心区身着白裙的芭蕾舞演员方阵随之翩然起舞，那轻盈得如精灵般的舞姿，生发出一种美好的情愫，在芭蕾舞的舒展优雅的肢体间流淌，它表达了白衣天使对生命的温存和守护。第四篇章中的鼓乐歌舞《新的天地》中，一面直径10米的金色巨型鼓和100面大鼓被威亚悬吊空中，在震天动地的鼓声中徐徐降落，地面上几百名红旗手，随着鼓声挥舞鲜艳的大幅红旗，营造出辽阔翻滚的红色浪潮，绵绵不绝；展示出一幅在中国共产党的领导下，新时代中华民族的伟大复兴的壮美画卷，以激情豪迈的强烈的红色意象，渲染出中国共产党自强自信、坚定不移的精神气质。《命运与共》以红、绿、黄、蓝、白五色舞队象征世界五大洲人民，在舞队的流动中，以瞬间换装的方式，将舞裙从五彩变成雪白，进而组成一只巨大的飞翔的和平鸽，表达出人类命运共同体的先进理念。

三、巨型舞美营造视觉奇观

在演出舞台后方横亘着一面长近180米、面积达5133平方米的巨型LED电子屏主屏，在主屏两侧前方还设置了左右两个旗帜型的副屏延展开来；在表演中心区，一面平铺于地面的翻板式LED电子屏，可以随时根据情节需要直立或者倾斜。在表演区前区左右两侧是两个独立的旋转升降表演台。在表演区的后区和前沿，分别是多组错落有致的台阶。这样的宽阔、立体、纵深的舞台设计，几乎是极尽当今舞台美术的最新手段，为呈现多方位、全视角的历史景观和艺术意象提供了强有力的物质保障和技术支撑。

这台演出艺术效果的成功还在于各种最新舞台美术设计与全剧内容的无缝衔接。在大小四面电子屏以及多层级、多方位表演区的共组场域中，围绕同一场次的主题，各种艺术手段承担起不同的表现侧面和细节。我们看到主屏里是李大钊和陈独秀面对山河破碎、民生凋敝的旧中国，痛苦地交谈和思索；紧接着大屏中出现北大红楼、《新青年》杂志等影像；五四运动风起云涌的学生抗议、游行示威、传播马列主义的舞蹈情景同时出现在中心表演区；《向前 向前 向前》一节中滔滔长江天堑横亘眼前，电子屏主屏及中心区的地面投影共同显示出一幅奔腾辽阔、气势磅礴的渡江画面，堪称现场版的沿长江一线的渡江战场，人民解放军乘风破浪打过长江去，势如破竹解放全中国的奋勇豪情直冲云霄；《战旗美如画》中的抗美援朝战场，在空中敌机的狂轰滥炸下变成一片焦土，志愿军的英雄儿女们在炮火中浴血奋战，舍生忘死地守卫着阵地和大桥——多重视觉影像的叠加和表演调度的精准，令人惊心动魄，激动不已；在《春潮澎湃》中，以几百个身着绿色舞裙的舞蹈演员翻动舞裙，表现改革开放后的那个《春天的故事》。他们在整齐而多变的队形中穿梭往复，奔涌延伸，仿佛浓密的万顷青纱帐，又似无边的绿色稻田……

可以说，在《伟大征程》这部情景史诗中，这种情景交融，以情带景，以景托情的视听奇观随时可见。而这些奇观又不仅仅是满足耳目的视听猎奇取向，它处处选取的是中国共产党百年历史进程中那些最为动人、最为振奋、最为卓绝、最为超越的人、事、情，加以超强的艺术化表现和处理，从而制作出庆祝中国共产党百年华诞的一份艺术大礼。

四、音乐舞蹈史诗走进视觉奇观新时代

在5000多年中华民族文明史中，功成作乐、以舞象功，有着悠久的历史和传统。以乐舞的形式记录氏族领袖丰功伟绩的歌舞节目可以追溯到古籍记载中黄帝的《云门大卷》。有明确文字描述表演细节的是《乐记》中所记录的周代表现武王克商的《大武》。在孔子与宾牟贾的交谈里描述了《大武》的内容是表现牧野之战的作战经过，从“总干而山立”“发扬蹈厉”的措辞可以想见是以队形编排营造出战场情势，以致吴国公子季札观后盛赞其“美哉，周之盛也”。《通典》《旧唐书》也记载了唐朝初年，唐太宗李世民亲制《破阵乐》舞图，动用120个男子披甲执戟而舞之，以此象征李世民为秦王时，大破隋末割据势力刘武周的战阵场景。其后，唐太宗对此举表达出明确的意图：“被于乐章，不忘本也。”这样的乐舞传统可以说时强时弱、或巨或微地一直在漫长的封建时代存续着，直

至帝制终结。从乐舞创制的角度来说，它体现着古代社会以歌舞表演书写重大历史事件的国家水准。

历史进入20世纪，以全心全意为人民服务为宗旨的中国共产党领导全国各族人民推翻了压在亿万百姓身上的三座大山，建立起人民当家作主的中华人民共和国。与封建时代的“家天下”截然不同，这是人民的共和国，人民是国家的主人，是历史的创造者，是一切艺术书写的主角。每逢共和国的重大历史节点，国家便会以舞台艺术的方式创作大型史诗性歌舞晚会，如1964年为庆祝中华人民共和国成立15周年而创作的大型音乐舞蹈史诗《东方红》；1984年中华人民共和国成立35周年时创作的大型音乐舞蹈史诗《中国革命之歌》；2009年中华人民共和国成立60周年时创作的大型音乐舞蹈史诗《复兴之路》以及2019年中华人民共和国成立70周年时创作的大型音乐舞蹈史诗《奋斗吧中华儿女》。可以说从《东方红》到《奋斗吧中华儿女》都是以音乐和舞蹈为主体的剧场舞台大型创作。2009年的《复兴之路》参与的演员已达3200人；而今年的《伟大征程》表演场地设置在占地20余万平方米，可容纳观众9万人的“鸟巢”——国家体育场。据媒体透露，这场演出参演演员近8000名，换了27489套演出服，用了61000件道具，可谓足够大、足够多、足够炫，史无前例，由此生成的强烈而真切的视觉效果，不能不令人叹为观止！

回眸历史，1964 年的大型音乐舞蹈史诗《东方红》，为我们留下了许多传唱至今的不朽的红色歌曲和经典舞段，如《葵花向太阳》《飞夺天险》《游击队之歌》等。它汇集了中华人民共和国成立后 15 年间我国广大艺术工作者以饱满的艺术激情创作出的讴歌党、讴歌人民、赞美新生活的众多精品佳作。在《东方红》中我们看到的各种舞台艺术形式本体的精彩，每一首歌、每一段舞、每一句朗诵，都情真意切，意蕴深长，我们更多地从中领略到的是革命历史进程中的那些个体和集体以及他们美好而隽永的艺术形象。当时光进入 21 世纪，随着多媒体科技的飞速发展，舞台艺术的科技含量更是日新月异，人类社会由此进入了图像时代；在舞台艺术创作中，视觉设计本身也逐渐成为重要的表意语言。所以，大型情景史诗《伟大征程》不再以“大型音乐舞蹈史诗”为标题，而是将其中的“音乐舞蹈”替换为“情景”，以此凸显多手段舞台“情景”营造在推出巨型宏大艺术叙事的崭新时代版本中所占据的重要位置和主体作用。

约 960 万平方千米的祖国大好河山；不屈抗争、卓越奋斗的百年红色征程；一个个深印心底的革命先烈的光辉卓绝的形象；一幕幕重大历史关口、国家行动的生动现场……如此密集、震撼、富有创意地被集结和整合了起来，如此宏阔深远的舞台意境被营造了出来，无论是演员还是观众，都体验到一种沉浸于历史现场、同步于伟大足迹、共情于崇高精神的艺术震撼，新时代中国的舞台艺术也从此诞生出一部艺术奇观的精彩巨作。

（原载《艺术评论》2021 年第 7 期）

《伟大征程》视觉呈现背后的故事

北京舞蹈学院　任冬生　刘崇智

百年征程书写着一部中华民族历久弥坚、顽强奋进的壮丽史诗，集时代性、艺术性、创意性、高水准于一体。《伟大征程》以前所未有的形式将大型舞蹈与戏剧有机结合在一起，熔思想与艺术于一炉，配合大舞美、大视觉、高科技的表现方式，打造出独属于百年大党的气势与国家符号。

视觉设计上要同时兼顾盛典、歌舞、戏剧等多剧种的表演情景需求，无论在现场还是电视转播中都要体现沉浸的观演感受，既需要空阔的大场景，又需要强烈的指向性满足空间场景的变化，在时间脉络上还原各个历史场景的年代感，创造出一场具有恢弘气势的史诗性演出。主屏结合副屏的舞美形象第一眼看上去并不复杂，但是在国家体育场一切结构都被极尽放大。舞台以结构性阶梯构成，灰色表面形成投影介质。正对观众席的是有记录以来搭建的最大的LED屏幕，达5133平方米，将整个立面视线环绕，两道副屏以旗帜飘扬的形象向外继续延伸，地面主舞台可以被投影全覆盖，整个“鸟巢”视觉范围所及之处，几乎被偌大的影像覆盖，演员表演完全融入影像的流动之中，形成交互性的沉浸效果。视觉形象需要强大的情感吸引力，无论是北大红楼、“五四”天安门广场等历史场景，还是高山流水、山间田地的流动影像，都深度还原了从新民主主义革命时期到伟大的中国特色社会主义新时代的时代变革的历史特点。

当然在“足够大”的时代里也藏着“足够小”的场景空间。看似平静的台面下，多维度的高科技机械使空间划分增加了，为表演提供了更多的可变性。舞台两侧的双向旋转升降台，内嵌弧形屏幕，形成了一个新的戏剧空间。阶梯下八个翻转活动车台，中区的翻板屏幕，前区的摇臂和升降台等多个舞台机械相互组合变化，增加了演员与舞美结构的交互表演。

党的百年历程是由废到兴的历程，是由苦难到辉煌的历程，是血与火的史诗展现。百年历程中浓墨重彩的事件，在光影的色彩中也应该是浓重而立体的，特别是表现战争的场面。发展强国，放眼未来，华夏儿女怀揣着中国梦，走进社会主义现代化建设新时期；步入新时代，中国人民实现全面脱贫，大国气派与大国形象傲立东方，未来的每一天更是新的天地，一定要有一个极具气势的“形象种子”纪念这伟大的历史时刻，在“大”舞台上展现“更大”的气场。用大鼓排列方阵，形成一种符号，使观众铭记，创造了新的视觉奇迹。大鼓的表演兼顾力度与气势，战鼓敲响新的天地，百面大鼓与鼓手利用威亚渐渐升空，代表着中国共产党的百年征程，随着音乐漫游在鸟巢上方的夜空。地面上身着金色服装的500名演员扛着红色大旗奔跑挥舞，布满整个舞台。灯光中的红色本属于重色系，为了加强红色的力度，直径10米的机械臂大鼓魔术一样从地仓缓缓升起，9个演员在机械臂上随着大鼓旋转，用强大的视觉效果讴歌百年庆典，新天地，新征程，再次将气氛推向高潮。

尾声阶段，40米的线程内16米见方的实体巨大党徽在特制的钢结构中从屏幕后缓缓升起，闪耀金色光芒，全场影像流动似的汇集到一点，合唱团全体与演员将现场气氛推向最高潮，全场起立合唱《没有共产党就没有新中国》，耀眼的光束与烟花，直到大屏上沿与鸟巢的边缘齐平，照亮整个舞台。台面上10面巨大的旗帜跟随党徽同步升起，巨大的实体旗帜，巨大的实体党徽，扩大了视觉张力，使舞台无比神圣。平地而起的视觉震撼，为恢弘的《伟大征程》文艺演出画上了圆满的句号。

（原载“文旅中国”2021年7月2日）

恢宏史诗　经典铸魂

——《伟大征程》的艺术与教育价值审视

北京舞蹈学院　李　馨

2021 年 6 月 28 日，庆祝中国共产党成立 100 周年文艺演出《伟大征程》在国家体育场圆满落下帷幕。120 分钟的演出以大型情景史诗的艺术形式壮丽地呈现了中国共产党 100 年波澜壮阔的历史，初心如磐、气吞山河的气势贯穿始终，凝结着主创团队独具匠心的设计与深思熟虑的打磨，生动地展现了 100 年来中国共产党的精神谱系和伟大壮举。演出气势恢宏，激荡了人们心底的豪情与骄傲，更产生了“培根铸魂”的教育意义。《伟大征程》作为讴歌中国共产党百年奋斗历史最具代表性的情景史诗，艺术地实现了历史与现实的交融、情景和情感的同频，也实现了党史传承与青年学子精神洗礼的共振。

一、艺术与史诗的共振：传承百年党史精神谱系

习近平总书记在党史学习教育动员大会上发表重要讲话，指出：“在一百年的非凡奋斗历程中，一代又一代中国共产党人顽强拼搏、不懈奋斗，涌现了一大批视死如归的革命烈士、一大批顽强奋斗的英雄人物、一大批忘我奉献的先进模范，形成了井冈山精神、长征精神、遵义会议精神、延安精神、西柏坡精神、红岩精神、抗美援朝精神、‘两弹一星’精神、特区精神、抗洪精神、抗震救灾精神、抗疫精神等伟大精神，构筑起了中国共产党人的精神谱系。”[1] 百年党史，就是一部用千万共产党人的生命和奉献精神创造的壮丽史诗。《伟大征程》的主创团队以百年的时间轴为叙述时间依托，按史诗的结构和手法进行艺术提炼，以史为魂，构筑史诗的美学品格，最终向亿万观众阐释：党的历史是最生动、最有说服力的教科书。

大型情景史诗《伟大征程》由序幕、4个篇章、尾声，总共21个节目组成。“史”中有“诗”，“诗”中见“史”，“人”与“事”紧密结合，抒情与叙事并重。序幕“启航”，营造了中华儿女喜迎党的百年盛典的场景，庄严昂扬，又令人激动、振奋。再现了近代仁人志士寻找救国真理的艰难历程，以及1921年中国共产党诞生的历史时刻。第一篇章“浴火前行”再现1921年到1949年的28

年，中国共产党从诞生那一天起，就同中国人民和中华民族的前途命运紧密联系，带领中国人民浴血奋战的场景。第二篇章“风雨无阻”，表现党团结并带领人民进行社会主义革命和建设的激情与苦干。第三篇章“激流勇进”，讲述中国共产党以公仆意识，始终不渝为中国人民谋幸福、为中华民族谋复兴，带领中国人民富起来的功绩。第四篇章“锦绣前程”，展望新时代的壮阔图景，展望伟大复兴。尾声“领航”，在高亢深情的歌曲《领航》《没有共产党就没有新中国》与舞蹈中开启新的百年。伟大史诗重现伟大征程，正如总导演陈维亚所说：“我们需要用艺术的语言回答：中国共产党为什么能、马克思主义为什么行、中国特色社会主义为什么好。我们也要自信地向全世界宣告：中国共产党始终与人民血脉相连、与人民同甘共苦、与人民团结奋斗。”[2]

整台演出体现了中国共产党的革命史、奋斗史、创业史，集中呈现出其中的理想信念，将极具代表性的历史画面与精神力量给予集中的、艺术性的体现。《伟大征程》是一场新时代视角下再现、传承、弘扬中国共产党的精神谱系的乐舞华章，21 个节目呈现了党的精神谱系。第一篇章突出“思想引领、奋战斗争”；第二篇章描绘“保家卫国、建设家园”；第三篇章呈现“社会变革、自强不息”；第四篇章彰显“伟大谋划、东方崛起”。4 个篇章提取百年党史的重要节点和片段，以艺术性的手法凝练出中国共产党百年伟业的 4 个伟大历程，锻造出伟大精神的画面。也正是因为完整呈现了中国共产党的精神谱系，才造就这一令人振奋的史诗式演出。

二、宏大与多元的融通：打造红色艺术高峰之作

《伟大征程》获得了高度评价，引发了社会的热烈反响。作为新时代首部呈现中国共产党百年伟业、百年精神谱系的艺术大作，《伟大征程》为新时代舞蹈作品提供了创新借鉴，奠定了自身在中国情景史诗中的高峰地位，在中国舞蹈事业发展史上留下了浓墨重彩的一笔。

（一）宏大之象："高峰艺术"的塑造手法

《伟大征程》的舞台、音乐、人员组成等无一不是大手笔、大布局，以宏阔的场景将建党百年各个时期的重要画面不断叠加、重复，恢宏的气势彰显中国共产党的大格局、大气象，体现了百年庆典应有的仪式感。[3]"宏大"最直观的表现就是"大型"。主要表现在以下 4 个方面：一是演出场所的宏大。主场和排练场舞台的搭建总面积约 25000 平方米，正式演出中，主表演区面积约 10000 平方米，堪称国内表演舞台之最。二是演职人员之"宏大"。演职人员 1 万余人，仅开场节目"盛典仪式"中就使用了 3000 名演员，他们从始至终没有移动调度，却准确地展现了华夏

儿女喜迎建党百年盛典的真挚情感，宏大的演员阵容和宏大的场景共同营造了庄严凝重又昂扬热烈的仪式场面。三是剧场形式的宏大。主创团队开创性地将“广场舞蹈”与“剧场舞蹈”融合：“广场舞蹈”场面宏大，营造恢宏情境；“剧场舞蹈”深刻细腻，精准地刻画人物。四是精神意向之宏大。所有演员在10000平方米的舞台上整齐划一，深刻精准地演绎每一个作品，表演者精神状态与身体高度集中、高度默契、高度统一，作品的艺术感染力得到全面迸发。为了将以上艺术要素结合为一体，编导团队找到了最契合的艺术手段——契合党史的重要时间点瞬间，以群体造型形成百年党史的定格和“人民的力量”。如“盛典仪式”中，群像不仅凝聚了视觉，也在身体的律动中“造景”：中心舞台演员高举鲜花，昂首挺胸，以身躯带动花束产生层层浪花的效果，以反复蹲起变化构图，丰富画面层次。广阔的舞台空间中，演员手中的发光盘组成巨大的“100”造型与党徽图案；两侧旋转舞台上的战士们以身体形塑铜像，长达半个小时岿然不动，始终保持全心投入的状态。随着雄壮的合唱响起：“你是灯塔，照耀着黎明前的海洋；你是舵手，掌握着航行的方向……”这一刻，群舞群像的气势和宏大的空间在不同的场域中融为一体，情感的交融、精神的凝结瞬间集中迸发，令观众动容。《向前 向前 向前》节目呈现了解放战争时期辽沈战役、淮海战役、平津战役三大战役及渡江战役的伟大胜利。通过大型群舞演绎解放军战士的战斗场景，以整体搭肩起伏、举枪呐喊的动作，以群体调度的传导队形，构建出“波涛汹涌”的效果和“V”字形前冲的调度，营造了强渡长江的战略进攻场面，将宏大的舞台空间予以充分运用。群舞以群像凝结“进攻”“吹号”“冲锋”造型，进退紧凑的步伐和阵势穿插呈现，舞台群舞群像动静相宜、默契配合，短短2分钟的节目高度浓缩，以群体的力量准确刻画了中国人民解放军的英姿豪情。

这些“宏大”的空间、剧场对创作者、排练者、表演者均是一次严峻的考验。为此，主创团队与领导小组设定了A、B两个排练场地，B场地中又划出7个排练分场地，所有演员战风沙、抗酷暑、冒雨水，在磨砺动作的过程中深深潜沉。经过了长达3个月艰苦的排练，演员们以舞姿追随探索者披荆斩棘寻找光明的理想，以激情的步履展现新中国建设的欣欣向荣与意气风发。终于在千人合舞、千人齐舞的时刻，以群舞创造了群像，凝聚了精神指向、统一了认知、磨合了审美、展现了价值观念，将“宏大”变为整一，变为一个团结一致、高度契合的集体。在千人重叠的强化中，实现了在追随信仰中锻造信仰，在传承信念中坚定信念，他们演绎革命历程的情感逐渐成为一种文化自觉，通过宏大的艺术手法实现强烈的艺术冲击力和精神感染力，艺术的涵育价值也由此而生。

（二）多元通融：艺术交互的通感

《伟大征程》以多种艺术形式营造身临其境的“情景”，通过科技与艺术结合、多种艺术互动的手法，使视频语言与舞台背景交互呈现，刻画着革命人物的思想灵魂，激发人们对中国共产党百年奋斗历史的崇高敬意。

在科技与艺术结合方面，舞台上使用大型屏幕作为背景，主屏幕LED长174米、宽29.5米，总面积达5133平方米，主屏幕两侧有2300平方米的旗帜状侧副屏。主舞台区域地面装置了30米×9米的LED活动地屏，最大翻转角度可达85°，用以拉近观演距离，聚焦细节画面，强化戏剧环境，加上投影、虚拟拍摄等技术，打造了全方位的立体空间，给予创作者多手段、全方位的创作可能。与此同时，舞台上还有4000多只电脑灯、200多台主音箱、500多个缓冲音箱的设置。8个8米×6米的移动台阶，其中左右4台为前后左右自由移动旋转台阶，中间4台为带翻起功能的自由移动台阶。舞台前区还设有3个3—5米的正方形升降舞台，将整个舞台打造成一个巨大的沉浸式表演空间。声、光、电、影，交叉呈现，科技与艺术的结合，使多种艺术效果交互呈现，令观者目不暇接。沉浸式舞台和灯光舞美等高科技手段重现历史画面，让人们重回、重温革命历史，穿越时空，横跨地域，情景交融。如《战旗美如画》这一节目，以上甘岭战役中志愿军战士书写家书的短片开始，而后演员疾速上场衔接，舞台即刻成为烽火四燃的战场。战车、高射炮驶向“战场”，一座大桥出现在舞台上。在一段激昂急促的舞蹈后，主舞台的 LED 活动地屏中缓缓升起一座山脉。演员们不断冲向“山巅”，纷纷倒下却又奋不顾身地向上冲去，彰显昂扬斗志和无畏精神。“山巅”上出现了英雄“王成”的身影，高声呼喊道：“为了胜利，向我开炮！”视频、灯效“炮火轰鸣”，屏幕上更增加了炮火交加的特效镜头。英雄震撼人心的呼喊后，舞台上安静了下来，渐渐传来《英雄赞歌》深情悠扬的旋律：“烽烟滚滚唱英雄，四面青山侧耳听……”经典的旋律，恢宏的画面，所有演员深情地凝望“山巅”上的“王成”。这一瞬，英雄崇高的精神与伟岸的形象成为永恒；这一瞬，观众的真挚情感迸发，情感的共鸣呼应了艺术上的纯粹——唯有致敬，再无其他。

在多种艺术形式共融中，2 个小时的文艺演出包含了舞蹈、音乐、戏曲和影视片段等多种样式。尤其是影视片段，让大型 LED 组屏发挥了多重功能。演出播放了 5 个先导片、7 条国家领导人视频、17 条背景视频、110 多个场景，LED 组屏串起整台演出的精神传达，承担着 4 个篇章的时空切换，以影像演绎建党百年的伟大瞬间。科技与艺术的结合使舞台如播放的电影，每一名演员都是完成这部巨片的演绎者和传播者。在时空更迭中，舞台一切皆是语言，语言的渲染牵动观者的心绪，如亲历般的回溯，远比说教与灌输更为深刻隽永。这样的表现手法，融合了宏大与细致，既展现了历史的画面，又在镜头拉近中细腻地阐释人物内心深处最动人的情怀，在时空切换中紧扣观者的心弦，迅速地使演员与观众融入彼时、彼刻，走近彼人、彼情，让人们在心灵得到震荡的同时，萌发深刻的崇敬与尊重，在身临其境的体验中净化心灵、升华境界。

《伟大征程》以多种艺术营造情境，高质量的舞台表演和舞台技术手段的融合，让观众通过感同身受的体验，通过听觉、视觉、想象、共鸣等实现通感，获得高度的共情与精神的鼓舞，增强人民群众对党的历史的参与感，深化对伟大建党精神的体验和感悟。

三、涵育与传承的灌铸：身临其境中培育坚定信念

《伟人征程》对内心视像和精神世界的召唤与引领作用远大于说教，尤其是对于青年学子，更有深刻的力量。演出汇集五湖四海70余家演出单位约8000名参演人员，近30所大中学校约8000名学生组成合唱队。北京、河北、山西、辽宁、吉林、安徽、福建、山东、湖北、广东、广西、海南、重庆、四川、陕西、甘肃等演出单位集结，将此次重大文艺演出作为最生动的艺术化党史学习和教育时刻。以北京舞蹈学院为例，学院此次派出1005名学生参加排练和演出，贯穿演出篇章的14个节目。1005名学生将深情融入党

史，用身体语言演绎党的百年征程中感人肺腑的一幕幕场景。在创、排、演过程中，随着身体的磨砺，在一幅幅画面的凝结中，一次次舞步的跳跃中，参演人员追随革命先辈的奋斗征程，不畏艰难，以《伟大征程》为载体，经历了人生中最直接、最深刻、最难忘的党史学习，逐渐完成精神的追随和信念的塑造。对这些青年舞者而言，大型情景史诗《伟大征程》是一堂内容饱满、形式新颖、价值深远的党史教育课和美育实践课。

（一）在训练中打磨吃苦耐劳品质

百年党史涌动的是中国共产党的优良传统、高尚作风和宝贵品格，也是推动新时代中国舞蹈教育事业新发展，让艺术工作者接受党史学习教育的重大契机。对于笔者而言，作为北京舞蹈学院学生管理的主要负责人，深知艺术实践活动是为党育人、为国育才的重要渠道。《伟大征程》的演出是恢宏感人的，但过程是艰难的，正如百年党史的开篇是筚路蓝缕的艰难“生存史”，《伟大征程》的排练使学子们深刻地体会了筚路蓝缕、吃苦耐劳的磨炼与可贵。万事开头难，2021 年 4 月，北京舞蹈学院 400 余名学生同北京戏曲学院、中国戏曲学院、河北梆子剧团等院校的学生们，怀揣憧憬进驻 B 场地开始排练。舞者的身体是美的，但这美的身体却承受着另一种磨砺：迈出象牙塔，接受无遮挡的自然排练场和露天的演出条件考验。舞者们早出晚归，一日三次用步履度量 B 场地的水泥道，鞋底磨穿是家常便饭，狂风怒刮、大雨滂沱、烈日灼烤更锤炼着每一名参演学子的意志。排练之余，过去种种习以为常的生活如休闲、娱乐渐渐退出，取而代之的是整理内务、重复训练、读书学习。排练后期，参演学子们往返于 A、B 两地，乘坐大巴，日夜奔波，通宵达旦地走台、合光、联排。每一次出行与归来，生病与伤痛，都挑战着生理与心理的极限。舞者的身体是真实、敏锐而鲜活的，艰苦的训练让所有参演人员深刻体验了中国共产党创立之初的生存之艰和切身之痛。

6 月 25 日带观众预演现场，同学们与一场倾盆大雨相遇。那日 20:00，国家体育场迎来了满怀期待的首都各界观众，演出进行到 20:30，雷阵雨突然来袭。作为职业舞者，我们知道演出一旦拉开帷幕就意味着展开了一段没有回头路的历程。无论前方有何艰难，只要观众不离场，演出便一定要继续！对讲机中传来导演坚定的指令："继续表演！"演员们在风雨交加中保持着饱满的情绪坚持完成每一个表演细节。在《命运与共》节目中，北京舞蹈学院附中的小同学们更是露出了灿烂的笑颜，迎着风雨铿锵有力地完成了每一个动作，舞出了傲雪迎霜的气势，全场观众为之喝彩。这一刻，演员的担当与坚守，成为每一名舞者心中永远的记忆与前行的力量。

新的环境、新的要求，来自各方的种种检查，着实是考验作风与品质的时刻。随着排练的推进和深入，吃苦耐劳的品质在参演同学身上逐步强化，以身坚持、以身践行、以身呈现，支撑舞步的是坚定信念，这赋予了所有演职人员强大的力量。

（二）在表演中追随革命先烈历程

“将党史教育贯通艺术要素，将艺术表达融入党史教育，有益于实现党的精神谱系与高等艺术教育内涵建设的深度融合。”[4]《伟大征程》将党的百年历程浓缩在120分钟内，使舞蹈学子们在表演的同时完成对百年党史最直接的学习、对党的精神最深刻的领悟。

首先，它引导舞蹈学子领悟“矢志践行初心使命”的原点。第一篇章“浴火前行”，扮演烈士的演员手戴镣铐，步履沉重，踉跄前行，眼神却坚定无比，身体连续仰、俯、跌扑在地的动作，将共产党人敢于牺牲、勇往直前的坚定刻画得淋漓尽致。每一次排练都要在坚硬的地面上几十次地反复完成这一动作，同学们膝盖磨破、结疤，再磨破，挑战着体能的极限，打磨着执着的信念。节目结束时，“杀了我一个，还有后来人”的呐喊真正发自肺腑，戏如人生，人生如戏，这一刻，剧中人的灵魂已深深镌刻在同学们的心中。他们光辉的形象矗立在同学们艰苦训练的路上，也将在未来永远地矗立在心中。

其次，它带领舞蹈学子重走“筚路蓝缕奠基立业”的历程。第二篇章“风雨无阻”，铁人精神、劳模精神、雷锋精神、“两弹一星”精神、焦裕禄精神……一个精神就是一座丰碑，饰演模范就是学习模范的过程。在塑造“纺织女工”和“石油工人”等角色的过程中，学子们感受到平凡而伟大的人物的力量。第三篇章“激流勇进”，用载歌载舞的音乐剧，生动演绎“特区畅想曲”，尽显“特区精神”，令人耳目一新。流畅优美的华尔兹表演了“回归时刻”，红、绿两种颜色的裙摆摇曳生姿，舞台上五星红旗飘扬、礼花满天、人声欢腾，展现了中华儿女喜迎香港、澳门回归祖国怀抱的荣耀时刻。习近平总书记在庆祝改革开放40周年大会上指出：“改革开放铸就的伟大改革开放精神，极大丰富了民族精神内涵，成为当代中国人民最鲜明的精神标识！”[5]同学们在排练和演出中亲历了兼容并蓄、敢闯敢试的时代风范，体会到建设祖国、干事创业的积极状态，在艺术实践中品味了中华儿女敢做时代弄潮儿的创业激情。

最后，它激励舞蹈学子走向“创造辉煌开辟天地”的未来。第四篇章“锦绣前程”重现了党的十八大以来，以习近平同志为核心的党中央团结带领全国各族人民沿着中国特色社会主义道路革故鼎新、励精图治，中国特色社会主义进入新时代的崭新画面。在《东方奇迹》节目的排练过程中，同学们亲历了多次磨合调整。如何能将“绿水青山就是金山银山”的美好家园以戏剧与歌舞的形式予以恰如其分的表达？如何能将党对人民庄严的承诺艺术化地反映在舞台上？同学们不停地探索，经历了一次又一次的修改及重新排练，在舞姿的磨砺中，逐渐认知党为实现第一个百年奋斗目标的不懈奋斗的艰难；在反复的表演过程中，感受到脱贫攻坚改变中国人民忍饥挨饿、生活困顿局面之不易。随着节目效果的不断完善，表演者自身情绪与节目共融，感受到人民群众真正的获得感、幸福感与安全感，真正理解了“中国人民的伟大光荣，是中国共产党的伟大光荣，是中华民族的伟大光荣”背后的寓意。《人民至上》节目讴歌伟大抗疫精神。芭蕾舞学子饰演涅槃的凤凰，足尖轻舞，展翅盘旋，为逆行者礼赞，为人民至上、生命至上的情怀起舞，表现面对突如其来的新冠肺炎疫情，党中央果断决策，带领全国人民全力抗击疫情的情景。一袭红裙颂英豪，源自西方的芭蕾舞在中国舞者的演绎下，以圣洁与超越的审美，呈现中国人民风雨同舟、众志成城的境界。美是有力量的。因此，在排练过程中哪怕水泥地磨破了芭蕾舞鞋与双脚，哪怕通宵连排无法休息，同学们也没有懈怠，始终严格恪守纪律，努力诠释每一个动作。

（三）在传承中领略中华文化境界

纵观《伟大征程》，传统文化、革命文化与时代精神一脉相承，展现中华文化继往开来的无穷生机，厚重的文化浸润着同学们的身心。对于新时代中国文艺事业的担当者来说，在伟大史诗演绎过程中坚定文化自信，领略为实现中华民族伟大复兴而不懈奋斗的真谛，意义非凡。

《伟大征程》抒发了中华文化的境界。第四篇章中的《新的天地》是整台演出的高潮与亮点。百面大鼓空中齐鸣，一面直径10米的巨型大鼓在舞台中威武盘旋，百名号手奏响号角，550名旗手挥舞着红色旗帜奔腾而出，飞舞着不断变换的旗阵，他们奋力奔向战旗飘扬的方向，在抗争中感受力量，一幅蓬勃发展的图景惊艳了全场。天际恢宏，鼓乐齐鸣，旗帜招展，共谱华章。鼓在中国传统文化中被誉为“群音之长”，它表示着新征程，代表了民族的魂魄，也敲响了时代的最强音。而旗帜是指引前进方向的号令，更是胜利的象征。壮美的场景不仅描绘了中华儿女不忘初心、牢记使命的奋斗场面，也在“鼓之舞之”的传统艺术境界中展现新时代民族复兴的画卷。抒发情怀、讴歌时代，需要以扣人心弦的表现方式来演绎，而从中华文化的传统中走来，展现时代面貌的融合，是中华文化一脉相承的生命之源。第四篇章的节目《命运与共》，以温婉绵长而不失深邃的色彩，描绘了人类命运共同体的美好未来。舞台上出现烟波浩渺、层峦叠嶂的“千里江山图”，童声合唱如天籁一般，身着五彩裙衫的舞者们婷婷袅袅，阶梯舞台上古琴、古筝齐奏，唱响中国文化对缔造和平、和谐、和睦之世界的愿景。最后，舞者们的裙衫变为白色，构成了和平鸽的画面，呈现中华文化对人类精神世界的共同价值追求，具有超越时空、跨越国界的永恒魅力。源远流长的中华文化以博大的胸怀与大美不言的境界，为创造更美好的世界做出自己的贡献。这便是开启新的百年征程之际，共产党人将继续奋斗的至高境界。

“艺术不仅是通过具体的形象去反映客观真实，它的实践轨迹亦是真实本身。”[6] 传承发扬、继往开来，站在“两个一百年”奋斗目标的历史交汇点上，深挖《伟大征程》蕴含的丰富艺术价值和美育价值，对于体悟伟大建党精神，推动中国特色社会主义舞蹈事业发展具有重要意义。伟大史诗演绎伟大建党精神，《伟大征程》印记百年历史丰碑。正如有学者指出的：“党史造就‘红色舞蹈’，而不是‘红色舞蹈’造就党史。”[7] 中国共产党100年波澜壮阔、从无到有的历程，其精神谱系代代传承。无数共产党人前仆后继、奋勇前行，终使中国昂首于东方。大型情景史诗《伟大征程》作为这一辉煌历程的艺术呈现，是讴歌中国共产党百年奋斗的重要里程碑。《伟大征程》是生动的思政讲堂，也缔造了时代的铸魂工程。当我们推行课程思政时，始终在探索教学中如何树立知识传授与价值引领同频共振的理念，倡导在潜移默化中提升学习者的人文素养、思想觉悟、道德品质，实现知情意行的高度统一。而舞蹈学子们参演伟大史诗的过程，既是深刻领悟伟大征程的过程，也是以知促行、以行求知的践行过程。演绎党史便是亲历党史，挑战身心极限便是挥洒专业学识、以舞报国的最好例证。

注释

[1] 习近平:《在党史学习教育动员大会上的讲话》,《求是》2021 年第 7 期。

[2] 任姗姗、张珊珊:《伟大的史诗　壮丽的篇章》, 人民网, 2021 年 7 月 2 日, http://cpc.people.com.cn/BIG5/n1/2021/0702/c64387—32146614.html。

[3] 参见董华峰、王丽霞《大型情景史诗〈伟大征程〉对艺术辩证法的运用》,《当代电视》2021 年第 8 期。

[4] 巴图:《努力实现党的精神谱系与高等艺术办学体系的深度融合》,《艺术教育》2021 年第 6 期。

[5] 习近平:《在庆祝改革开放 40 周年大会上的讲话》,《人民日报》2018 年 12 月 19 日。

[6] 张萍:《百年来党的文艺思想与当代中国舞蹈艺术》,《人民论坛》2021 年第 19 期。

[7] 史红:《映照、表现与修辞: 建党百年与舞蹈》,《当代舞蹈艺术研究》2021 年第 1 期。

(原载《当代舞蹈艺术研究》2021 年第 3 期)

史诗性文艺晚会“微宏转向”的三重路径

中国艺术研究院　赵金领

庆祝中国共产党成立100周年文艺演出《伟大征程》通过塑造鲜明生动的个体和真实可感的细节，为史诗性文艺晚会在微观呈现上开辟了新的发展路径，产生使人心头一暖的审美效果。

庆祝中国共产党成立100周年文艺演出《伟大征程》的成功上演，不仅是对中国共产党成立百年来的历史回溯，更因其宏阔的历史叙事、众多的参演人数、极致的舞台效果刷新了国内史诗性文艺晚会的审美高度。

从历史上看，在庆祝国家的重大节日、纪念日时，史诗性文艺晚会往往必不可少，已然成为一个传统，不仅有《东方红》《中国革命之歌》《复兴之路》等珠玉在前，而且2019年的《奋斗吧 中华儿女》也展示出了恢宏的艺术美感。在弘扬主旋律的基础上，以

《伟大征程》为代表的史诗性文艺晚会更加从个体视角来把握历史发生的偶然性与必然性，在微观层面对个体命运进行细描，从而实现史诗性文艺晚会在宏观和微观上的结合，进而为宏大叙事注入鲜活的生命情调，产生了打动人心的艺术效果。在“微宏转向”的设置上，《伟大征程》着重采用了以下三重路径：

其一，展现个体情感。宏大叙事主要表现的是国家情感和集体情感，而《伟大征程》中花费了不少笔墨聚焦于个人情感，从而使这些情感真实可感。在第二篇章“风雨无阻”中，抗美援朝中的上甘岭战役成为重点表现的对象。这一段落从一位战士写给妈妈的信引入，表现了他为了国家和母亲而战的决心和斗志，从而与英雄人物王成就义时“为了胜利，向我开炮”的呐喊形成呼应，催人泪下。

其二，加强细节刻画。情感在于“真”，而细节的刻画则可以使情感的铺设更加合情合理。在第一篇章“浴火前行”中，围绕一个农村男青年身份的变化，舞台上串联起了他从军的全过程，不仅包括他对“打土豪、分田地”的拥护，还包括了他为革命理想积极参军的行动。在对改革开放以来的重要工程进行盘点时，晚会通过对“管道工”“架线工”“巡渠工”“运输工”等工作岗位的描述，将“西气东输”“西电东送”“南水北调”“北煤南运”重大工程项目聚焦于一位位工作岗位上的个人，让平凡显示出了伟大的意义。

其三，着重意象营造。《伟大征程》对重大历史题材的表现不再只是单纯的情景再现，而是通过意象的营造来渲染出时代风貌。在第三篇章“激流勇进”的开篇，一段由身着绿衣的舞者进行演绎的大群舞令人眼前一亮，展现了改革开放之初激情昂扬的时代风貌。而在第四篇章“锦绣前程”中，作为全场晚会中唯一的芭蕾舞，由中央芭蕾舞团的首席张剑担任领舞的舞段不仅以一袭红衣渲染出医务工作者在抗击疫情中的炽热之情，而且传达出了人性关怀的温情之美。在第四篇章的结尾，由舞蹈演员组成的“和平鸽”形象也传达着今日中国在当今世界中的形象。这种意象的塑造不仅能够十分准确地展现和平的大国形象，而且也宣扬着“人类命运共同体”的大国理念。

在史诗性文艺晚会的“微宏转向”上，《伟大征程》将英雄的“真”情感、人物的“小”细节、意象的“微”塑造融为一体，从而使整场晚会显现出更加温情的一面。它体现在陈独秀、李大钊面对民族苦难的恸哭中，体现在陈延年、李白舍生忘死的牺牲精神中，体现在雷锋、焦裕禄对人民和工作的勤恳中，体现在千千万万医护人员奔赴疫情防控一线的无私奉献中。正是这种交织着苦难与幸福的伟大事迹，共同铸就了百年来的民族记忆与民族精神。于无声处听惊雷，于细微处见真情。文艺演出《伟大征程》通过塑造鲜明生动的个体和真实可感的细节，为史诗性文艺晚会在微观呈现上开辟了新的发展路径，产生使人心头一暖的审美效果。

（原载《中国旅游报》2021 年 7 月 15 日）

史诗性演出中艺术语言的共生与超越

——浅谈大型情景史诗《伟大征程》中的艺术观念与技术融合

中国艺术研究院　刘　春

庆祝中国共产党成立100周年文艺演出《伟大征程》在时间的跨度、情景的密度、技术的尺度、空间的维度上都显现了前所未有的雄心和想象，宏大而不失细腻，深沉而又充满希望，每一个情景的转换都是在相互触发的、紧密关联的艺术语言机制中发生，讲述国家和民族命运的转折和巨变，撼人心魄，一气呵成。这种能量汇聚成为坚韧有力的暖流，拥抱着所有的观众，使观众沉浸到历史的深处，去重温曾经的苦难与觉醒，去接近英雄和先驱们的青春，去感受信念与行动的伟力，去投入到一场灵魂涤荡、热血沸腾的伟大征途之中，同时也体会着今天生活的幸福喜悦，见证那些美好期许和梦想的实现。

史诗性文艺演出既是基于历史文化、艺术传统，又是基于社会、生活、政治、经济的集体共识，以仪式化的叙事建立精神的高度。从大型音乐舞蹈史诗《东方红》《中国革命之歌》《复兴之路》《奋斗吧中华儿女》，到大型情景史诗《伟大征程》，综合艺术形式的运用也从艺术品类的整合进阶到艺术语言的共生。艺术语言贯彻到情景的合理性中，消减了彼此之间的界别和属性，塑造全方位的历史视觉、听觉形象，从而突出史诗的厚度和宽度；融合艺术边界，无论是高雅艺术还是通俗艺术，无论是剧场艺术还是广场艺术，情景史诗尝试为观者打开更多的感知方式，呈现了艺术与生活，表演与真实之间越来越高的交融程度，激活所有视听记忆的链接，达成艺术共同体的多维度、多层次的传达。

8000多平方米的LED巨幕奠定了整场演出宏伟的视觉基调，与大面积地面投影的结合，物理上形成了覆盖、包裹、沉浸的奇观，在感知层面上对应出历史空间应有的宽广壮阔的气象。在如此巨大体量的对比下，人的表演与视觉屏幕、机械运动之间如何平衡、对话、共融，如何形成新的语言方式，也成为了如何在情景中突出人，推动叙事，突出精神层面的难点。

一、表演的并置与历史的在场

现场的戏剧表演，会被即时地投射到巨型屏幕之上，既是在真实空间发生的，也是在影像空间经过重新处理的；演出采取这种即时电影拍摄的方式，在人海构成的时间洪流中，时常将观众拉回、聚焦到历史的小型现场。无论是《破晓》中陈独秀与李大钊的对话、毛泽东在《湘江评论》中的言说、陈望道翻译《共产党宣言》、瞿秋白翻译《国际歌》的场景重现，还是遵义会议的历史转折、抗美援朝战场的瞬间、抗震救灾的危难关头、闽宁镇的扶贫故事，主舞台两侧移动旋转车台上小空间的表演被影像放大了细节，以电影的级别拍摄到演员的表情、眼中的泪水、手中拿的《共产党宣言》、《国际歌》的歌谱、战场上的未完成书信。从现场观演角度来看，这是帮助放大、增强表演；从转播录制的角度而言，更让观众仿佛身临其境，置身于那一刻。

即时电影中镜头的运动、景别的选择又似乎隐喻了历史的观照和审视，构筑出了历史的另一处现场。这些情景是历史时刻表演的实时影像，有些也是从优秀的电影、电视剧中提取出来的。即时电影的形式选择也从接受层面，创造出了“熟悉的陌生”。电影、电视屏幕中的场景被放置在巨大的场域之中，所生发的能量也是惊人的，令观众在时间川流不息的奔涌之中停留片刻，在记忆的时间线上，现场表演、即时电影、舞队流动所搭建起的蒙太奇式历史场景提供了更多的观看与体验可能。比如《破晓》的学生运动场景，从大场面的舞动和调度突然切换到小的场景，然后再通过《国际歌》

戏剧表演部分的台词转回到现场的《国际歌》演唱和学生们手挽手大步向前的集体表演，这种暂停、打断、重建，形成了一种疾徐有致的叙事节奏，在巨大的信息量中兼顾了时代背景的大视觉与时代变革中的个体情感、思想力量。

演出采取了电影剪辑的方式，将历史中的那一刻扩充、延长、点亮，推动流畅而又保持力度和黏性的叙事，快速地切换历史事件，黏合历史与现场，有时是多种表演形式的交叠，有时是相同事件，却是不同时空、不同表演者的并置。比如屏幕播放电影中的表演与现场表演的呼应、强调，歌曲《英雄赞歌》经典电影中的场景和现场表演的并行，对同一位英雄不同时代表演者身体之间的对话。资料影像与现场表演的衔接、补充，如戏曲与舞蹈《激情岁月》文献资料中真实劳动者与现场舞蹈劳动者的呼应，通过历史的镜像将观众带到了激情燃烧的现场。

二、多路径的记忆链接和选择

所有技术和表演手段不仅仅在于呈现情景，而是这些情景中能否建立起不同观众群体的记忆路径、视听体系。艺术共同体也不仅在于边界融合和审美共识，而是在于唤醒、激发和链接，形成精神的聚力。

舞者队列组成的视觉图形、融合的色彩和流动的路线，大型装置的旋转、翻转、搭建和构成，静止图像和文献电影与现场表演者的衔接，三维动画和特效营造壮阔的自然场景和恢弘的战争场景，空中表演的飞行编排，音乐、舞蹈、戏剧、绘画、电影、戏曲、杂技等所有艺术形式在情景的前提下，融合成共生的语言方式。身体的、视听的、过去的、当下的，都是为了让记忆呈现自身的立体性。观众可以从不同的信息入口接通记忆的空间，进入到情景的时刻，加入观众的感受，产生共鸣与共情。

这种记忆的连接介质存在着不同层面的选择：有历史事件和人物的文字、影像资料（语境的描述更依赖于视频文献）；有具有强烈时代特征的歌曲、舞姿、电影画面、戏曲唱段、绘画作品、视频资料中还原的人声话语；也有每个时代的视觉符号——报纸、标语、标识、建筑、生产生活的交通工具、劳动工具、服饰色彩等。歌舞《土地》的舞队营造了热烈的阳光般的希望，舞蹈《开国大典》以文献电影和声音方式，让重大事件与歌舞场景产生对话，其中有对音乐舞蹈史诗的致敬，又引发了几代人对于音乐舞蹈史诗的记忆。演出既重新编写了《八月桂花遍地开》《十送红军》等经典曲目，也有流行歌曲《青春啊青春》《假如你要认识我》《走四方》的全新演绎，这正是巧妙地进行了基于歌曲和舞蹈的记忆链接。经典的歌舞从民间到舞台，而如今则是从舞台回到广场，在巨大的室外剧场中，千人的舞队与万人的观众所形成的极为仪式化的空间形式，人民的力量激发出了歌舞全新的活力。

运动图形、影像与身体群像之间所构成的视觉象征，调动不同艺术的视觉形象，能够激活观众对于历史的身体感知和记忆联觉。情景舞蹈《起义 起义》中舞队手持火炬迅速地汇聚，火炬舞队转换成五角星，屏幕上革命根据地不断浮现，也不断加强星火燎原的意象。戏剧与舞蹈《长征》的《会师歌》中，屏幕里则出现了长征动态的路线以及油画《三大主力会师》。情景大合唱《怒吼吧 黄河》呈现出裸眼 3D 的视觉特效，高处的 LED 屏幕和地面投影形成高低的落差，令瀑布的影像景观无限接近真实的物理空间。当瀑布的视觉“轰鸣”与黄河大合唱的人声共振结合在一起，是听觉的怒吼，是视觉的怒吼，更是生命的崛起和礼赞，点燃了每个中国人的内心深处的爱国热情，这种象征让每一位观者都瞬间连接到了那个时空，与那些年轻英雄的心灵在一起。

《向前 向前 向前》中升降台上戏剧的散点表演，旋转台上的舞蹈双人形象，主舞台的切换船体、江水、队伍的形象，在宏大叙事主体中不断增加更多的视听通道，将经典电影场景、油画作品再次进行全方位的链接，叙事节奏和密度显得格外的紧凑，具有极强的推动感。情景合唱与舞蹈《战旗美如画》中战士们用身体搭建支撑的渡江桥梁，构筑现实空间的视觉高点。情景歌舞《强军战歌》中画面切割得快速有力，锐角的图形有着无畏进取的视觉喻示。《强军战歌》从影片中的空降兵连接到现场的威亚空降演员，感觉从画中飞出，降落到了现场。《祖国颂》出现了历史人物的经典名言和工人劳动的场景，现场的表演逐渐让渡给文献影像资料片，所有的表演者面向屏幕，而这种安静的观望却聚焦了观众的视线，调动了观众的感知，屏幕中闪现的每个翻天覆地的变化相信会让每个中国人激情澎湃，感慨不已。

三、诗意的回响与精神的舞蹈

演出兼顾了精神传承、艺术审美、历史回顾、民族记忆，同时也开辟出了心灵的空间，让人去沉思和启迪。历史车轮滚滚，不断向前，诗意在其中成为另一种平行的时空，为历史留下余音与回响。

第一篇章“浴火前行”的《起义 起义》狱中诗，舞台上一横排的烈士们戴着锁链前行，踉跄着却又无比坚定，这是一场面对死亡的舞蹈，简洁的形式感产生了巨大的身体能量，如同从监狱的窗户穿透过来的光芒，必将冲破黑暗。戏剧与舞蹈《长征》，在《红军战士想念毛泽东》的旋律中，从地平线上的血色里涌出一列列英勇红军的身影，群舞演员在惨烈战争后的造型凝结成历史中的瞬间。当遵义会议正在进行中，舞台上的表演只有简单的、极为安静的行走，一步步，举着灯火，去倾听希望的声音。第三篇章“激流勇进”中情景舞蹈《党旗在我心中》，人群快速地跑动，彼此救助扶持，同时铺陈以自然灾难的视觉象征和文献影像的复现。在汶川地震救援士兵们的无数双手中升起的党旗，如同生命的希望冉冉升起。那无数双手所期盼、所相信的，正是精神和信仰的力量。舞蹈《春潮澎湃》中春潮的群舞，在田野和浪潮的影像之中，舞队整体起伏、呼吸，那一刻，春潮的舞队就成为希望本身，充满了涌动的生机，与大屏幕中的每一条新闻、每一个重大决定、每一次改变都息息相关。合唱与舞蹈《行进的火炬》对于奥运视觉进行了简约的、克制的写意表达。第四篇章“锦绣前程”中，情景交响歌舞《人民至上》中红白过渡色的裙装舞队组成爱心，则是危难中具有生命力的安静时刻，舞队之间静止与动态的对比穿插，形成了视觉上极强的速度感——抢救生命的速度、与死神赛跑的速度、以人民至上的速度。而芭蕾舞者组成的心形舞队，圣洁而又充满仪式感，是逆行英雄精神的象征，如同舞动着爱的信念，去迎接英雄的归来。

器乐、童声合唱与舞蹈《命运与共》采用舞队的交融，五彩舞队以换装的方式化为白色和平鸽。鼓乐歌舞《新的天地》则出现了一个纯粹的符号阵列，飞行的 100 面大鼓和地面铺满的红色旗帜舞队凸显出传统的意味，同时，机械臂巨型鼓面的加入，飞行威亚编队和所有旗帜飘浮、奔走形成的整体律动，又有着超越古今、跨入全新天地的意象。

《伟大征程》以 4 个篇章，21 个节目，共 62 个段落构建了两个多小时的伟大诗篇，其所有的创作者和表演者都是值得尊敬的。这种集体创作的精神传统，在复杂的舞台技术与上千表演者的身体之间，凝聚成一股永不停歇的、充满使命感的、蓬勃向上的能量流体，令观众无法停下感知的脚步，令每个中国人热泪盈眶、自豪不已。正是这种艺术的共同体，能够启发观众在情景史诗的观看中，也带着使命和沉思，在历史的长河中，穿越黑暗，经历变革，抵达光明。

（原载《艺术评论》2021 年第 7 期）

共舞跨越百年的精神谱系

——大型情景史诗《伟大征程》中的舞蹈话语表达

中国艺术研究院　毛雅琛

一百年砥砺前行，初心依旧，任凭风云变幻；

一百年沧海桑田，家国同梦，共铸百年辉煌！

当绚丽的烟花在空中绽放出“100”的纪年，当雕塑般的革命先辈在高台久久伫立，当火红的长绸在眼前热烈飞舞，坐在观众席上的我被现场的氛围深深触动，感慨万千。从 1921 年到 2021 年，中国共产党的百年征程犹如画卷般徐徐展开，大型情景史诗《伟大征程》呈现的不只是一个个重要的时间节点和重大事件，更彰显了中华民族和每一个中国共产党人的崇高精神气节：红船精神、井冈山精神、长征精神、遵义会议精神、延安精神、抗战精神、抗美援朝精神、铁人精神、劳模精神、雷锋精神、“两弹一星”精神、焦裕禄精神、抗震救灾精神、脱贫攻坚精神、伟大抗疫精神……《伟大征程》以文艺独特的审美和话语表达，建构起中国共产党人恢弘的精神谱系。

一、演员阵容彰显核心主题

作为继《东方红》《中国革命之歌》《复兴之路》《奋斗吧中华儿女》之后的第五部大型史诗作品，《伟大征程》以时间线索为序，以5位党和国家领导人和无数革命英烈为结构统领，通过“浴火前行”“风雨无阻”“激流勇进”“锦绣前程”4个篇章，融合多种艺术话语表达，以高度凝练的方式勾勒出了中国共产党成立一百年来波澜壮阔的伟大征程，构筑起中国共产党人在不同时期、不同环境下逐渐形成的精神谱系，仿佛是一部蕴含着无穷艺术张力的微缩史书，带领观者跨越时空，重温那段峥嵘岁月，重走那段风雨兼程的发展之路。

如果说这部情景史诗相较于其他文艺作品有什么独到之处，我想最突出的便是演员阵容，人数之多、规模之大、技艺之精湛，无不让人叹为观止。当近8000名训练有素的演员共同出现在舞台上时，当整齐划一的动作在调度中不断流转之时，作品自然而然地被代入到了某种强大的场域之中，不同表演区内前赴后继的“革命者”不正是夏明翰《就义诗》的真实写照吗？从艰难的长征之路到举国欢庆的开国大典再到万众一心的抗疫之战，史诗在歌颂领袖和英雄的同时，以蔚为壮观的演员阵容突出表现了千千万万默默无闻的普通共产党人在苦难与辉煌中的付出与奋斗，他们甚至不曾留下姓名，却始终与祖国血脉相连，因为他们有一个共同的名字——中国共产党党员。

主创团队的良苦用心也在席卷而来的人潮中倾泻而出，正如毛泽东在《关心群众生活，注意工作方法》一文中对群众路线的阐释，“真正的铜墙铁壁是什么？是群众，是千百万真心实意地拥护革命的群众”，这就是中国共产党的制胜法宝，史诗用数以千计的演员真实再现了血肉之躯搭建起的铜墙铁壁，牢不可破，坚不可摧。从《破晓》时的几十名党员到《向前 向前 向前》中的百万雄师，再到《新的天地》中红旗飘扬的盛世伟业，中国共产党的百年征途离不开亿万民众的支持与追随。在声势浩大的群体演员之外，导演组对于主要演员的选择也颇具匠心，几乎囊括了声乐、舞蹈、戏曲、杂技、影视等各专业领域内最顶尖的艺术家们，他们一同献歌伟大征程，共舞百年辉煌，在完成史诗核心主题表达的同时，更为广大人民奉上了一场艺术盛宴。《伟大征程》从内容到形式皆生动诠释了习近平总书记指出的：我们党来自于人民，党的根基和血脉在人民。

二、舞蹈话语再塑精神谱系

纵览《伟大征程》中的作品，舞蹈、情景舞蹈、戏剧与舞蹈、合唱与舞蹈、情景合唱与舞蹈、戏曲与舞蹈、歌舞、情景歌舞、情景交响歌舞、鼓乐歌舞、戏剧与歌舞以及器乐、童声合唱与舞蹈等，仅从上述作品的类型归属便能看出作品融合多艺术门类的综合属性以及舞蹈在其中所占的比重，甚至一些非舞蹈类的作品也依然包含大量的群舞调度，或参与叙事或渲染、抒情。

舞蹈元素的高频使用几乎贯穿了整部史诗，奠定了作品的整体基调。从《破晓》《起义 起义》中的当代舞、《土地》中的秧歌舞，到《开国大典》中的腰鼓舞和红绸舞、《激情岁月》中的戏曲舞蹈，再到《特区畅想曲》中的街舞、《回归时刻》中的国标舞、《东方奇迹》中的民族舞、《人民至上》中的芭蕾舞……不同舞种风格的语汇及元素使用，一方面在标记时代更迭的同时推进整体叙事，另一方面以舞蹈特有的方式言说着蕴含其中的精神谱系。“镣声何铿锵……志气愈轩昂”的镣铐舞、“星星之火可以燎原”的火把舞、舍生忘死的冲锋舞、艰苦奋斗的工人舞、众志成城的救灾舞、举国同心的抗疫舞……让原本抽象的种种精神，以具体可感的形式鲜活呈现。其中，《开国大典》和《春潮澎湃》作为纯舞蹈类的作品格外瞩目，前者以昂扬激越的民族舞步欢庆中华人民共和国的成立，响彻云霄的鼓点和满目飞扬的红绸瞬间点燃了所有中国人火热的心；后者深浅不一的绿色舞裙和飞扬的水袖与全景投影中的绿色田野融为一体，生机盎然，如浪潮般开合有致的唯美群舞，构建出了作品的多重意象：既有比拟风吹麦浪的柔和舒缓，又有呼应时代巨浪的汹涌澎湃，奔涌向前的时代力量和人们风起云涌的内心情感经由肢体的外化，在聚散、起伏的调度中以大写意的方式无限延展，并最终成为改革开放精神的独特象征。

由于演员人数众多，如何运用舞蹈调度来平衡作品的整体秩序感与局部的艺术表达也成为《伟大征程》的难点和亮点所在，作品充分发挥大型舞蹈的构图功能辅助叙事，并依靠舞蹈调度进行作品间的起承转合。横排、纵排、斜排，正方形、矩形、平行四边形、梯形、圆形、三角形、五角形、锯齿形、花朵形、心形……动辄由数千名演员构成的舞阵，在舞台上收放自如、变幻莫测。其中，情景歌舞《强军战歌》以立体、多变的空间调度展现多军兵种一体化实战演习。舞台上，代表稳定感和秩序感的矩形方阵与极具冲击力的三角形、锯齿形队列在快速移动中瞬间切换，加之行进中的三军仪仗队和突然从天而降的战士们，真实呈现了强军思想下“听党指挥、能打胜仗、作风优良”的现代化中国军队面貌。又如，鼓乐歌舞《新的天地》打破了传统舞台的平面调度，拓展了作品的三维表达空间，悬挂于高空的 100 面大鼓和 100 位鼓手在空中升降有序、流转自如，配合舞台后区直径10米的旋转大鼓和满台翻飞、飘扬的红旗之舞，带来极强的视觉冲击力，加之器乐、童声合唱与舞蹈《命运与共》中彰显“构建人类命运共同体”的圆形调度和平鸽构图，伴着琴声流淌于《千里江山图》的背景之中，可谓中国精神的绝佳表达。

三、多媒介叙事助力审美传达

作为大型情景史诗，《伟大征程》的现场呈现之所以如此震撼，离不开科技手段的助力与应用，顶级的舞台、音响、舞美、灯光，不仅给观者带来美好的视听体验，更从侧面反映出我国作为一个科技强国的综合国力。

可以容纳近万人并承载多辆汽车同时登场的高科技舞台占据了国家体育场的“半壁河山”，多个独立表演区的开、合、升、降，极大地拓展了作品的表演空间。前区和后区的台阶组合使舞台的视觉传达更具层次感，分立两侧内嵌弧形屏幕的双向旋转升降台、摇臂升降台和舞台中央随时翻转起落的活动地屏等，使舞台的整体呈现更为丰富、灵动。其中，尤为特别的是对于舞台中、高空间的立体延展，无论是漫步高空的火炬手还是犹如天降的士兵与大鼓，皆是科技助力下的神来之笔。

此外，《伟大征程》全程使用现场和影像的多重叙事，横跨整个舞台、面积达 5133 平方米的高清 LED 主屏，两侧 2300 平方米的旗帜形侧屏以及舞台中央 270 平方米的可移动地屏等共同营造出了多视域的沉浸式舞台，并作为重要媒介参与作品的主体表达。屏幕上时而是珍贵史料、时而是主旨升华、时而是信息补充、时而是情景复现，让观者在写意与写实间自然切换，宛若身临其境，甚至相较于现场演出而言，高清巨幕上的影像承担着更多的叙事功能。尤其是情景大合唱《怒吼吧 黄河》，全景投影中似千军万马奔腾、咆哮的黄河和接续出现的“平型关大捷”“百团大战”等实景画面将“黄河之水天上来，奔流到海不复回”的磅礴气势与百折不挠、坚韧不拔的民族气节展现得淋漓尽致。情景舞蹈《党旗在我心中》，屏幕里的党旗与舞台正中高高飘扬的党旗交相辉映，影像里支离破碎的地震现场与重建后焕然一新的北川更形成鲜明对比。而在情景交响歌舞《人民至上》中，叙事的使命大多由影像承担，从全国各地奔赴抗疫一线的援鄂支援队、光速落成的方舱医院、口罩的压痕、模糊的泪眼、劫后重生的亲吻、医护工作者的笑脸……在巨幕上一一呈现。配合着影像中的画面，舞台之上，党旗下救援的军人和排列成心形的优雅芭蕾，意境隽永，感人至深，影像与现场彼此互文，多媒介叙事的助力使舞蹈能更加专注于审美意象的塑造及传达。

历时两年的策划、排练，造就了全长 2 小时 15 分钟的《伟大征程》，其中的每一个作品都精雕细琢、淬火成钢。从危难深重的 1921 年到未来已来的 2021 年，从南湖小小的红船到遨游星辰大海的神舟飞船，百年风雨，初心如一。是何种力量让亿万人民跟随那面红旗一路前行？是何种精神引领中华民族从苦难走向辉煌？是中国共产党人代代相传的精神血脉。《伟大征程》以艺术的方式再现了这篇气壮山河的百年史诗，赓续了中国共产党人恒久不灭的精神信仰。

（原载《舞蹈》2021 年第 5 期）

中国“大舞美”的新高峰

中国戏曲学院　曹　林

为庆祝中国共产党成立100周年而创排的大型情景史诗《伟大征程》，以时间为轴线，结合大气磅礴的舞蹈、音乐、朗诵等艺术语言，把重大党史事件转化为一幅幅动态立体画面，形象地将中国共产党的百年发展史呈现在舞台上。那些由关键历史节点所串联而成的宏大叙事场景，深刻表达出人民的思想情感、愿望和利益，很好地贯彻了“以人民为中心的创作导向”。因此，这台大型文艺演出既是一场艺术盛宴，也是一堂生动的党史课。

《伟大征程》在舞美上比以往有更多突破，其中最突出的一点，就是以独特的演出空间设计体现史诗的“情”与“景”，这种形式可以说是晚会舞美设计的新美学。整场演出充分调动了当代舞台科技手段，动静结合，虚实相生，用有限的空间引发无限想象，形成主题性艺术创作的新高峰。

首先，从剧场（室内）到体育场（室外），一方面为“大型情景史诗”展演提供了相应的自由空间，能使更多观众参与现场观摩；另一方面，由此营建的特殊表演场域，也在视觉、听觉等感官系统上，给主创设计师们提出挑战。《伟大征程》的主创团队主要由改革开放以来培养的艺术人才所组成，从他们身上我们不仅看到了世界领先的“大舞美”创作理念，也能从舞台呈现环节的背后，看到建立在雄厚物质条件和先进科技手段基础上的创作自信。

21世纪以来，以舞台为核心的剧场艺术呈现出多样化局面，舞美在其中所发挥的作用有目共睹。面对新生代观众群体，设计师们积极思考如何在继承传统美学体系基础上，不断求新图变，使舞台的视听效果更加丰富。“大舞美”观念的视野突破了镜框式舞台的空间藩篱，在中国舞台美术领域被广泛认同并实施。文旅融合背景下的舞台美术专业，其广义属性不再受到剧场空间的相对局限，它已经开始迈向广阔的社会、走进变化万千的大自然，并已深入到社会建设的多个层面。由此，当我们从“大舞美”的理论研究、设计创作等多个维度出发来看待《伟大征程》，就能发现、分析出其中的美学规律。

情景史诗《伟大征程》主表演区由巨大的斜坡舞台与两侧的旋转舞台组合而成，为复杂的演员调度提供了多个支点，满足局部与整体遥相呼应。相对固定的舞台支点使波澜壮阔的历史画面得以高度凝练，突出表现中国共产党奋斗、奋发、奋进的光辉形象以及过程中的曲折和艰辛。

作为整体设计的一部分，此次演出的舞台背景采用高清 LED 大屏聚焦观众的视线。在多重大屏之间还留有演员通道，同时增强了舞台的深度和层次。自 20 世纪 60 年代开始，舞美前辈们就开始采用背景翻板等手段，把由数千人组成的点像素，汇聚成视觉上的分辨率，可以瞬间变换画面，集中体现大型文体庆典活动的主题。如今，人工翻板被 LED 显示技术所替代，设计师可以随心所欲地把控画面内容和稀密度。《伟大征程》中的歌舞《土地》、戏剧与舞蹈《长征》、情景大合唱《怒吼吧 黄河》等作品中那些波澜壮阔的视频画面，都是传统绘景手段所不能企及的。

其次，建立在数字化互联网技术基础上的演艺装备为情景表演的创造性运用提供了更多可能。数控升降装置确保了垂直式、悬臂式、翻转式舞台的运行速度、行程平稳和安全。比如，在《十送红军》的歌声中，细腻的舞台灯光将舞台空间划分为不同区域，表达出深情动人的戏剧感和舞台感；在《遵义会议放光辉》一场中，背景大屏上出现的是遵义会议旧址，前台表演区则瞬间竖起宽银幕式的显示屏，向观众演示会场内部的情景，层次分明。再比如，随着《黄河大合唱》音乐的响起，升降舞台托起抗日战士，形成表演空间高低错落的节奏感，使戏剧元素充分体现。

最后，《伟大征程》的情景之美还体现在“整体设计”和“特效外延”上。所谓“整体设计”，就是要求舞台美术的各个部门在设计理念上高度一致。就拿整台晚会的人物造型设计来说，除了要表现人物的角色身份和时代背景，还要与灯光、场景的艺术风格相统一。服装样式、面料工艺和化装造型既具有时代感，还要在历史考据的基础上高度提炼。如舞蹈《春潮澎湃》，把春天的故事铺陈在希望的田野上；器乐、童声合唱与舞蹈《命运与共》中，翩翩起舞的演员组合成飞翔的和平鸽；情景歌舞《强军战歌》中，整齐划一的戎装，使前区的演员表演与大屏幕上的影像达到高度一致。整体设计所带来的艺术效果，更加完整地展现出党的十八大以来，党和国家各项事业取得的历史性成就、发生的历史性变化。

所谓“特效外延”，是指舞美设计在视听效果上不断开拓的新疆界。近年来，在舞美设计师新创意持续更迭和观众整体审美需求大幅提升的双重力量推动下，舞台特效比以往有重大突破，一些交叉性较强的艺术与技术效果——如烟花、焰火、水艺、火秀等，被纳入“大舞美”观念下的设计范畴，广泛运用到戏剧舞台和文旅演出当中。在《伟大征程》演出中，不仅包括综合舞台科技在演出中的应用，如情景合唱与舞蹈《战旗美如画》使用了空中飞行的冷烟火，鼓乐歌舞《新的天地》用威亚吊起的百面大鼓阵列，还包括与舞台表演以及多媒体影像同步的立体音响系统，让观众在现场会感受到来自声源的方向感和围绕感，如情景舞蹈《起义 起义》中的枪炮声，舞蹈《开国大典》中的腰鼓声等，这些声场效果都是以往技术条件下所难以达到的。

值得关注的是，从2008年北京奥运会开幕式上的“大脚印”造型，到庆祝新中国成立70周年天安门广场盛大联欢活动上的“70”和“人民万岁”字样，再到本场演出焰火在“鸟巢”上空拼出的“100”字样，都说明新型数控焰火表演在技术上达到了相当高的稳定性。室外表演设计中的烟花施放，连接天地之空间，其功能已经远远超过以特效烘托气氛的作用，同时也给未来的舞美空间表达带来了无穷的可能性。灿烂绽放的烟花为特殊场域表演设计带来新的情景，不仅参与表演，甚至可以说，其自身就以天空为舞台进行表演。在更广大的空间中，焰火表演使“鸟巢”这个地标性建筑形成首都夜色下的奇特景观，感召并凝聚起全国各族人民开启全面建设社会主义现代化国家新征程、向着第二个百年目标奋进的精神力量。

（原载《光明日报》2021年7月8日）

史诗叙事与音画交响

——大型情景史诗《伟大征程》的视觉呈现与时代寓涵

中央美术学院　于　洋

在中国共产党成立100周年之际，大型情景史诗《伟大征程》以“浴火前行”“风雨无阻”“激流勇进”“锦绣前程”四个篇章与首尾的“启航”“领航”部分，综合运用了多种视听艺术手段，生动而深情地回望展现了中国共产党成立100年来波澜壮阔的光辉历程。2021年“七一”前夕，笔者有幸在国家体育场现场观看了庆祝中国共产党成立100周年文艺演出《伟大征程》，身临其境地感受与欣赏了这场文艺汇演以全息媒介、全景视角、全面门类的艺术手法，精彩呈现的一场大气恢宏、令人震撼的音画交响与视听史诗。整场汇演运用多种视听媒介和表现手法，艺术地展现了中国共产党百年来带领中国人民进行革命、建设、改革的历史画卷，对于观者而言也堪称经历了一场跨越时空的视听体验，一堂沉浸式的党史教育大课，一阕振奋人心、鼓舞民志、指向未来的家国文脉艺术史诗。

在视觉语言与叙事结构方面，这场大型情景史诗作品成功而有效地驾驭了综合艺术媒介的多元表达。从视觉艺术形态的角度，如何呈现中国共产党100年来栉风沐雨、筚路蓝缕的伟大历程，如何以视听语言、跨媒介的表现形式，呈现史诗叙事的丰富层次和深邃内涵，成为整台作品的核心与难点。而基于这些方面所展现出的艺术特色与创作智慧，也成为这场大型情景史诗在呈现党的百年风雨历程方面，所展现出的深闳视角与独到匠心。

一、美术经典的借用与转化

在这场大型情景史诗的创作过程中，多媒体视觉创制以营造情境交融的沉浸式、弥漫式视觉体验为理念，主创团队各部门、各参与单位通力合作，不断深化打磨，以独立叙事型影像、舞台场景型影像、视频与现场表演互动型影像为基本结构，将美术经典作品与党史中的重大历史事件相融合。通过情景式舞台多媒体视觉设计、经典美术作品动态化演绎和场景化延展、时政影像内容的视觉包装设计为主要特点，以艺术化、抒情性的方式生动再现了中国共产党100年波澜壮阔的光辉历程。

对于经典图像的运用与演绎，使这场演出得以在时间线索上纵向勾连了古代、近代与现代历史语境，呈现出历史情境中的深沉与壮阔。在对于经典美术名作的运用上，从北宋王希孟的青绿山水长卷《千里江山图》，到近现代画家黎冰鸿的油画名作《南昌起义》、郭润文的油画作品《广州起义》等，再到新近开馆的中国共产党历史展览馆正厅的大型漆壁画《长城颂》，都使这场视觉史诗实现了对于历史经典画卷的读解致敬与深情回望。

值得注意的是，主创团队以经典作品原作画面为蓝本，专门制作超长场境的画面以适应现场演出巨大空间的需要。在整场演出起首，代表着中国灿烂传统文化和祖国大好河山的《千里江山图》长卷画面，被 1840 年鸦片战争的战火焚烧吞噬，赋予了这场情景史诗以沉重悲壮的近代历史背景。经典油画作品黎冰鸿的《南昌起义》与何孔德、高泉、冀晓秋、陈玉先的《秋收起义》，以及郭润文的《广州起义》，分别被转化为超长尺幅的大屏场景，既强化了原作画面多人物叙事的视觉冲击力，又赋予了美术作品以影像呈现与戏剧舞台的场境感，丰富了美术原作二维平面的表现场域，将其与巨大空间舞台场景的实际需要相契合；而近景真人演出与背景画面意象的相辅相成，更将这一创意引向了更为深邃与宽广的历史叙事之中。

在整部情景史诗的篇章节目中，诸多细节和视觉设计都值得反复品咂与体味。如在“启航”部分，节目《破晓》以圆明园大水法等场景，表现1840年以来中国遭受的屈辱历史，而五四运动中的北大红楼、一大会址和红船等历史意象的展现，更点明呈现了百年党史发展的伟大文脉。在第一篇章“浴火前行”的序曲节目《起义起义》中，背景的巨大狱窗中透射出的光芒映照全场，为前排众多前行中的革命先烈形象营造了深沉而悲壮的场景氛围；在湖南民歌《秋收起义歌》中，背景宽屏中“星星之火可以燎原”革命根据地场景效果，将山水地貌的真实场景与地图位置的标识相结合，并辅以动态的火光、闪耀的五角星等意象，将动和静、虚和实、自然和人文结合在一起。

在第四篇章“锦绣前程”的鼓乐歌舞《新的天地》节目中，以巨型屏幕上大型漆壁画《长城颂》为背景，100面大鼓升腾而起，每面大鼓前都立有一名鼓手在敲击鸣奏，鼓面的圆形与张开双臂双腿的鼓手形成的“大”字形，呈现出独特的秩序感与形式美感。随着鼓点的节奏渐渐加强，舞台中央机械臂缓缓竖立，一面巨大的白底红纹大鼓出现在全场观众面前。在隆隆鼓声中，舞台上红绸翻滚，如同红色的海浪，这种鲜红的色彩又与背景《长城颂》壁画的深红色相互映衬，熠熠生辉。直到一轮巨大的红日从大屏升起，党的十八大胜利召开的影像，与以习近平同志为核心的新一代领导集体出现在观众面前，各行各业欣欣向荣的发展面貌，祖国绿水青山的美好生态，全国各族人民的幸福生活等画面，将整部情境史诗推向叙事与抒情的高潮。

美术作为一种视觉艺术，对于历史的图像化有着不可替代的作用，提供了一种直接叙事的角度。中国共产党成立以来，一代代美术家创作了大量红色经典美术作品，大型情景史诗《伟大征程》通过经典画面的借用和转化，使一幅幅画作与历史相互对应，在观众的脑海中留下历史与艺术意象，成为一个个凝聚的精彩瞬间。在整台节目的制作过程中，中央美术学院等专业院校与单位机构受文化和旅游部委托，全程参与了本场文艺演出大型舞台多媒体的视觉形象策划、美学指导、概念效果图设计等创制工作。而各艺术门类、艺术媒介的融合互通、综合展现，也空前地实现了表演艺术、视觉艺术、听觉艺术、新媒体艺术等不同艺术媒介围绕同一主题的创造性融合与审美突破。

二、色调光影的和谐与统一

对于一台大型情景史诗和艺术巨作而言，视觉展现的整体把握，首先呈现在色彩与光影的秩序感与丰富性上。如何通过色彩语言和视觉意象展现深刻的时代寓意和心理氛围？如何通过冷暖色调、虚实空间的节奏变化及色调之间转换与承接的相得益彰、流畅自然，实现整部艺术作品气息的贯穿与视觉叙事的完满圆融？这些都成为整台节目的重中之重。在这一层面上，大型情景史诗《伟大征程》对于舞台色调的驾驭与设计，无疑显现了主创团队的智慧和匠心。

如在第一篇章“浴火前行”的节目《土地》将特别定制的油画作品进行具有电影质感和油画厚重感的数字化演绎，兼顾了架上油画的绘画质感和光影表现的空间美感。节目《怒吼吧 黄河》的背景大屏中，黄河波浪的涌动意象，集合了黄河壶口瀑布的奔涌形态，并将其进行夸张与转化融合；到了下一段节目《向前 向前 向前》中，黄河之黄色主调转换为深蓝色灯光铺满整个舞台，深海般的蓝色浸染全场，凸显了心怀希望和指向未来的寓意；再到歌曲《中国人民解放军军歌》和交响乐《激情燃烧的岁月》时，战火硝烟和血染般的暖红色灯光覆盖舞台，呈现出无数革命先烈和战士舍生取义、保家卫国的火红意志。这一火红的色彩意象，也承载了从新民主主义革命时期到社会主义建设时期的承上启下的心理氛围。在第二篇章“风雨无阻”中彩色版本《开国大典》的珍贵纪录影像片段之后，红色的焰火在国家体育场上空绽放，紧接着鲜红的五星红旗铺满背景宽屏，与舞蹈节目《开国大典》中的红色大鼓和舞动的红绸相互掩映，普天同庆的热烈氛围随之扑面而来，令观者心头一暖，为之感动、振奋和欢欣。

如果说第一篇章节目依次以黄、蓝、红三原色作为主调色彩，那么第三篇章“激流勇进”的开篇节目舞蹈《春潮澎湃》，则以象征希望的绿色为主色调，舞蹈演员们的新绿色服装，在蓝色、绿色不断变幻的背景下翩翩涌动；而到了节目《特区畅想曲》时，斑斓多元、鲜亮耀眼的各种色彩，就像“打翻了调色盘”般灿然恣肆地展现在观众面前，与此前多为单色调覆盖舞台的场景形成了强烈的心理反差和视觉张力。情景舞蹈节目《党旗在我心中》中，为了契合2003年抗击“非典”疫情和2008年汶川地震救灾的场景氛围，冰冷的蓝灰色成为舞台的主色调，激烈急促的配乐更强化了这种危急、悲怆的心理意象。而在此前6月25日的彩排之中，众多演员在突降的大雨中紧握拳头齐声高喊“中国加油”的一幕，在赋予演出以珍贵的即景感和现场感受的同时，更将这一情绪推向了一种凝结着优美与崇高的巅峰体验。节目《行进的火炬》中，翟志刚从“神七”出舱的场景，在美轮美奂、星宇璀璨的太空景象中，展现了中国航天的伟大成就。

在第四篇章“锦绣前程”的节目《人民至上》中，背景大屏中“运20”飞机调集救援物资的场景效果，充分将戏剧表演与视频内容相结合，静态画面与动态的舞台表演圆融无碍地结合在一起；雷神山、火神山、方舱医院的建设工地场景，与舞台上众多医护工作者、人民子弟兵的形体展现紧密结合在一起。歌曲《生命至上》表现生命力量意象的大屏视觉效果，象征生命的绿色主调以大树形态灿烂绽放，随即由横向铺展转为纵向的光束延绵，“共和国勋章”获得者钟南山和张定宇、张伯礼、陈薇等“人民英雄”国家荣誉称号获得者在大屏上走出，展现了从个人到集体、从家庭到家国的伟大情怀与生命至上的终极关怀。在节目《强军战歌》和歌曲《我们从古田再出发》中，蓝色背景中所展示的中国军事力量的日益强大与坚不可摧，更呈现了力与美的意象交织；在节目《命运与共》和歌曲《和合之美》中，运用新媒体的动画视觉手段，以青绿山水表现中国和合之美的意象，以巨大的荷叶衬托出古筝演奏者的设计，都显现了中国传统美学趣味与当代多媒体视觉语言的结合可能。

三、影音诗画的跨界互通

这场大型情景史诗汇演，特别在视觉艺术呈现与舞台造型手法方面，综合了以往的相关艺术经验，并开创了诸多情境史诗汇演的先河。汇演充分利用了国家体育场的巨大空间，在色彩、灯光、音响、音画配合方面实现了多重媒介的共振与升华。场内除了 LED 主屏和翻转屏幕之外，舞台两侧六块不规则轮廓的屏幕及其不断变幻的画面内容，成为这场演出舞台布景的最大亮点之一。如第一篇章“浴火前行”的节目《怒吼吧 黄河》创造性地以木刻版画元素掩映抗日历史影像资料进行闪回呈现；第二篇章“风雨无阻”的歌曲《中国人民志愿军战歌》中，对于电光火石、枪林弹雨的战场画面展现，显现出主创者们勇于突破模式的创新追求，运用音画交响的立体呈现，使整个节目、整个舞台幻化为一幅动态的大型立体全景画。

事实上，如果我们从美术创作领域的视角追溯大型全景画在我国的发展历程，便会对这种跨媒介、跨时空立体呈现的表现形式有更为深刻的认知。在公共空间中最早的全景画创作，始自对于辽沈战役“攻克锦州”历史主题的视觉呈现。因为需要直接呈现战场的宏大场面，“攻克锦州”曾作为一个重要母题被画家们反复表现。1986 年 10 月，辽沈战役纪念馆新馆在辽宁锦州破土动工，随即成立了由宋惠民、许荣初、高泉担任组长，关琦铭、孙浩、王铁牛、李恩源、杨克山、傅大力等为组员的《攻克锦州》全景画创作小组。在这幅全景画的创作过程中，作者之一许荣初曾在 1987 年赴莫斯科考察《博罗季诺战役》和伏尔加格勒的《法西斯军队在斯大林格勒城下的覆灭》这两幅著名的全景画。全景画形式的触目感、临场感，及其画面边缘淡化乃至消失的改变，都使“攻克锦州”的视觉艺术意象得到了新的升华。作为 20 世纪中国第一幅大型全景画的《攻克锦州》，运用现实主义的写实油画语言，把宏大战争场面组织在一个环形画幅中，也使观众产生了置身于当年战场之中的错觉和幻境。从博物馆、美术馆收藏的主题油画，到纪念馆里的大型全景画，从20世纪60年代到80年代再到新世纪，历经五度创作的“攻克锦州”的图像叙事显现了新中国主题性绘画创作的多元价值与时代流变。如今，这种表现方式和手段在新媒体和高科技的条件保障下，又一次实现了质的飞跃，堪称在更大的舞台上呈现了一曲更为完整立体、绚烂真切的全景式音画交响。

某种程度上，正是戏剧情节与视觉画面的深度结合，使这台大型情景史诗实现了对于跨媒介视觉叙事的空前突破。此次演出使用了诸多舞台演艺科技的最新成果，如即时摄影投放屏幕、连线太空、CG技术、AR技术等手段；舞台地面中央还设置了长30米、宽9米的巨型翻屏。在第二篇章“风雨无阻”的情景合唱与舞蹈节目《战旗美如画》中，巨型翻屏缓缓升起，以真实的坡度和高清的画面还原了上甘岭险峻的山峰；主创者用舞台技术将演员稳定在倾斜的屏幕上，并使之与屏幕影像互动。这种跨媒介、全视角的呈现手法，展现了不同视听艺术媒介之间进一步融合的可能，也显现出视觉艺术在主题性影视、戏剧艺术中的重要作用。

在第四篇章“锦绣前程”的戏剧与歌舞节目《东方奇迹》中，创作团队邀请到电视剧《山海情》的导演孔笙，在每40秒演出里展现一个戏剧表演的段落，从《山海情》里闽宁镇的发展新貌，到十八洞村的脱贫致富……在视觉化地浓缩呈现了脱贫攻坚的伟大胜利的同时，也展现出影视艺术与美术创作的紧密关联。近年来，尤其是2021年上半年，诸多表现中国共产党发展历程与当下社会生活的影视作品受到了广泛关注与好评，而这些影视作品也充分调动了美术经典元素：从《山海情》青绿山水画版的海报，到《觉醒年代》红色木刻版的招贴，都呈现了影视艺术与美术创作表达密切的亲缘关系。

影视与美术的互通互融与跨界经验，为这种综合视听媒介的表现提供了崭新而深远的推动助力。特别是从今年初开始引起社会广泛关注和好评的中央广播电视总台节目《美术经典中的党史》，其策划观念与呈现方法都为这一类型的节目提供了具有探索性的、可资借鉴的范式与经验。这档节目由美术作品本体出发，从党史和美术史两条线索尽可能还原历史真实，同时也引出了艺术真实和历史真实的关系这一话题。大众对于画作展现的一些历史事件比较熟悉，但是对于画作创作过程，包括一些业内人士也都不太了解。节目整体上以艺术解读为主导，让普通大众不仅看热闹，也能推门入室看到门道，起到全民美育的作用。此外，这档节目抓住美术和党史两条线索的主干，通过电视节目视听艺术的语言展现党史，在视觉化、立体性、还原度上有了质的飞跃，开了先河，具有活泼的生命力和感召力。虚拟演播室的形式结合了多样化的视听元素，信息大量浓缩，节奏紧跟时代脉搏，这些都是为了适应全媒体时代受众时间碎片化的特征。作为节目的学术指导与评论专家，笔者也感到作为观众的导读人，需要自己先真正走进这些作品，而且要考虑到不同层次观众的接受度。为此需要深入了解更多党史知识，全方位、带着温度地去触碰这些经典美术作品。

从电视专题节目《美术经典中的党史》到大型情景史诗《伟大征程》中对于美术经典的运用和转化，我们从中至少可以看到两点共性和规律：其一，面对美术经典，除了阐述发掘学术价值之外，也要善于发掘美术创作的社会价值。如何呈现主题性美术创作和如何创作主题性美术作品有相通之处，都是要守正创新，摆脱以往模板化的样式，充分尊重美术艺术本体的规律，完成其历史意义和社会价值的升华。其二，通过将平面美术经典作品影视化的过程，将美术创作的手艺性味道与当代视觉媒介的数字化技术手段相结合，同时综合美术创作、平面设计、动画媒介、影视语言等手法，可以实现对于美术经典意象的当代重读和深化表达，同时更凸显了在多元媒介艺术呈现中，视觉艺术元素的无处不在。

以视觉转化营构史诗意境，以多元手法打通视听语言。《伟大征程》以大型情景史诗的形式呈现，综合运用音乐舞蹈、情景表演、广场行进、戏剧演出、美术转化、视频影像等多种艺术手段，生动展现中国共产党 100 年来带领人民进行革命、建设、改革的壮美画卷，尤以深情的视角展现与歌颂了党的十八大以来，在以习近平同志为核心的党中央正确领导下，中国各行各业取得的重大成就、发生的历史性变革，展示了全面建设社会主义现代化国家的光明前景。正因如此，这场意义深远的大型情景史诗，不仅以艺术的语汇铭载了历史，更将以其独特的语汇、丰富的手法和闳阔的意境，在未来的历史书写中留下浓墨重彩的艺术篇章。

（原载《艺术评论》2021 年第 8 期）

宏大史诗展现百年辉煌

北京舞蹈学院　许　锐　赵林煜

用史诗来抒怀，是一个民族、一个时代伟大艺术的象征。新中国成立以来，每逢重大庆典，我们都会采用音乐舞蹈史诗的形式来回顾奋斗征程，如《东方红》(1964)、《中国革命之歌》(1984)、《复兴之路》(2009)、《奋斗吧中华儿女》(2019)。与这些作品不同，庆祝中国共产党成立100周年文艺演出《伟大征程》，采用了情景史诗的艺术形式，舞台从室内搬到室外(国家体育场)，利用广阔的空间为观众带来全方位、多角度、沉浸式的观赏体验，以恢宏的气势、创新的方式，为观众构建了一个重温党史的“时空隧道”，让观众得以“穿越”回历史现场，去亲身感受中国共产党的百年辉煌。

党的十八大以来，我国在科学技术领域取得了举世瞩目的成就。科技的发展为艺术呈现提供了更多手段。《伟大征程》不仅内容编排别出心裁，更利用科技手段创造出前所未有的高难度复杂演出样式。

《伟大征程》大量使用多媒体影像技术，借助超大尺寸的环形LED屏幕，实现了舞蹈艺术与舞台科技的完美结合，打造出集表演、灯光、音乐、影像等于一体的空间艺术组合，为观众带来极具冲击力的视觉体验。整场演出淡化了传统舞台表演中的幕间换场，将灯光氛围与屏幕影像有机融合，并以此推进演出进程。全场演出没有主持人，流畅的场景转换使观众始终置身于对党的百年历史的重温中。影像中既有真实的历史镜头，也有通过数字技术构建的虚拟场景，虚实结合形成了跨越时空的视觉冲击力。此外，舞台装置控制技术的日益成熟，也让演出以高度立体化的形式呈现。依靠技术手段，《伟大征程》实现了所有舞台的分块升降旋转，让舞台在演出中随时可以动起来，从而形成高低错落的视觉效果，将每个节目的中心人物始终凸显于舞台中央。

中国共产党为什么“能”？马克思主义为什么“行”？中国特色社会主义为什么“好”？中国共产党的百年光辉历程给出了最有说服力的答案。《伟大征程》用艺术化的方式再现了中国共产党的百年历史，是这一答案的文艺呈现。

无论舞台空间和技术如何发展变化，文艺演出的表演主体始终是鲜活的人。在《伟大征程》中，相当一部分演员来自全国各地的艺术院校。这些青年学子以极大的热情和艰辛的付出，完成了这场史诗般的演出——他们是《起义 起义》中的有志青年，虽被铁链束缚了双手，但用舞蹈语言讲述了一段段为了中国人民的解放事业甘愿牺牲的感人故事；他们是《激情岁月》中的最美奋斗者，通过大段集体群舞，演绎了一个个为了新中国的建设事业做出巨大贡献的英雄模范的事迹；他们是《命运与共》中的和平使者，在悦耳动听的旋律中翩翩起舞，用舞蹈传递情感、温暖人心。年轻的学子们在舞台上挥洒青春，表现了中国共产党重视青年、培养青年的一贯立场，谱写了一曲党相信青年、关心青年、支持青年的青春赞歌。

这些青年学子永远不会忘记，他们所扮演的角色有一个共同的名字叫“中国共产党党员”。他们也永远不会忘记，在他们身后的是伟大的中国人民。通过参演《伟大征程》，年轻的学子们既经历了一次艺术训练，也经受了一次灵魂的洗礼。因此，《伟大征程》既是一场宏大的文艺演出，也是一次生动的党史教育。相信在这部作品的鼓舞下，广大文艺工作者将会创作出更多有温度、有深度、有高度的优秀作品。

（原载《光明日报》2021 年 7 月 10 日）

重视文学的力量

——从一个编剧的角度看《伟大征程》

山西省艺术研究院　王　辉

情景史诗《伟大征程》，是在最大化利用空间的前提下，创作演出的参演人数空前、演出规模空前、时空意境空前、感染力度空前、内容承载量空前的一部综合性史诗作品。它以大型焰火为开场和收尾，既融合了戏剧、舞蹈、音乐、杂技等舞台艺术元素，也加入了美术、雕塑、摄影等视觉艺术的成分，还汇合了锣鼓表演、群众舞蹈、团体操展示等广场文化元素，更加进了巨型视屏声像的背景，贯注了大量电影故事片的素材，为全国观众徐徐铺开一幅历史画卷。

这部综合性的作品，是中国实景演艺探索实践在达到一个新阶段时，艺术科技实力与艺术表现实力相综合的结果。《伟大征程》从 1840 年开始讲起，用偏暗的色调向观众还原血与火的沧桑。

在充分表达了“革命”“斗争”“牺牲”“崇高”等一系列主题之后，《伟大征程》的画卷色彩逐渐明快，由战争时期到和平时期艺术化地过渡，由斗争时期到建设时期具象化地展开，直至迎来从改革开放到新时代的宏伟巨变。可以说，中华大地一百年的变化，由远而近切实性的感受，迈向未来前瞻性的展望，都在此画卷中得以表达和抒怀。它以历史上出现过的真实人物为经，以历史上发生过的真实事件为纬，以历史上影响过观众的经典艺术作品为营造现场氛围的手段，为我们编织了这样一部既具史实色彩又具艺术加工成分的综合性艺术作品。

如果说在对一百年的前半叶历史展示中，编导们更多运用现有的经典作品代替表达，那么，在对后半叶的历史展示中，创作者艺术化的翅膀便相对腾飞了起来。我们看到，大型汽车、拖拉机驶入，演员们站在汽车上歌唱；自行车结队而上，生活的质感和贴近，以及由此而带来的平民化表演，唤醒了普通观众内心深处的共鸣；由此而着力表现改革开放的巨大变化时，去除了生涩和牵强，转换自然而流畅。

这一巨作的成功，实际上也是“文学”——这一所有艺术作品构思的基础发挥作用的结果。几乎在每一个章节里都有语言类的元素加入，并且贯穿始终。语言类元素的加入，必将强化所有观众对历史的回忆和对时代的认识，强化所有观众在艺术形象记忆基础上的理解和思考。比如诗朗诵与合唱《跨越》，就以文字和声音的双重力量，将伟大的改革开放的全过程进行了全程而宏观的概括和表现。当我们在巨幅背景上看到“实践是检验真理的唯一标准”的画面时，看到每一个特区宣告成立的报纸时，看到建设过程的壮观景象时，看到深圳的蓝天、脚手架、公园等各种画面时，每一个改革开放的亲历者不可能不产生内心的激动，和心灵的共鸣与呼喊。因而，我认为，《伟大征程》重视文学的力量、重视编剧的力量、重视历史感镜头的力量，保证了这部作品在思想上和内容上的厚实和沉淀，保证了这部作品历史感的真实以及由此而带给观众的震撼力和感染力！它的科技含量值得总结，它的艺术创意值得探讨，它的编排有序值得赞叹，它的综合效果值得点赞！一言以蔽之，《伟大征程》将带给我们长久的观赏和教育。

（原载《中国文化报》2021 年 7 月 29 日）

戏剧元素运用：大型演出新突破

中国艺术研究院　王　丁

庆祝中国共产党成立100周年文艺演出《伟大征程》，以大型情景史诗的形式进行了呈现。在一场演出中容纳一个政党的百年征程，概括中华民族一个世纪的奋斗史，从演出体量上来说是一项极为艰巨的任务。而本次演出中，导演团队成功应对了这一挑战，其中重要的艺术手法便是对戏剧元素的使用。

通常来说，在这样的大型演出中，音乐和美术元素的作用往往更为明显，而叙事型艺术手段的展开会受到更多限制。由于表演场地较大、观众距离较远，就表现效果来说，现场表演型的叙事艺术可调动的舞台资源较少，一般表演和台词只能集中在少数几个演员身上，很难适应大型表演的呈现要求。

《伟大征程》大型情景史诗表演场地在国家体育场，现场仅 LED 屏幕的使用量就近万平方米。表演空间如此之大，大型歌舞表演无疑是调动舞台空间、呈现整体效果的上佳之选；然而历史的复杂性又要求更多的叙事元素参与其中。戏剧元素的应用，就是解决这一矛盾的一大创新。《伟大征程》副总导演、国家话剧院院长、戏剧导演田沁鑫有效地运用了这一综合表现形式。

在整场演出中，大量人民群众喜闻乐见的影视戏剧演员，以舞台剧级别的表演状态，为观众呈现了中国共产党百年征程中诸多重要时刻。尤为值得一提的是，在这些戏剧片段中，还创造性地使用了影视剧元素，形成了舞台文本与影剧文本之间的互动，丰富了整场演出的意涵。

在序篇“启航”的戏剧与舞蹈《破晓》片段中，分别扮演陈独秀和李大钊的演员于和伟与张桐，正是电视剧《觉醒年代》中这两个角色扮演者。《觉醒年代》上映后，在收视率播放量和观众口碑两个层面上都取得了骄人的成绩。更为可贵的是，这部讲述建党历程的电视剧在全社会广泛的观影人群中，形成了大量的讨论和再创作。剧中内容和人物，在观众心中已经深深扎根，并衍生出更多丰富和个人的认识与感受。当两位演员以剧中相同的扮相出现在演出中时，观众自然而然就会将演出之外的审美体验带入《伟大征程》的观赏之中，瞬间降低甚至消除了戏剧内容的接受门槛，直接入戏。

田沁鑫在接受采访时表示，现场表演的时间有严格限制，每段戏剧表演的时长都要控制在40秒以内。在如此短的时间内，让观众跟上戏剧叙事，连接表演情绪，这种文本之间的互动关系功不可没。

无独有偶，在第四篇章“锦绣前程”中，戏剧内容直接使用了电视剧《山海情》中的演员和美术元素，演员不仅形象装扮与剧中相同，台词念白使用的也是剧中人物的方言和口气。

《山海情》讲述的是20世纪90年代以来，宁夏西海固人民和干部响应国家扶贫政策号召，完成易地搬迁，在福建省的对口帮扶下，通过辛勤劳动和不懈探索，将飞沙走石的“干沙滩”建设成富民利民的“金沙滩”的故事。

历史事件本身内容复杂，很难符合现场表演短平快的需求。而引入观众极为熟悉的电视剧元素，实际上就是借用了电视剧作为背景，让观众直接进入叙事情境，将这个独立的故事案例，与篇章的整体表演做了有机融合。

有趣的是，这段表演中最先发声的演员黄渤，并未出演《山海情》，但是置身于其他演员创造的整体环境中，观众可以很直接地将这个“番外”人物，纳入整体表演之中。

如今，越来越多的观众都习惯了在一个IP之下，发展出各式各样的新内容，在不同的文本和场景中，从同一个故事和人物身上不断发现新价值。《伟大征程》与影视剧之间的互动，无疑是此类交叉互动中极富示范意义的创作成果。

（原载《中国旅游报》2021 年 7 月 29 日）

参与者眼中的《伟大征程》

中国艺术研究院　张紫薇

我，2020年刚刚入职的大学毕业生，意想不到的是一次幸运的降临——作为工作人员参与到庆祝建党百年文艺演出的任务中。这难得的机会，让我可以从普通参与者的角度去提前感受这场盛大的演出，它带给我特殊的感动、别样的情怀与心灵的洗礼。

起初，刚刚参与这项工作时，很有些神秘感。各方面对演出高度重视、精益求精，更有着严格的保密要求。演出的相关信息随着进程逐步有序释放，对绝大多数人来说，要到最终完整的现场呈现并通过电视转播，才可以一睹其盛大与恢弘。而我因为工作的需要观看了第一次大联排，这场前所未有的演出，无论是场地规模还是舞美设计，还有那全新的表演形式，都深深令我感到震撼。演出以精心选择的历史时间节点和富有说服力的事件，将宏大的场景呈现与细腻的情感表达相互交织，无不体现出艺术的真诚和信仰的忠诚。

首先要说整场演出独特的舞台设计和与高科技的奇妙结合。舞台上下，综合运用了声、光、电等演示技术以及CG动画、即时摄影、沉浸式AR、5G太空连线等，结合创新性的舞美造型，融合了多种艺术手段，在不断变化的虚拟舞台上，生动再现了伟大的中国共产党带领全国各族人民进行革命、建设、改革的波澜壮阔的宏伟征程和壮阔画卷。当我步入国家体育场（鸟巢）演出场地的瞬间，就被那巨大的屏幕所震撼。我进一步了解到，这需要顶尖的科技实力才能搭建起来的世界上最大的演出现场异形屏，不仅有5133平方米的主屏，还有两面副屏，主舞台中央还有一面升降屏，而整个表演场地都能与屏幕融为一体，呈现节目中不停变化的情景。即时摄影技术得到大量运用，大屏幕能够及时同步呈现舞台上演员们的表演细节与情感瞬间。它不但能够让观众更好地去观看，全情投入地观看，融入艺术的情景；更能让观众更好地去体验，身心沉浸地体验，重返历史的现场。

的确，情景演出引领着观众，“穿越”回那难忘的岁月。在情景合唱与舞蹈《战旗美如画》中，观众甚至可以看到炮火轰击而落下的尘埃，领略硝烟的味道。而当舞台上的时间来到20世纪七八十年代，英俊小伙骑着“大二八”，后座载着美丽的姑娘，演员们身穿富有年代感的服装，样式不一，却格外和谐。很多细节设计，对我父母那一辈人来说可能熟悉，对我而言可能陌生，但无论是重新回味还是获得新的感知，都会使观众对那个年代充满遐想。

鼓乐歌舞《新的天地》中百面大鼓悬吊在空中被敲响，数百面红色旗帜在场地上舞动，舞台上旭日初升，欢呼在中国共产党的领导下，我们步入了新的百年、走向新的天地。激昂的鼓声中，场面震撼人心。可以说的是，在彩排时，我看到鼓内部的灯与演员身上的灯出现了几次问题，但在正式的演出中没有失误，十分顺利，这里面肯定少不了场控与技术部门的大量调试工作，他们的辛苦与细致可见一斑。

当经过科技修复的、彩色高清的《开国大典》影像在巨大的屏幕上清晰呈现时，场内的观众沸腾了，欢呼与掌声不绝于耳。视觉与听觉的完美令人激动万分，这是技术的胜利，也是艺术的胜利，更是理想的胜利。令我印象深刻的，还有情景合唱与舞蹈《回归时刻》中播放的中国人民解放军接收香港驻防时那振奋人心的一幕。1997 年 7 月 1 日，历经沧桑、漂泊百年的香港终于回到祖国的怀抱。在整个演出的进行中我真切地感受到，各种艺术手法的呈现，各种科技手段的运用，结合在一起，共同成就了演出的完美与完整。不难想见，激情饱满的主创团队进行了大量艰苦细致的工作，自然也少不了各部门的密切配合。

其次要说演出者良好的精神面貌。我在场的那次彩排，正值午后，6 月下旬的阳光已然酷烈，演员们还在抓紧时间一遍一遍地走台，以保证大型道具的移动速度。而在通道附近候场的演员们，同样精神抖擞，哪怕已经在上场口等待了近半个小时，也仍沉下心练习自己的动作，临上场前还围在一起加油鼓劲。演员们的退场时间十分紧张，因为舞台体量巨大，虽然表演人数相比 2008 年北京奥运会开幕式少了许多，但仍有演员在跑动退场时摔倒的情况发生。我碰到过一名演员坐在轮椅上被推进电梯，她的脚已经打上了石膏，看来遗憾地无缘最后的正式演出了。我相信，即使像她这样无法如愿登台，但所付出的努力不会被忘记，每一个人的奉献无不是演出最终成功的重要保证。参演人员经受着训练场地的风沙酷暑，忍耐着身体的伤痛，用真诚的情感投入，以对党的忠诚、对艺术的执着，无怨无悔地完成了这一光荣的演出任务。我看到，整场演出中后台的演员移动时，调度特别有组织有纪律，通道里不时能传来“一二一”的口令声。在情景大合唱《怒吼吧 黄河》表演时，整个舞台幻化成奔腾汹涌的黄河，演员们的怒吼声甚至可以盖过音乐，传到观众席上，使人无比震撼。他们是演员，是艺术工作者，但此刻，他们化身为冲击黑暗势力的猛士、变身为争取民族解放的战士，展现着中华儿女抗击敌人的决心与力量。我知道，《伟大征程》对于参演者来说，绝不仅仅是一次简单的演出任务，而是生动鲜活的百年党史教育。在这里，舞台就是讲堂，是观演共同完成的一场大课。

最后要说演出内容的丰富与情感表达的真挚。当小小口琴吹奏出《我的祖国》的深情旋律，战士们来不及写完给妈妈的家信，棚子上的灰尘已经被炮弹的余波震落。台上数不清的面孔，那是志愿军战士——最可爱的人啊，他们用血肉之躯撑起桥梁，战友们从上面跃进、冲锋。随着演员们的快速移动，呈现着激烈的战斗场面。最终，舞台上的屏幕缓缓升高，演员骑坐在上面，那是英雄在高举着手臂，大声呼喊：“为了胜利，向我开炮！”炮弹从舞台的四面八方呼啸而至，炮火声炸裂，英雄的身姿依然屹立。远处传来深情的歌唱：“为什么战旗美如画，英雄的鲜血染红了它，为什么大地春常在，英雄的生命开鲜花。”这一字一句，那一声一韵，泪水模糊了我的双眼。

我们都知道，2008 年，感人的故事太多太多。总撰稿人朱海老师讲，这一次要以全新的角度诠释抗震救灾的伟大精神，让观众如身临其境般感受那万众一心、众志成城的力量，那些舍生忘死，用血肉点亮生命之光、撑开希望之门的战士们，更是新时代最可爱的人。事实上，第一次、第二次的联排并不是这个节目的最终版本。这又是作为工作人员的幸运之处，我有幸看着作品一点点完善，经历过怎样的锤炼，最终的样子才会怎样的完美。6 月 25 日专场演出当天，现场风雨交加，开放式的舞台无法遮风挡雨，情景舞蹈《党旗在我心中》全程就在雨中进行。这不在设计中，却又是最美的完成。我又是何其幸运，现场观看到了这样一幕：暖黄色光束聚焦下，救援人员用身体围出的人墙中心，像破土的种子伸展出嫩芽，竖起的是一面鲜红的党旗，旗帜上的镰刀锤头熠熠生光，那明亮的光辉在大雨滂沱中闪耀，共产党人以一切为了人民的自我牺牲精神，在救灾、更在灾后重建中，创造了真正的人间奇迹！在转场视频中可以看见航拍到的那行矗立山上的大字——“任何困难都难不倒英雄的中国人民”，这不期然降临的暴雨和在暴雨中完美的演出，正是绝好的精神传扬。

戏剧与歌舞《东方奇迹》表现了脱贫攻坚战的胜利与全面建成小康社会的伟大成就，演出形象地表达了党“执政为民”的崇高理念。而紧接着的情景交响歌舞《人民至上》更是凸显了执政党的价值追求。随着小提琴悠扬哀婉的旋律，在舞台左侧，演员们用无台词表演，再现了党员医护人员主动请战、做最美逆行者的感人画面。视频中雷神山、火神山医院的建设完成，与背景音乐的节奏契合，富有节奏感又振奋人心，引导观众去回顾抗击疫情时刻的中国速度与中国精神。激昂的音乐随着视频结束，小提琴声再度回到场内，灯光聚焦在舞台上组合成一颗红心的芭蕾舞者身上，她们舒展着手臂，跃动起来，那是跳动的心脏，是抗击疫情中执着坚守的红心。音乐与芭蕾的结合是如此的美妙，是对勇敢逆行者崇高的礼赞。最后，当所有人摘下口罩时，整个舞台花瓣飞舞，画面美不胜收。

伴随娓娓动听的古筝琴音、高山流水，伴着清澈的童声合唱，五名象征五大洲的舞者在舞台中央的荷叶上舞动，山水之间、丝路蓝图，《命运与共》用中华元素如此诗情画意地表现出“和合之美、美美与共”和“构建人类命运共同体”的主题。优美、典雅，带给观众视觉上的享受，特别是配合舞美设计，屏幕、舞台融为一体，化为描绘着丝绸之路的古朴卷轴。而6月25日的那场雨中演出，坐在舞台后半部分的演员们和着雨滴落下的声音，弹奏着古筝，我清楚地看到了，那指尖拨过琴弦带起的晶莹雨滴。最后，舞蹈演员们将裙摆翻转，舞台上呈现出一只洁白的和平鸽。

伴随着全员合唱主题曲《领航》，演出进入尾声。舞台屏幕后升起一面巨大的金色党徽，绚丽夺目的烟花为党的生日送上祝福。最后，全体起立，演出在齐声歌唱《没有共产党就没有新中国》中落下帷幕。

虽然在电视转播中可以看到更多的细节，有着视频音画剪辑所带来的独特节奏，但不能不说，还是缺少了在现场、在那宏大的场景中亲眼所见带来的震撼。当许许多多熟悉的旋律在场地中响起，那峥嵘岁月中传唱的红色歌曲，那开放时代里流行的青春乐音，太多印象深刻的音画展现出来。在现场中，你的身体不断被撞击，你的心灵不停被触动。每一次看完演出，哪怕是彩排，我的心情都久久不能平静。我虽然年轻，但在这激荡身心的现场，我受到了生动的教育。曾经经历挫折却不断奋进前行的中国共产党，如此美丽，如此强大，我们一定要集结在这面伟大的旗帜下，向前，向前！

“朋友，中国正在发生前所未有的巨变，亿万中华儿女正在把一个民族复兴的伟大梦想写进未来！未来已来！”正如诗朗诵与合唱《强国力量》所说的，让我们共同迎接党的下一个百年，跟着党，走向新的未来！

回首征程　再现史诗

首都师范大学　吴　忌

庆祝中国共产党成立100周年大型情景史诗《伟大征程》是一场极其特殊的文艺演出，这一特殊性可以从以下几个方面来看。第一，它是为中国共产党成立百年这个重要时刻而量身定做的，其内容有着非常明确的指向性，即回顾中国共产党在这百年奋斗中所经历的风雨征程。第二，它不仅与中国共产党有关，也与新中国有关，因为没有共产党就没有新中国，这光辉的百年，既是中国共产党走过的道路，更是党带领人民取得革命与建设的成功、中国从弱小到强大、从被列强欺侮到站在时代前列的历史，二者紧密相连、不可分割。第三，它的立足点不仅仅是回望过去，更是要通过回望过去展望未来，过去的一百年充满了苦难、艰险和挫折，也在不断前行中迎向曙光，在中国共产党带领下，中国人民成功攻克了一个又一个难关。在这中国共产党成立一百周年、全面建成小康社会第一个百年奋斗目标已经实现的令人鼓舞的时刻，我们作为社会主义的建设者，要不忘初心、牢记使命，向着第二个百年奋斗目标——建成富强民主文明和谐美丽的社会主义现代化强国而奋进。第四，为最大程度表现中国共产党百年征程，演出采用了最先进的媒体技术，包括巨型的高清屏幕，可以配合舞台表演同步播放相应的视频，使观众能够获得动态、丰富和身心沉浸的观看体验；不仅如此，舞台表演的形式也十分多样化，除了传统的歌舞表演，还加入了大合唱、戏剧、戏曲、诗朗诵、器乐演奏等各具特色的表演形式，而这些形式又以舞蹈为核心，以多样的方式组合在一起，比如戏剧与舞蹈、合唱与舞蹈、诗朗诵与舞蹈，营造出赏心悦目、诚挚动人的舞台效果；再加上大型烟火表演，极大地调动起观众的情绪，让每个人都能发自肺腑地感受到这百年征程里的泪水和欢笑，并深刻地意识到今天的幸福生活来之不易。我想，所有这些也是这场宏大的文艺演出好评如潮、倍受赞扬的原因。

除了以上四点，《伟大征程》还有一个非常关键的特点，即副标题里点明的“情景史诗”。史诗是古希腊文化的重要组成部分，它作为描述神明、半神和凡人伟大事迹的叙事长诗，直接影响了古希腊人民自身的民族情感建构。从这点可以看出，《伟大征程》与其他文艺演出的不同在于，它实际上是对中国共产党百年征程的史诗性书写，小到每个演员、每束灯光、每句歌词，大到舞蹈编排、舞台设计、镜头剪辑，既宏大又细腻，共同书写出这篇伟大的史诗。当观众专注地观看演出时，其实也是在投入地聆听史诗，真切地从中体会到中国共产党在血与火中锤炼出的英雄史诗，并由此升华情感，提升现实中的自豪感。与之相对的，史诗的叙事性总是会诉诸具体的情景。当革命的火苗或建设的热情凝聚发展到一定程度，它们就会促成重要事件的发生，这些事件标志着历史的某一重大转折点，也就是这里说到的“情景”。《伟大征程》为了充分利用有限的两个多小时，选择以典型事件为依托，将漫长的百年征程浓缩在最具代表性的情景之中，既能提纲挈领、紧抓要旨，也能让观众们最快地领会到百年党史之史诗的精华。

《伟大征程》总共包括 21 个节目，在开头和结尾还有两个相互呼应的合唱节目《跟着共产党走》和《领航》，都歌颂了中国共产党在建设新中国的过程中所起到的核心领导作用。前者的歌词“你是灯塔，你是舵手，我们永远跟着你走”和后者的歌词“乘风破浪，扬帆远航，领航中国在新时代的征程上”，分别从中国人民和中国共产党的角度表达了这一共同主题。作为主体内容的 21 个节目又进一步分成序篇“启航”和四个篇章，以时间顺序为主线，分别对应了中国共产党在过去一百年中经历的四个重要阶段。

开场的戏剧与舞蹈《破晓》表现的是五四运动前后，中国人民的觉醒和具有了反抗不公和压迫的意识，一首《国际歌》让我们想起了陈独秀、李大钊等早期革命者。第一个篇章“浴火前行”，回顾了从中国共产党诞生到新中国成立前夕这段抗争和求索的历史：《起义 起义》的舞蹈表现了革命志士们的“戴镣行”和三大起义的恢弘场景；《土地》表现了农民在土地革命中打倒地主、分到田地，“拿起刀枪都来当红军”；《长征》再现了共产党在生死存亡的危急关头正确地选举了自己的领袖，屏幕上播放的长征动态路线图仿佛重现了红军翻雪山、过草地的艰难长征路；《怒吼吧 黄河》高声唱起《保卫黄河》，奔涌的黄河对应着激烈的全民族抗战；《向前向前 向前》表现了解放战争时期为夺取最后胜利和民族解放，共产党率领人民推翻旧政权、建立新的人民政权。

第二个篇章“风雨无阻”回顾了新中国成立初期发生的重要事件：《开国大典》中，当毛泽东主席在天安门城楼上庄严宣告“中华人民共和国中央人民政府今天成立了”，那洪亮的声音至今仍回荡在每个中国人心中；《战旗美如画》赞颂了中国人民志愿军远赴朝鲜、保家卫国的伟大精神；《激情岁月》再现了“十七年”社会主义建设时期，人民以自己勤劳的双手，为全体人民共有的全新家园打造物质基础的激情燃烧的岁月。

第三个篇章“激流勇进”进入了我们更加熟悉的改革开放和社会主义现代化建设时期，对此时的中国共产党而言，主要任务已经转变为提高生产力，为人民谋福祉。《春潮澎湃》以绿色为主色调，动情地表现了十一届三中全会后改革开放的春风吹遍大江南北；《特区畅想曲》以动感的歌曲和舞蹈描绘了如火如荼的特区建设，富有朝气的年轻人以青春谱写特区之歌；《回归时刻》让我们回想起香港和澳门这两个在外漂泊已久的游子回归祖国母亲怀抱时的历史性时刻；《跨越》使时间线切换到了21世纪，四大工程的建设成就标志着改革开放不断深化、现代化建设稳步加快；《党旗在我心中》表现了中华儿女在中国共产党的坚强领导下，沉着冷静、毫不动摇地抗击"非典"疫情、投入汶川救灾，一方有难、八方支援，中国人民心连心，共克难关；《行进的火炬》中，火炬既是指向北京奥运会中所集中显现的奥林匹克精神，同时，也是对上海世博会海纳百川的开放精神的形象谱写。

第四个篇章"锦绣前程"来到了中国特色社会主义新时代。《东方奇迹》中，奇迹是全国各族人民在以习近平同志为核心的党中央带领下，以传奇般的勇气打赢"三大攻坚战"，实现如期全面建成小康社会的壮举，屏幕上还播放出电视剧《山海情》中演员们表演的动人片段；《人民至上》重新唱响"人民至上、生命至上"的抗击新冠肺炎疫情的口号，无论是战斗在一线的白衣天使，还是在后方支援的各方群众，都坚信中国共产党将带领广大人民战胜疫情、复苏经济；《强军战歌》和《强国力量》表现的是中国从大国到强国、以科技力量武装自己、捍卫和平的强大实力；《新的天地》提醒我们要不忘初心、牢记使命，为实现中国梦而不懈奋斗；《命运与共》作为这一篇章的最后节目，将视野从国内延伸到了世界，以中国传统文化里的“和合为尚”为中心，倡导人类命运共同体，呼吁全世界人民团结起来，共建美好未来。

整场演出在《没有共产党就没有新中国》的全体合唱中结束。当炫目的烟花照亮夜空，嘹亮的歌声响彻整个场馆，我们为过去的百年画下了完满的句号，同时打开了迈向下一个百年的庄严大门。只要我们毫不动摇地坚持中国共产党的领导，光明未来必定属于不屈不挠的中国人民，作为年青一代学子，我们知道：更辉煌的中国梦等着我们去奋斗、去拼搏。

《伟大征程》：新时代文艺思想实践的鲜活案例

清华大学　高明祥

《伟大征程》以音乐、舞蹈、戏剧、诗歌、光影等艺术形式，谱写了中国共产党带领中国人民艰苦奋斗的百年历程，可以说是继《东方红》《中国革命之歌》《复兴之路》《奋斗吧中华儿女》之后的又一部史诗力作。这部作品在延续以往同类文艺作品的伟大史诗风格的同时，又体现出全新的时代风采，尤其是深刻地反映了新时代中国特色社会主义文艺思想。

首先，坚持以人民为中心的创作导向。习近平总书记在看望参加政协会议的文艺界和社科界委员时指出："文学艺术创造、哲学社会科学研究首先要搞清楚为谁创作、为谁立言的问题，这是一个根本问题。人民是创作的源头活水，只有扎根人民，创作才能获得取之不尽、用之不竭的源泉。文化文艺工作者要走进实践深处，观照人民生活，表达人民心声，用心用情用功抒写人民、描绘人民、歌唱人民。哲学社会科学工作者要多到实地调查研究，了解百姓生活状况、把握群众思想脉搏，着眼群众需要解疑释惑、阐明道理，把学问写进群众心坎里。"《伟大征程》不仅在第四篇章“锦绣前程”就有情景交响歌舞《人民至上》一节，再现新冠肺炎疫情发生后，举国动员、上下同心的全民“战疫”，而且整部史诗都透露出“人民至上”的创作原则。在序章“启航”戏剧与舞蹈《破晓》中，陈独秀对李大钊说：“……你看这些受苦的民众。”李大钊回答：“……中国现在没有一个真正能表现民众势力的团体，我们若能成立一个强固精密的组织，那么中国彻底的大变革便有希望。”陈独秀回应道：“对，我们应当建立一个用马克思学说武装起来的先进政党。这个政党一定能指引中国走向光明，让中国人过上好日子。她是中国美好未来的先声。”这正是点出了中国共产党成立的宗旨，即带领亿万受苦受难的中国人民走向繁荣富强。尤其第一篇章“浴火前行”中有湖南民歌《秋收起义歌》、江西民歌《苏区干部好作风》、鄂豫皖革命民歌《八月桂花遍地开》、赣南民歌《十送红军》等，展现了共产党领导的多次武装起义、实行打土豪分田地政策的一段史实。这些节目既展现了党一切为了人民、一切依靠人民的初心使命，又显现出人民对党的无比信任和拥护。

其次，坚持歌颂光明的品格。习近平总书记在中国文联十大、中国作协九大开幕式上的讲话中指出："文艺创作的目的是引导人们找到思想的源泉、力量的源泉、快乐的源泉。清泉永远比淤泥更值得拥有，光明永远比黑暗更值得歌颂。广大文艺工作者要提高阅读生活的能力，善于在幽微处发现美善、在阴影中看取光明，不做徘徊边缘的观望者、讥谗社会的抱怨者、无病呻吟的悲观者，不能沉溺于鲁迅所批评的'不免咀嚼着身边的小小的悲欢，而且就看这小悲欢为全世界'。"《伟大征程》的整部史诗作品中，完美印合了习近平总书记的这段理念。史诗中不仅叙写了党的光辉历程，也叙写了党所遭遇的挫折。然而，每逢挫折之时，又带给人无限的希望。在中国共产党成立之前，史诗讲述了近代以来中华民族的屈辱历程，在这一片黑暗之中，迎来了序章"启航"，戏剧与舞蹈的名字便曰"破晓"，意在划破重重黑暗的阻挠，奔向光明；又意在表明，不管黑暗多么强大，光明终会到来。希望就伴随着《国际歌》的那句"英特纳雄耐尔就一定要实现"，中国共产党成立了。随后，史诗又叙述了共产党人所遭受的磨难——1927 年蒋汪背叛革命，向共产党人举起了屠刀。然而，在弥漫着血腥恐怖的黑暗中，共产党人不屈不挠。当夏明翰高喊出那句"砍头不要紧，只要主义真。杀了夏明翰，还有后来人"之后，一声枪响，喻示着南昌起义打响了武装反对国民党反动派的第一枪。而无数的革命志士迅速地汇成一颗颗红星，在大屏幕之上的红星由点成线，由线成面，昭示了“星星之火，可以燎原”这一革命必胜的真理。这正是在“阴影中看取光明”，更使作品成为鼓舞人心的“力量的源泉”。

最后，坚持文化自信，反对历史虚无主义的立场。习近平总书记在文艺工作座谈会上的讲话中强调：“增强文化自觉和文化自信，是坚定道路自信、理论自信、制度自信的题中应有之义。如果‘以洋为尊’‘以洋为美’‘唯洋是从’，把作品在国外获奖作为最高追求，跟在别人后面亦步亦趋、东施效颦，热衷于‘去思想化’、‘去价值化’、‘去历史化’、‘去中国化’、‘去主流化’那一套，绝对是没有前途的!”《伟大征程》史诗分为“浴火前行”“风雨无阻”“激流勇进”“锦绣前程”四个篇章，展现了中国共产党带领中华民族奋斗的百年历程，将历史、艺术、思想、精神完美融为一体。第一篇章“浴火前行”，叙述了中国共产党坚持武装斗争，带领人民取得抗日战争、解放战争的胜利，揭示了只有共产党才能救中国的主旨。第二篇章“风雨无阻”，叙述了中国共产党带领人民建立新中国，进行社会主义建设的历史，其中戏曲与舞蹈《激情岁月》描绘了一大批如王进喜、雷锋、钱学森、焦裕禄等为祖国建设呕心沥血的模范群像。第三篇章“激流勇进”，再现了中国共产党带领人民进行改革开放，取得了深圳速度、港澳回归、北煤南运、西气东输、南水北调、西电东送、长江三峡工程、抗洪抢险、加入世贸组织、抗击“非典”、申奥成功、神舟飞船发射成功等一系列重大成就，揭示了改革开放是我国历史上的一次伟大转折，是又一个新的历史发展阶段的开端。第四篇章“锦绣前程”展开了一幅幅新时代的壮阔画卷，以全面实现小康社会、精准扶贫、抗击新冠肺炎疫情、强军战歌、天宫一号等精彩图景，揭示了习近平新时代中国特色社会主义思想在百年未有之变局中指引中国人民继续前行！一幅幅精彩绝伦的画面，生动展现了中国共产党带领人民走过的道路，既给人以今天之幸福来之不易的沉思，又带来鼓舞人们继续向前的动力！整部史诗的演出，从“破晓”到“领航”首尾呼应，在《没有共产党就没有新中国》的歌声中落下帷幕。

《伟大征程》不仅仅是一部艺术作品，也不仅仅是党的百年历史的再现，更是中国精神的推扬。习近平总书记在文艺工作座谈会上的讲话中指出：“在社会主义核心价值观中，最深层、最根本、最永恒的是爱国主义。爱国主义是常写常新的主题。拥有家国情怀的作品，最能感召中华儿女团结奋斗。”史诗展现了人民群众激扬的爱国爱党的情怀，党带领着人民，人民拥护着党，中华民族必将走向伟大的复兴！

创造全新的艺术形式

上海市文化和旅游局　毛时安

大型情景史诗《伟大征程》是继音乐舞蹈史诗《东方红》《中国革命之歌》《复兴之路》等之后，重大庆典演出的一次崭新成功的艺术实践。《伟大征程》以排山倒海的艺术感染力，真切而激情地展现中国共产党100年为人民、为国家、为民族历经苦难、淬火成钢的伟大历史，激起了所有观赏者热烈壮丽的审美共情。

中国共产党从星星之火到成为拥有9500多万党员的世界第一大执政党，经历了难以想象的艰难曲折、崎岖坎坷，创造了山河为之动容的伟大业绩，宏伟的历史篇章需要全新的艺术叙事和表现载体。《伟大征程》创造了一种全新的艺术形式——大型情景史诗。它超越了音乐、舞蹈、戏剧、交响乐等一般艺术形式，将多种艺术文本综合运用、融会贯通。影视艺术以及声光电的全面投入，营造了让观众身临其境的“情境”。

舞蹈《开国大典》与璀璨烟火中的5颗金星交相辉映，形成舞蹈艺术和空间艺术的宏大互动。《战旗美如画》合唱与舞蹈彼此呼应，又融入惊险的杂技，当一面面英雄的旗帜迎风招展时，我们无不为最可爱的人爬冰卧雪、保家卫国的英勇情怀而感动落泪。戏剧与歌舞《东方奇迹》中，戏剧叙述深情细腻，歌舞律动欢乐喜庆，昭示脱贫攻坚的艰难历程和伟大意义。

《伟大征程》不仅深情回望百年征程，更热烈希冀锦绣前程，让全场观众沉浸在拥抱美好未来的巨大喜悦之中。

（原载《人民日报》2021年7月2日）

超文本的艺术史诗

上海市文化和旅游局　毛时安

在神州喜庆中国共产党百年华诞的伟大历史时刻，我们有幸在书写过无与伦比奥运会开幕式的鸟巢和大型情景史诗《伟大征程》激情相遇。这是继《东方红》《中国革命之歌》《复兴之路》音乐舞蹈史诗传统后重大庆典演出的一次崭新的艺术实践和探索。它史无前例地开创了一种“超文本的艺术史诗”的演出。从带有导言性的长夜露出依稀曙色的《破晓》开始，“浴火前行”“风雨无阻”“激流勇进”“锦绣前程”四大篇章，以超文本独有的排山倒海的巨大艺术感染力，真切而激情地展现了中国共产党一百年为人民、为国家不惜英勇牺牲奋斗奉献，就像一条大河奔腾不息波澜壮阔奔向海洋的伟大历史，激起了所有观赏者热烈壮丽的审美共情。

这是一次前所未有的超文本演出。中国共产党从星星之火到拥有 9500 多万党员的全球第一大党，经历了难以想象的艰难曲折崎岖坎坷，创造了从开天辟地到改天换地，足以“惊天地，泣鬼神”，令山河为之动容的伟大业绩。宏伟的历史篇章需要一个全新的艺术叙事和表现载体。内容决定形式。当现有形式无法满足、承载百年历史恢弘的时候，就需要我们去创造一种新的艺术形式。《伟大征程》已经超越了我们习见的音乐、舞蹈、戏剧、歌剧、音乐剧、交响乐的艺术文本，情境戏剧是超越了单一文本，而综合、超越了各种艺术文本的超文本艺术。

《开国大典》的舞蹈中，天空璀璨烟火映照中的五颗金星，形成了舞蹈艺术和空间艺术的宏大互动。《战旗美如画》合唱与舞蹈彼此呼应，又融入了惊险的杂技《绳梯》，当一面面英雄的旗帜迎风招展向我们走来的瞬间，我们无不为最可爱的人爬冰卧雪保家卫国的英勇和情怀，激情燃烧。而情境交响歌舞《人民至上》交响乐与歌舞结合，让我们重温了在习近平总书记亲自指挥下，全国千军万马奔赴江城决战新冠病毒，不惜一切代价的“人民生命保卫战”。特别是影视艺术声光电的倾情全面投入，艺术家们以巨大的宽幅 LED 屏精心打造、真实再现了一幅幅令人久久难忘的历史画面，为所有现场表演提供、营造了让观众身临其境的“情境”。戏剧深情细腻的叙述与歌舞肢体的律动欢乐，因为脱贫前后真实情境的衬托，更显示了脱贫攻坚的艰难历程和伟大意义。最后地空呼应，营造了唯有超文本艺术才有的让全场观众沉浸在被美好未来拥抱的巨大喜悦之中。

（原载“中国艺术头条”2021 年 7 月 2 日）

辉煌而深情的生日赞歌

中国舞蹈家协会　冯双白

建党百年，改天换地；丰功伟业，惊天动地；万民景仰，感天动地！怎样在一部时长有限的艺术作品里涵盖历史之壮阔，倾诉爱党之深情，揭示万象之真理?《伟大征程》饱含澎湃的艺术激情，用大开大合的艺术结构、跨界融合的艺术形式、富有创新的审美视像，给出生动的答案。

晚会从历史前行的阶段性本质特征入手，构建其独特的文本结构。例如戏剧与舞蹈《破晓》，讲述无数仁人志士前赴后继寻找救国救民真理，1921 年中国共产党诞生，中国革命的面貌焕然一新。它将历史高度浓缩，又极其鲜明地揭示中国共产党“浴火”于民族苦难，为民族复兴砥砺前行。再如第四篇章“锦绣前程”，生动刻画党的十八大以来的重大历史成就，揭示了前程只在脚下、锦绣写在眼前、未来已经到来的真理。

晚会跨界融合多种艺术形式，创造了情景大合唱、戏曲与舞蹈、情景交响歌舞等多种艺术形式。晚会配合以巨大的环绕型全景屏幕，并采用全场地投影形象，与大屏幕影像无缝衔接，营造了富有冲击力的视觉效果，把珍贵的历史影像放大给当代，把发自心底的歌声唱给伟大的党，抒发了新时代的充沛感情。

伟大的新时代，呼唤着全新的艺术审美。《伟大征程》为新时代的艺术审美提供了鲜活经验，是一曲辉煌而深情的中国共产党百年诞辰赞歌！

（原载《人民日报》2021年7月2日）

迈向新征程的隆重誓师

中国艺术研究院　宋宝珍

百年征程风雷动，继往开来天地新。大型情景史诗《伟大征程》气象万千，色彩绚烂。红色是其主色调。红色是党旗的颜色，是热血的颜色，是鲜明热烈的象征。演出不仅表现中国共产党的历史征程，而且展现党的领导的正义性和正确性。它以客观、历史、辩证的思维方式，反映波澜壮阔、可歌可泣的革命进程。

演出充分表现党与人民休戚相关、命运相连，展现普通党员对党的忠诚、对祖国和人民的奉献。演出重视历史情境的还原，化用一系列耳熟能详的歌曲和旋律，以此界定历史时期，并渲染时代氛围。演出融合独唱、合唱、舞蹈、民歌、话剧、京剧、芭蕾舞、国标舞、诗朗诵、影视剧等各种元素，艺术呈现注重宏大场面与典型形象、影像画面与真人表演、艺术表现与象征内涵的有机统一。鲜红与金黄的色彩对比、一地新绿的田野、一片舞动的红绸、《千里江山图》里流淌的古琴之声、五种颜色的舞裙象征的五大洲互动，等等，具象之中隐喻主题、饱含寓意。

整场演出以超大屏幕的视觉呈现、历史情境的生动还原、真实质朴的在场表演，以音、舞、诗、画的有机融合，展现了具有思想引领性、历史厚重感、内涵丰盈、形式新颖的形象画面。它主题鲜明，以情动人，是文艺工作者为建党百年献上的一份真挚贺礼，也是中华儿女以史为镜、以史明志、奋进新时代、迈向新征程的隆重誓师！

（原载《人民日报》2021 年 7 月 2 日）

全景式展现伟大征程　全方位感受伟大精神

中国文学艺术界联合会　胡一峰

大型情景史诗《伟大征程》让人在震撼中获得精神洗礼。

这一效果的实现，首先源自作品题材之重大。这台演出以艺术的形式，生动展现了中国共产党百年来带领中国人民进行革命、建设、改革的壮美画卷，热情歌颂了党的十八大以来，在以习近平同志为核心的党中央坚强领导下，我们国家取得的历史性成就、发生的历史性变革，展示全面建设社会主义现代化国家的光明前景。创作者以艺术的手法重叙历史、再塑英雄，充分展现出党的百年奋斗史内在的信仰之美、梦想之美、精神之美。

这一效果的实现也与精彩的舞台呈现分不开。这台演出令波澜壮阔的党史与气势恢弘的舞台交相辉映，在民族复兴伟业中书写伟大党史、在人民奋进征程中刻画人民领袖、在展望人类共同命运中讲述中国故事，让观众在历史与现实中穿梭遨游，聆听历史前行的号角，感受伟大征程的豪迈，心灵受到极大振奋和鼓舞。

在这台演出中，超大规模的创作演出团队齐心协力，配合默契，综合运用了音乐、舞蹈、戏剧、杂技、影视和美术等几乎所有艺术类别的表现手法，成功破解了红色题材的艺术密码，把红色基因、红色血脉转化为红色文艺的生动呈现，以一幅幅历史片段、一个个英雄形象，生动而多样地展现出中国共产党人的精神谱系。

演出有效地使用了多媒体科技手段，营造出沉浸感十足的演出环境。特别是纪实性和艺术性影像资源的使用，丰富和拓展了大型舞台的层次性，提升了演出的感染力，最大限度地调动了观众的感官体验，使观众在全感官参与中进入情境，从耳目之愉升华为心灵之陶冶。

（原载《中国文化报》2021 年 7 月 2 日）

而今迈步从头越

——观大型情景史诗《伟大征程》心得

中国舞蹈家协会　罗　斌

走进《伟大征程》(以下简称《征程》)的演出时空，分明让人感受到百年大党的伟力！这伟力，源自坚贞不渝的信仰、腥风血雨的淬炼、改天换地的伟业、气吞山河的豪迈和海纳百川的领航；而这一切，通过迅捷、有效、恢弘却明丽的方式，纵横捭阖又坦坦荡荡地“娓娓”(实则迅速有力)道来，分明让人在感受艺术魅力的同时，更深层次地体味了党政军民学、东西南北中的“天下归心”。我以为,《征程》四篇章分明是学史明理、学史增信、学史崇德、学史力行的党史学习精髓的具体体现，堪称一部我党百年风采的形象教科书。

《征程》结构，一、二篇章偏纵，三、四篇章偏横：革命战争与社会主义建设需要历史明鉴，改革开放、新时代则更需要观点引领。如此“出入自如”的雀跃结构凸显了演出的灵动和百年的豪情，品来激越慷慨、荡气回肠又徐驰自在、跌宕起伏，艺术感染力跃然眼前。作为舞蹈工作者，我当然感受了更多“舞”的壮丽、恢弘、庄严又凝神、聚力、润心的面貌、神旨和光彩，感喟了国仪大典中“舞”的功能、气象与价值。《征程》舞蹈，特征有三：第一，整体感极强，颇具主体精神、主体形态和观念意蕴。不去表象描摹事象，而是深入形象内在本质和艺术品格层面的揭示，从《破晓》启幕，到《起义 起义》《土地》《长征》《怒吼吧 黄河》《向前 向前 向前》《开国大典》《战旗美如画》《激情岁月》，再到《春潮澎湃》《特区畅想曲》《回归时刻》《跨越》《党旗在我心中》《行进的火炬》《东方奇迹》《人民至上》《强军战歌》《强国力量》《新的天地》《命运与共》等，一以贯之的洒脱、流畅，大气磅礴的审美、清晰明确的观念，彰显百年伟业的宏图大志，做法令人信服。第二，大规模的人流舞动，大面积的场面调度，大色块的内心呈现，让肢体、形式、形态、意向本身说话，最大限度地描绘了百年风云，体现了沧海桑田的中国本色、中国气派、中国精神，做法令人振奋。第三，高速率的节律、多点位的形象、快节奏的闪现、跨时空的呈现、多功能的跨界、整合性的表达，高融合度、高信息量，一气呵成，极富张力、内力和爆发力地展现了百年辉煌，想法令人尊敬。

总体观之，《征程》舞蹈独具风采、有血有肉、可圈可点，成为整场演出艺术魅力得以彰显的基石。

（原载《中国文化报》2021 年 7 月 8 日）

舞出昂扬红色的力量和时代的光彩

中国艺术研究院　江　东

在《伟大征程》的硕大舞台上，活跃着数千名青年舞者的身影，他们用青春向上的状态和情感饱满的积极投入，为这部以建党百年为核心表现目的的大型情景史诗，带来了精彩夺目的一笔。

在这部设计精良、创意多元的晚会中，自始至终都洋溢着舞蹈艺术的姿容，各个场景的展现与交代，都可以看到舞蹈艺术的功劳。可以说，《伟大征程》的巨大成功，绝离不开舞蹈艺术所做出的贡献。那些多姿多彩的舞蹈段落及其场面，无论是“白色恐怖”下早期共产党人不畏牺牲并肩作战，还是苏区人民欢天喜地送郎参军；无论是朝鲜战场无数英烈抛头颅洒热血英勇奋战，还是誓死保卫祖国凸显强军力量的威武不屈……所有的舞段编排得有气势、有张力、有活力，也有韵致，十分完美地配合了晚会的主题以及各情景中的规定内容，为整台晚会的艺术气质起到了积极的推动作用。当代舞、现代舞、民族民间舞、芭蕾舞、国标舞、街舞……各式各样的舞蹈形式你方唱罢我登场，所有的舞动都和着特定的情感需求为相关的表现内容增光添彩，成为整台晚会的重头戏。

值得一提的是，在那些流光溢彩的舞段中，创作与表演相向而行，舞蹈创作者们在每一个情景和每一段舞蹈上都倾注了巨大的心血，设计出了无论是规模还是艺术效果都能够适应如此大舞台所特别需求的高标准、综合性、交响化的华彩舞章，令人目不暇接，叹为观止。如此重要而特殊的任务，考验着舞蹈创作者的智慧和勇气，而《伟大征程》的硕大舞台又为他们的才华提供了绝佳的成果展示平台，从而让他们于台后的劳动获得了实实在在的张扬，也让这台晚会始终昂扬着红色的力量和时代的光亮。

（原载《中国文化报》2021 年 7 月 2 日）

创造性转化和创新性发展的生动实践

《中国文化报》 高 昌

在第二篇章“风雨无阻”中有一段戏曲与舞蹈《激情岁月》，生动描画王进喜、史来贺、雷锋、钱学森、焦裕禄等一批先锋模范的奋斗群像，掷地有声，振奋人心。抑扬顿挫中有深情赞美，举手投足间显文化自信，放声高歌里有奋斗新征程的壮志豪情和美好憧憬。那慷慨激昂、回肠荡气的传统戏曲唱腔气壮山河、响遏行云，让我再次感受到中华优秀传统文化在新时代的崭新魅力。

尤其引人注目的是主创人员不是照搬传统，直接复制《春秋亭》《金鼓震》《玉堂春》，而是在礼敬继承中积极弘扬和提升，用新的唱词和新的处理方式来使戏曲元素产生新的青春活力与美学嬗变。这一点，我由衷欣赏。

《伟大征程》中的戏曲与舞蹈《激情岁月》，把传统戏曲艺术形式搬上大型情景史诗的现代舞台，融合多种瑰丽的时尚艺术元素，激活传统与现代，联通守正与创新，可以说是一次令人耳目一新的艺术尝试，也是创造性转化和创新性发展的一次生动实践。

（原载《中国文化报》2021 年 7 月 2 日）

《伟大征程》用史诗抒怀、用激情咏唱

浙江京昆艺术中心　翁国生

在“七一”党的百年华诞之夜，我怀着极其激动的心情观看了《伟大征程》的文艺演出，这是一次非常生动的党史教育，这是一部极有温度、深度、高度的优秀文艺作品。

用史诗来抒怀，是一个民族、一个时代伟大艺术的象征。我们以前有《东方红》、有《中国革命之歌》、有《复兴之路》、有《奋斗吧中华儿女》。但《伟大征程》这部庆祝中国共产党百年华诞的大型文艺作品，采用了大型情景史诗的艺术形式，把恢弘的舞台从室内搬到了拥有更为广阔表演空间的室外。创作者利用广阔、立体、多变的舞台空间，为全国观众带来了全方位、多角度、沉浸式的观赏体验，以辉煌的舞台气势、新锐的导演方法，为广大观众展现了一个学习浩瀚党史的立体大课堂，让观众穿越时光闪回到了共产党人艰苦创业、浴血奋战的过去，从而亲身感受和体验到我们党百年走来的万般艰辛和坎坷！

这部文艺作品在舞台科学技术领域的运用和探索上取得了令人瞩目的艺术成就和技术成就。舞台高科技的发展为该作品的完美呈现提供了诸多让人惊叹和亮眼的艺术效果。《伟大征程》不仅晚会内容编排别出心裁，极具新意，最让人惊叹的是充分利用了当前的高科技手段，与舞台上的众多演员的现场表演相结合，从而创造出前所未有的高难度复杂演出样式。其中大量使用了多媒体影像技术，借助超大尺寸的环形LED屏幕，实现了舞蹈艺术与舞台科技的完美结合，在国家体育场宏大的立体表演舞台上，打造出表演、灯光、音乐、影像浑然一体的空间艺术组合，为观众带来极具视听冲击力的艺术享受和体验。整场演出将舞台灯光氛围与屏幕影像有机融合，迅速推进每一篇章的演出进程，流畅的场景转换使观众始终置身于对党的百年历史的重温中。《伟大征程》实现了让整个多元舞台在演出中多变化、多起伏、多呈现、多造型，从而形成了高低错落的立体视觉效果，但每一个节目的主角和关键画面，始终被凸显于舞台最亮眼的中央和焦点。

在《伟大征程》中，现场宏大的演员队伍以极大的热情和艰辛的付出，完成了这场波澜壮阔的史诗般的文艺演出。他们通过精湛的唱、做、念、舞等，通过震撼的群场造型，通过充满激情的情景表演，通过大开大阖的生动再现，演绎了一个个为了党、为了新中国做出巨大贡献的前辈、先烈、英模和人民群众的感人故事和动人瞬间，让我们的内心情感受到了极大的冲击和感染。《伟大征程》这场宏大的文艺演出，为全国观众演绎了一次极其生动的百年党史，是一部热情歌颂党、歌颂祖国、歌颂人民的极具艺术和技术含金量的优秀文艺作品。我为它的璀璨诞生喝彩叫好！我为它的精彩演绎热情点赞！

（原载《中国文化报》2021 年 7 月 29 日）

以梦幻舞步展现中国道路

中国艺术研究院　鲁太光

大型情景史诗《伟大征程》是中国道路的美学呈现。

为了生动再现中国道路的曲折展开，编导演出团队可谓匠心独运。其中，最吸引人的创意就是各种“舞步”的组合运用。中国共产党成立之初，半殖民地半封建的中国犹如一条披枷戴锁的巨龙，举步维艰。优秀的中华儿女也往往是戴着镣铐在求索、在奋斗、在牺牲，因而表演开始那场众多演员戴着镣铐起舞的片段，是求索中国道路的绝佳象征。演员们时而脚步铿锵、时而步履踉跄，时而飘摇欲倒、时而挺立如松，让观众的心随着他们的舞步震动、跳荡、感动。这沉重而又坚定的舞步让我们深切地意识到中国道路是如何开创出来的，让我们想起了鲁迅先生的名言：“其实地上本没有路，走的人多了，也便成了路。”是的，中国道路是无数革命先烈扫除荆棘、浴血奋斗蹚出来的一条人间正道。回想在不久前热播的电视剧《觉醒年代》中，中国共产党创始人陈独秀的两个儿子陈延年和陈乔年英勇不屈、壮烈牺牲和陈乔年就义前发出的“让我们的子孙后代享受前人披荆斩棘的幸福吧”的慷慨陈词，我们对中国道路的理解就更深刻。

中华人民共和国成立后，经过艰苦奋斗，社会主义制度基本确立，社会主义建设取得巨大成就。对这一历史时期的表现也极具特色。在高大威武的国产拖拉机和大卡车上，演员们引吭高歌，现代京剧刚健清亮的唱腔响彻云霄。这一传统与现代相结合的艺术形式告诉我们，中国人民要凝聚全部精神，开创现代化道路。这时演员们的舞步一扫沉郁之气，变得简洁、明快、端正、自然。是的，中国人民不仅站起来了，而且还要一步一个脚印，走得踏实从容。进入新时期之后，随着改革开放的深入，人民生活日渐丰裕，社会日益文明。这时，舞台上出现了一辆辆轻快行进的自行车，出现了少男少女们飘逸的交谊舞，而背景是劳动者在共和国的脚手架上挥汗如雨的劳作场面，是雨后春笋般崛起的一座座高楼大厦。看着这样的场景，我们知道，中国“舞步”又升级了，更加自信、有度、从容、自如了。

中国的“舞步”从未停止，而且实现了质的飞跃。是的，中国已经迈出了“太空步”。随着神舟飞船升空，宇航员漫游星河，我们看到，中国的“舞台”越来越宽广，中国的“舞步”越来越梦幻。这高科技的现代“舞步”告诉我们，我们的未来是星辰大海，是无穷远方。

在这梦幻的“舞步”中，中国道路完美展现！

祝愿中国的“舞步”继续升级，稳健而美丽！

（原载《中国文化报》2021 年 7 月 8 日）

走向未来的人民史诗

北京大学　张慧瑜

《伟大征程》采用实景演出、大型舞蹈和美轮美奂的数字显示屏等综合舞台艺术，全景再现了近代以来中国共产党带领中国人民历经磨难、走向中华民族伟大复兴的历史。全剧以党史为线索，以重大历史事件为核心，再现了一个又一个历史瞬间，既有新中国成立、改革开放、全面建设小康社会等辉煌历史时期，也有大革命失败、红军被迫长征以及“非典”疫情、汶川地震和新冠肺炎疫情等艰难时刻。中国共产党始终“不忘初心，牢记使命”，团结和带领亿万人民攻坚克难，一步步走向国家独立、民族富强和人民幸福。《伟大征程》使用了很多经典的红色影视剧和红色歌曲，在回顾历史、缅怀英雄的同时，也展望未来、朝向世界。中华民族拥有几千年文明演进的历史积淀，又经历了百余年现代化锻造，是依靠自主力量完成现代化的发展中大国，对人类进步和世界和平做出了突出贡献。

看完《伟大征程》，我有三点感受：

一是紧扣中国共产党百年华诞的主题，展示了中国百余年的沧桑巨变；

二是突出了人民江山的形象，借助显示屏所呈现的祖国河山以及群体舞蹈的形式，展示了人民主体和祖国儿女大团结的意象；

三是运用现代舞台科技营造走向未来和世界的自信，显示了“人类命运共同体”的包容和胸襟。

（原载“中国艺术头条”2021年8月3日）

震撼·恢弘·史诗

中央音乐学院　项筱刚

大型情景史诗《伟大征程》给我的印象是6个字——震撼、恢弘、史诗。

震撼

《伟大征程》集“歌”“舞”“乐”“剧”于一体，以演员的表演为主体，以立体环形的大屏幕为辅助，形成了令人震撼的“视”“听”冲击力。换言之，观看该场演出本身也是一次伟大征程的经历与洗礼。

恢弘

与《东方红》《中国革命之歌》《奋斗吧中华儿女》等大型文艺演出相比，《伟大征程》无论在演员规模、舞台画面感、群像设计等方面，均向前迈出了一大步，堪称：声势——惊天动地、画面——顶天立地、场面——铺天盖地。

史诗

与2019年的《奋斗吧中华儿女》相比，《伟大征程》既有相同点，又有不同之处。相同的是，二者均是通过一台演出牵引受众穿越70年和100年的历史征程，凸显中华人民共和国和中国共产党之伟大经历的历史纵深感。不同的是，作为音乐舞蹈史诗的《奋斗吧中华儿女》堪称以“歌”“舞”“乐”为主体的舞台剧，尽管其亦初露“剧”的端倪。而作为大型情景史诗的《伟大征程》则在前者的基础上凸显了“大型情景”四字，力图用“大事件”“大场面”“大写意”来浓缩中国共产党伟大的百年征程，从而彰显出此《伟大征程》主创班底的“大手笔”。

（原载《中国文化报》2021年7月2日）

大历史 · 大写意 · 大歌（乐）舞

中央音乐学院　项筱刚

大型情景史诗《伟大征程》的音乐创意给我的印象是九个字——“大历史”“大写意”“大歌（乐）舞”。

大历史

《伟大征程》的四个篇章（包括“序”“尾声”）涵盖了中国现当代音乐史上不同阶段约38首有着“时代音调”的声乐、器乐作品（不含《国际歌》），堪称牵引着亿万受众乘着音乐的翅膀穿越了中国共产党百年的伟大征程。其中，20世纪60年代初期的《唱支山歌给党听》在演出中的三次亮相，更彰显了红色经典音乐作品在大历史征程中的“号角”作用。

大写意

与音乐舞蹈史诗《东方红》以来的历次重大文艺演出不同的是,《伟大征程》在38首音乐作品的选用上，采用了“动机式”“碎片式”地提炼“核心音调”的手法，并进一步做“展开式”“升华式”的“再创作”，敲响了从“大写实”向“大写意”迈进的锣鼓，为“生动展现中国共产党百年来带领中国人民进行革命、建设、改革的壮美画卷”打下了坚实的基石。

大歌（乐）舞

如果说之前重大文艺演出的“歌”“舞”“剧”等载体尚能分家的话,《伟大征程》的“歌”“乐”“舞”“剧”“情景”等载体已然是你中有我、我中有你、水乳交融、浑然一体。其中鼓乐歌舞《新的天地》，以“漫天飞鼓”“红旗漫卷”的画面完成了对历次重大文艺演出的一次大突破，为大型情景史诗的“再出发”开辟了一条金光大道。

（原载“中国艺术头条”2021年8月3日）

《伟大征程》的史诗感、交响感、现代感

中国艺术研究院　陈　乾

《伟大征程》继承和延续了音乐舞蹈史诗体裁中的革命文艺传统，对历史上优秀的革命歌曲进行了有效的整理、宣传，同时重新编排和推出了一大批新时期优秀的原创歌曲。它吸纳了百年征程中具有时代特征和人民群众喜闻乐见的革命歌曲，如《跟着共产党走》《八月桂花遍地开》《十送红军》《遵义会议放光辉》《会师歌》《保卫黄河》《中国人民解放军军歌》等和《英雄赞歌》《在希望的田野上》《青春啊青春》《走四方》《春天的故事》《我的中国心》《今夜无眠》《走进新时代》《我们和党旗在一起》《我和你》《江山》《强军战歌》《我们从古田再出发》《未来你好》《新的天地》等，既沉淀了革命文艺的红色记忆，又使《伟大征程》产生了强大的历史叙事力量。

与此同时，《伟大征程》的音乐写作与音乐舞蹈史诗《东方红》等以歌曲形式作为贯穿始终且最为首要的表现手段不同，《伟大征程》融入了综合性的艺术样式和音乐创编手法。其在音乐类型设计上更加丰富多元，使用包含歌舞、配乐诵赋、交响合唱、京歌、情景表演、管弦乐、民族器乐合奏等多种样式，遵循了突出“史诗感、交响感、现代感”的审美理念，音乐创作呈现“民族性、大众性、时代性”的特点。尤其，在第四篇章“锦绣前程”中，包含小提琴领奏的抗疫主题情景交响歌舞《人民至上》和展现人类命运与共的歌曲《和合之美》在内的交响作品和民族管弦乐新作，完成了对新时代的中国尊重自然、热爱生命、祈求和平、开放包容、生生不息的艺术形象的塑造。

《伟大征程》在构建民族价值认同、充分展示全新的中国国家形象的同时，完成了中国现当代演出史上的华丽亮相。

（原载《中国文化报》2021 年 7 月 2 日）

庆祝中国共产党成立 100 周年文艺演出《伟大征程》在京盛大举行　习近平等出席观看

新华社北京 6 月 28 日电　筚路蓝缕创伟业，初心不忘再起航。庆祝中国共产党成立 100 周年文艺演出《伟大征程》28 日晚在国家体育场盛大举行。习近平、李克强、栗战书、汪洋、王沪宁、赵乐际、韩正、王岐山等党和国家领导人，同约 2 万名观众一起观看演出，共同回顾中国共产党成立 100 年来波澜壮阔的光辉历程，共同祝福伟大的党带领中国人民迈进新征程、奋进新时代。

夜幕下的奥林匹克中心区流光溢彩、美轮美奂，喜庆的中国结灯饰、醒目的庆祝活动标识、多彩的盘龙式花柱，表达着对中国共产党百年华诞的喜庆祝福。金光映射中的国家体育场“鸟巢”，与深蓝色的国家游泳中心“水立方”遥相呼应。

国家体育场内，灯光璀璨。中央舞台的巨型屏幕上，金色党徽在红色幕布的衬托下熠熠生辉，两侧分别书写着“1921”和“2021”金色字样。舞台最高处，100名礼号手身姿挺拔，两侧旋转布景中，战士的群像岿然屹立。英姿勃发的青年手捧红色花束，汇聚在舞台中央。

19时57分许，在欢快的乐曲声中，习近平等领导同志走上主席台，向大家挥手致意，全场响起热烈的掌声和欢呼声。

随着激昂深情的歌声响起，绚烂的焰火升腾出“100”的纪年，盛放在国家体育场上空。舞台上，点点星火汇聚成党徽的图案，拉开演出帷幕。

演出以大型情景史诗形式呈现，共分为四个篇章，综合运用多种艺术手段，生动展现中国共产党百年来带领中国人民进行革命、建设、改革的壮美画卷，热情讴歌党的十八大以来，在以习近平同志为核心的党中央坚强领导下，中国特色社会主义进入新时代，昂首阔步迈向全面建设社会主义现代化国家的新征程。

“这个政党一定能指引中国走向光明，让中国人过上好日子……”戏剧与舞蹈《破晓》再现了近代以后，中华民族饱经磨难，无数仁人志士前赴后继寻找救国救民真理，直到1921年中国共产党诞生，中国革命的面貌焕然一新。第一篇章“浴火前行”，以情景舞蹈《起义 起义》、歌舞《土地》、戏剧与舞蹈《长征》、情景大合唱《怒吼吧 黄河》、合唱与舞蹈《向前 向前 向前》等节目，生动展现在大革命的烽烟中，在艰险的长征路上，在抗日战争、解放战争的沙场上，中国共产党团结带领中国人民浴血奋战、淬火成钢的伟大历程。

打破了一个旧世界的中国共产党人，能否建设一个新世界？第二篇章“风雨无阻”以舞蹈《开国大典》开篇，回顾热火朝天的社会主义革命和建设年代。在震耳欲聋的炮声中，情景合唱与舞蹈《战旗美如画》呈现抗美援朝的激战场面，讴歌志愿军战士保家卫国的炽热情怀。在慷慨激昂的唱腔中，戏曲与舞蹈《激情岁月》生动描画王进喜、史来贺、雷锋、钱学森、焦裕禄等一批先锋模范的奋斗群像。

带领中国人民站起来的中国共产党，能不能带领人民富起来？党的十一届三中全会胜利召开，作出改革开放的历史性回答。在第三篇章“激流勇进”中，舞蹈《春潮澎湃》把春天的故事铺展在希望的田野，歌舞《特区畅想曲》跃动着特区“先行先试”的时代脉搏，情景合唱与舞蹈《回归时刻》欢庆香港、澳门回归祖国怀抱，诗朗诵与合唱《跨越》讴歌西气东输、西电东送、南水北调、北煤南运等重大国家工程。情景舞蹈《党旗在我心中》表现了在中国共产党领导下，全国人民勠力同心、众志成城，取得抗击“非典”、抗震救灾的伟大胜利。合唱与舞蹈《行进的火炬》让人们重温北京奥运会、上海世博会、神舟七号飞船发射等激动人心的历史场景。

第四篇章“锦绣前程”展开一幅新时代的壮阔图景，回顾了党的十八大以来，以习近平同志为核心的党中央统揽伟大斗争、伟大工程、伟大事业、伟大梦想，党和国家事业取得了历史性成就、发生了历史性变革。戏剧与歌舞《东方奇迹》讲述闽宁镇、十八洞村的脱贫攻坚故事，宣示中国共产党人引领中华民族实现全面小康的伟大胜利。情景交响歌舞《人民至上》再现新冠肺炎疫情发生后，一场举国动员、上下同心的全民战“疫”。情景歌舞《强军战歌》通过多军兵种一体化实战演习的纪实表演，展示了在习近平强军思想指引下，人民军队阔步前进的豪迈姿态。诗朗诵与合唱《强国力量》展现了在以习近平同志为核心的党中央坚强领导下，日益强大的中国力量。鼓乐歌舞《新的天地》，一面直径 10 米的巨型大鼓和一百面大鼓在空中鼓舞，百名号手奏响号角，大气磅礴、焕然一新的画面，展示了新时代民族复兴的壮丽画卷，描绘从富起来到强起来的历史巨变，感召中华儿女自信前行。器乐、童声合唱与舞蹈《命运与共》彰显“构建人类命运共同体”在全球奏响的心灵和鸣。

“领航！伟大的中国共产党！”伴随着主题曲《领航》的旋律，高达 16 米的金色党徽庄严升起，光芒四射。歌声、掌声簇拥出 10 面巨型红旗，迎风招展。“无论多远，你都在我们身旁，信念永恒，初心不忘。人民就是江山，写就你使命担当……”灿烂的焰火又一次点亮夜空，将演出气氛推向高潮。

文艺演出结束，全场起立，共同高唱《没有共产党就没有新中国》，热烈掌声经久不息。

观看演出的还有：丁薛祥、王晨、刘鹤、许其亮、孙春兰、杨洁篪、杨晓渡、张又侠、陈希、胡春华、郭声琨、黄坤明、蔡奇、李瑞环、贾庆林、张德江、俞正声、曾庆红、吴官正、李长春、贺国强、刘云山、张高丽、尤权、曹建明、张春贤、沈跃跃、吉炳轩、陈竺、王东明、白玛赤林、丁仲礼、郝明金、蔡达峰、武维华、魏凤和、王勇、王毅、肖捷、赵克志、周强、张军、张庆黎、刘奇葆、帕巴拉·格列朗杰、万钢、何厚铧、卢展工、马飚、陈晓光、梁振英、夏宝龙、李斌、巴特尔、汪永清、何立峰、苏辉、郑建邦、辜胜阻、刘新成、何维、邵鸿、高云龙和王乐泉、王兆国、回良玉、刘淇、吴仪、曹刚川、刘延东、李源潮、马凯、李建国、范长龙、孟建柱、郭金龙、何勇、杜青林、赵洪祝、顾秀莲、热地、乌云其木格、陈至立、周铁农、王胜俊、陈昌智、张平、向巴平措、常万全、贾春旺、王忠禹、张怀西、李蒙、白立忱、陈奎元、阿不来提·阿不都热西提、李兆焯、黄孟复、张梅颖、张榕明、钱运录、孙家正、李金华、郑万通、王志珍、韩启德、罗富和、李海峰、陈元、周小川、王家瑞、齐续春、刘晓峰、王钦敏，以及李作成、苗华、张升民和陈炳德、李继耐、乔清晨、靖志远、赵克石、吴胜利、马晓天，香港特别行政区行政长官林郑月娥，澳门特别行政区行政长官贺一诚。

在京中央党政军群各部门负责同志，老同志代表，在京中管金融机构、企业、高校、科研机构等单位主要负责同志，在京中央委员、候补中央委员、党的十九大代表、中央纪委委员、国家监委委员、全国人大代表、全国政协委员，港澳台同胞、海外侨胞代表，各民主党派中央在京委员、全国工商联在京执委和无党派人士代表，北京市有关负责同志，国家勋章和国家荣誉称号获得者，“两弹一星功勋奖章”、“全国脱贫攻坚楷模”荣誉称号、“国家最高科学技术奖”、“航天英雄”、“英雄航天员”获得者，全国先进模范人物代表，十一世班禅额尔德尼·确吉杰布，全国性宗教团体主要负责人，在京中国科学院院士和中国工程院院士，优秀留学回国人才代表，部分已故老同志亲属，烈士及因公牺牲人员遗属，“光荣在党 50 年”纪念章获得者代表，2021 年新发展党员代表，全国少数民族代表，全国重点优抚对象，首都各界群众代表，驻京部队官兵代表等观看演出。

重要国际友人，在京各国驻华使节和国际组织驻华代表、外国专家也应邀观看演出。

伟大的史诗　壮丽的篇章

《人民日报》 任姗姗　张珊珊

百年征程波澜壮阔，百年初心历久弥坚。“你是灯塔，照耀着黎明前的海洋，你是舵手，掌握着航行的方向……”2021 年 6 月 28 日晚，国家体育场灯光璀璨，激昂深情的歌声里，绚烂的焰火升腾出“100”字样，点点星火汇聚成党徽的图案，庆祝中国共产党成立 100 周年文艺演出《伟大征程》拉开帷幕。

音乐、舞蹈、戏剧、诗歌、光影，所有的艺术形式都在生动谱写着 100 年来中国共产党团结带领中国人民进行革命、建设、改革的宏大史诗，绘就中国人民从站起来、富起来到强起来的壮美画卷，奏响奋进新时代、阔步新征程的雄伟乐章。

伟大征程呼唤伟大史诗

中国共产党迎来百年华诞，中华儿女阔步在实现中华民族伟大复兴的征程上。这一个世纪的风雨兼程初心如磐，这一个世纪的艰苦卓绝气吞山河，如何以文艺作品阐释、抒发和表达？

伟大征程呼唤伟大史诗。

“我们需要用艺术的语言回答：中国共产党为什么能、马克思主义为什么行、中国特色社会主义为什么好。我们也要自信地向全世界宣告：中国共产党始终与人民血脉相连、与人民同甘共苦、与人民团结奋斗。”《伟大征程》总导演陈维亚说。

两个多小时时长，能否凝练表达百年沧桑巨变？多种艺术形式，怎样生动反映重大历史主题？大众对历史的认知、对党和国家的情感，如何跨越时空同频共振？反复讨论，几经修改，主创团队的认识达成一致：以 100 年的时间轴为演出空间，表现 100 年的壮阔历史和思想伟力，让人们通过艺术的方式来感知、理解中国共产党的百年历史；不做总结性表达，而是面向下一个百年，注重开放性和交互性，让不同年龄的观众都能从中找到认知点、动情点和交流点；按照史诗的结构和标准进行艺术表达，提炼构筑史诗的美学品格。

《伟大征程》开篇，中华民族遭受前所未有的苦难，无数仁人志士前赴后继寻找救国救民的真理。1921 年，中国共产党的成立，给中国人民送来了光明与希望。第一篇章“浴火前行”艺术再现中国共产党团结带领中国人民历经 28 年的浴血奋战、淬火成钢；第二篇章“风雨无阻”激情回顾热火朝天的社会主义革命和建设年代；第三篇章“激流勇进”热情讲述中国共产党团结带领中国人民富起来；第四篇章“锦绣前程”深情描绘新时代壮阔图景。

一幕幕戏剧再现历史场景，一首首歌曲重温光辉岁月，一段段舞蹈讴歌不凡历程，一个个优秀共产党员的动人形象撞击心灵……从建党的开天辟地，到新中国成立的改天换地，到改革开放的翻天覆地，再到党的十八大以来党和国家事业取得历史性成就、发生历史性变革，走过千山万水，历经千辛万苦，中国共产党为中国人民谋幸福、为中华民族谋复兴的初心使命始终不渝，中国共产党人的理想信念永不褪色。

时代巨变砥砺艺术创新

《伟大征程》是新时代文艺工作者向党的百年华诞献上的一份厚礼。

“《伟大征程》以大型情景史诗的形式呈现。‘情景’表现中国共产党成立百年来的重大事件和重要人物，‘史诗’是对中国共产党人精神的表述和理想信念的传承。”总撰稿朱海说。

讲出新意，讲好中国共产党的百年风华，是对主创团队思想认知和艺术创造的考验。第四篇章“锦绣前程”最具华彩，它包括《东方奇迹》《人民至上》《强军战歌》《强国力量》《新的天地》《命运与共》6个节目，以每个中国人都感同身受的场景切入，以强有力也最具说服力的艺术表达，深刻阐述“伟大的中国共产党，领航中国在新时代的征程上”。

科技与艺术的结合，极大地开拓了广场艺术的边界，丰富和提升了广场艺术的参与度和沉浸感。依靠强大的技术支撑，《伟大征程》连线神舟十二号航天员，聂海胜、刘伯明、汤洪波在距地球近400公里的天和核心舱，共祝伟大的中国共产党生日快乐。清晰的画面，动人的声音，情感的力量直抵人心。

即时投影技术大量运用到此次演出，被副总导演田沁鑫评价为“中国创新、世界首创”。大屏幕上，演员们现场演绎李大钊、陈独秀相约建党，抗美援朝小战士为母亲写下家书，英雄李侠高喊“同志们，永别了！我想念你们”，“闽宁镇”的乡亲们分享摆脱贫困、走向小康的喜悦……细腻的表演、充沛的情感、电影的质感，把观众一次次带入情境之中，使观众产生了强烈的情感共鸣。

用心用情构筑高峰之作

史诗的艺术综合性决定了创作的高标准、复杂度，政治性、思想性、艺术性都是刚性标准，必须能在历史的舞台立得住、传下去。

接到筹办庆祝建党百年文艺演出的任务，主创团队把北京能承载超大规模演出的地点全部扫描了一遍，最终选定国家体育场。大历史、大情感、大文化、大舞台，对主创团队的每一个人都是考验。

会议室灯光长明，阅兵村音乐不息。中共中央宣传部、文化和旅游部、国家广播电视总局、中央广播电视总台、中央军委政治工作部、北京市，多个部门、多个单位集结起来。数不清的日日夜夜，总导演陈维亚，副总导演沙晓岚、邢时苗、田沁鑫、沈晨，总撰稿朱海，音乐总监关峡，舞美总设计孙天卫等主创聚在一起探讨。一个个方案被一次次推翻，又一遍遍重来，不断斟酌，不断完善。主创团队在艰苦磨砺中向着艺术高峰不断攀登。

现场来自全国各地 70 余家演出单位、近 8000 名参演人员不舍昼夜地排练，观众席近 30 所大中学校、约 8000 名学生组成互动合唱团队倾情参与。老中青三代艺术家接到通知就暂停手头的工作，即使只有一句台词也全力以赴。“在这个舞台上，总感觉有情感表达不够，总感觉可以做得更好。”艺术家深情地说。

部队的参演人数最多。战士们是零基础，为达到表演的要求，每天训练12个小时，几乎每天都有20公里的训练量。“盛典仪式”环节，200名战士摆出雕塑的姿态，虽然正式演出只有不到4分钟，但他们提前30分钟就要备场。身着厚重演出服的战士在日复一日的训练中，练就了一小时定位不倒、一小时表情不变的硬功夫。

当《保卫黄河》《我和你》等经典旋律响起时，观众不禁高声合唱。当开国大典、香港回归、澳门回归、2008年北京奥运会的历史影像在主屏幕上闪现，欢呼声一浪高过一浪。演出尾声，长约200秒的绚烂烟花在鸟巢上空腾跃，现场近2万名观众与演员齐声高唱《没有共产党就没有新中国》，气氛几近沸腾，每个人都在祝福伟大的中国共产党生日快乐！《伟大征程》让我们震撼、感动，我们震撼于史诗艺术的波澜壮阔、绚烂辉煌，更感动于文艺工作者爱党爱国的真情抒发、用心用情用功的艺术创造。

这是党的庆典，这是人民的节日，这是百年伟大征程的深情礼赞，这是走向新天地的热情召唤。《伟大征程》告诉我们，回首100年，中国共产党与中国人民风雨兼程、同向同行，展望100年，亿万中华儿女奋进接力，昂首阔步新征程。

（原载《人民日报》2021年7月2日）

访《伟大征程》导演主创团队、演职人员

——展现波澜壮阔的百年历史

《人民日报》 江　琳　张珊珊　李龙伊

铸就百年辉煌，书写千秋伟业。庆祝中国共产党成立100周年文艺演出《伟大征程》，以大型情景史诗形式呈现，分为“浴火前行”“风雨无阻”“激流勇进”“锦绣前程”四个篇章，综合运用多种艺术手段，生动展现中国共产党波澜壮阔的百年历史。

一、以大型情景史诗形式呈现

“我们希望通过艺术的方式，让人们充分理解、认知、感受中国共产党的百年历史。”《伟大征程》总导演陈维亚介绍。

“《伟大征程》以大型情景史诗形式呈现。‘情景’表现中国共产党成立百年来的重大事件和重要人物，‘史诗’是对中国共产党

人精神的表述和理想信念的传承。”总撰稿朱海说。

这场将多种艺术手段融会贯通的演出，有看不尽的辉煌，数不完的成就，更有说不尽的感念，唱不完的赞歌。如何能把中国共产党百年波澜壮阔的历史浓缩进约两个小时的时长？

“提炼选择非常重要。”陈维亚说，“我们运用戏剧、歌唱、情景歌舞、朗诵等多种方式，传递我们党来自于人民、在人民当中、为人民服务的主题。”他说，希望通过这台大型情景史诗，回答3个问题，即“中国共产党为什么能、马克思主义为什么行、中国特色社会主义为什么好”。

“百年风华，千秋伟业，伟大的中国共产党生日快乐！”演出尾声，神舟十二号上的航天员聂海胜、刘伯明、汤洪波从太空发来的祝福，响彻寰宇。“我们注重科技与艺术的结合，开拓广场艺术的边界，增强广场艺术的参与度和沉浸感。”副总导演田沁鑫介绍。

二、近8000名演员倾情奉献

两个多小时的精彩演出，背后凝聚的是近8000名演员的倾情奉献和主创团队近两年的辛苦付出。新时代文艺工作者们希望通过《伟大征程》这场演出，向党的百年华诞献礼。

“全体演职人员中，有不少是90后、00后。演出中，许多革命先烈、英雄儿女的故事，需要他们来展现表达。”陈维亚说，“我们不是马上进行演出排练，而是先把党史学深学透，让年轻人走进历史。只有真正充分了解党史，才能演出真情实感。”

通过深入学习党的光辉历程，演职人员对节目演出有了更深刻的认识，对党的深厚感情也转化为苦练实练的不竭动力。

开场“盛典仪式”中，站在两侧转台上的战士们以战士、工人、知识分子等形象，摆出各种姿势站立。演出虽然只有几分钟，但需要提前备场。为了确保备场期间所有战士纹丝不动，训练过程中，战士们给自己立下了“一小时定位不倒，一小时表情不变”的要求。

接到通知，老中青三代艺术家暂停手头工作，即使只有一句台词也全力以赴；凌晨两三点，芭蕾舞演员依旧挑灯练舞，为的是演绎好《人民至上》中的凤凰浴火重生……

用心用情的辛勤付出，换来的是晚会的精彩呈现：“只有站着死，绝不跪着生！”演员们的朗诵掷地有声；歌舞《特区畅想曲》唱出了蓬勃不息的时代脉搏；《强军战歌》中，三军将士英姿勃发，“听党指挥、能打胜仗、作风优良”的宣誓铿锵有力……演出现场，掌声、欢呼声交汇升腾。

三、参与演出，也是一次心灵的洗礼

参与晚会演出，主创团队和演职人员都怀着崇高的荣誉感和责任感，对参与演出的所有人来说，这次演出也是一次心灵的洗礼。

“这是一次完美的集体创作，所有成果都是集体智慧的结晶，我只是有幸参与这次创作的艺术工作者中的一员。”文学统筹冯俐为了给戏曲与舞蹈《激情岁月》中的京剧唱段填词，查阅了100多首20世纪50年代的歌曲。整个创作过程如琢如磨，最终完美呈现热火朝天的建设场景，以及人们身上的蓬勃朝气。

演员张国立记得，在排练歌曲《没有共产党就没有新中国》时，全体演员几乎是一边高唱，一边眼泪奔涌。“正是我们党带领着中国人民一路披荆斩棘，栉风沐雨，才有了今天的幸福生活。我们感动，我们感恩，我们也自豪。”他说，“我在朗诵《强国力量》时，作为中国人的荣誉感油然而生。中国天眼瞄准未来、天问一号邀约未来，我感到非常自豪。”

在戏剧与舞蹈《破晓》中饰演陈独秀的演员于和伟表示，如果革命前辈们能够看到今天的中国，一定会感叹，盛世如他们所愿！

全部演出团队中，有一群平均年龄只有10岁的孩子，他们是来自四川大凉山的8位彝族小朋友。能够为党的生日献唱，他们感到无比光荣，这记忆，将永远深藏在他们心中。

（原载《人民日报》2021年7月6日）

信念永恒，初心不忘

《光明日报》 刘 坤 崔兴毅 李笑萌

6月28日晚，庆祝中国共产党成立100周年文艺演出《伟大征程》在国家体育场盛大举行。现场约2万名观众一起观看演出，共同回顾中国共产党成立100年来波澜壮阔的光辉历程。

“这场演出让人震撼、催人奋进、令人回味，既有历史，也有艺术，既讲故事，也讲方法。”南京航空航天大学马克思主义学院党委书记徐川说，演出分为“浴火前行”“风雨无阻”“激流勇进”“锦绣前程”等篇章，充分运用声光电多种形式，让大家享受了一场精神盛宴。

现场观众纷纷表示“看得热血沸腾”，并祝福伟大的党带领中国人民迈进新征程、奋进新时代。

一、“你是灯塔，你是舵手”

“你是灯塔，照耀着黎明前的海洋；你是舵手，掌握着航行的方向……”激昂的歌声响起，绚烂的焰火升腾，大型情景史诗《伟大征程》刚拉开帷幕，现场就瞬间沸腾了，观众挥舞手臂、热烈鼓掌，呐喊声、欢呼声不绝于耳。

一首首歌曲，一段段舞蹈、戏剧表演，生动展现中国共产党百年来带领中国人民进行革命、建设、改革的壮美画卷，热情讴歌党的十八大以来，在以习近平同志为核心的党中央坚强领导下，中国特色社会主义进入新时代，昂首阔步迈向全面建设社会主义现代化国家的新征程。

在现场观看演出的中国侨商联合会会长、世茂集团董事局主席许荣茂久久不能平静，激动、自豪、感恩之情齐齐涌来。

“没有共产党就没有新中国！”许荣茂说，中国共产党从一开始就坚持以马克思主义为行动指南，始终把为中国人民谋幸福、为中华民族谋复兴作为初心和使命。100年来，中国共产党带领中华儿女栉风沐雨，越过急流险滩，中华民族迎来了从站起来、富起来到强起来的伟大飞跃。这是一部党与人民心连心、同呼吸、共命运的宏伟篇章，是一首践行党的初心使命的壮丽史诗。

不只是内容，演出的设计、形式等也给观众们留下了深刻印象。

“现场舞台设计非常简洁，但创意无限。演出画面具有油画般的质感，气势磅礴地展现了党的光辉历程。”来自国家京剧院的灯光设计师朱丹说，大屏幕与投影、灯光相结合，让现场的气氛与色彩高度统一。演出还将焰火作为特效，效果非常好，尤其是焰火与舞台上的表演者、大屏幕里的画面相得益彰，更加展现出祖国的繁荣富强，让在场的每一个人都为之振奋，也将演出不断推向高潮。

二、“一代人有一代人的长征”

当旋律昂扬的《小康之歌》响起时，中央广播电视总台青年党员姜希伦内心变得无比激动。姜希伦告诉记者，脱贫攻坚战取得全面胜利的“中国奇迹”，意味着几千年来中华民族摆脱贫困的梦想实现。我们每个人都是这段历史的亲历者、参与者，都对党的伟大有着极其深刻的感受。

“一代人有一代人的长征，作为新时代的青年党员，我将始终保持‘敢教日月换新天’的昂扬斗志，坚定信念、拼搏奉献、永远奋斗，在新征程上为实现第二个百年奋斗目标贡献自己的一份力量。”姜希伦说。

河南省周口市税务局驻太康县马厂镇前何村第一书记韩宇南在

观看演出后同样心潮澎湃，流下了激动的泪水。

“党啊，我们永远跟着你走，无论多久，你都在我们身旁。信念永恒，初心不忘。”韩宇南说，越过一山，再登一峰，今后将继续在乡村振兴的道路上苦干实干、冲锋在前，在希望的田野上书写更加壮美的画卷。

确然，这场演出让人们的斗志变得更加昂扬。

“在新的征程上，作为一名党的科技工作者，我深感使命神圣、责任重大，我必须不懈奋斗，努力为国家粮食安全和乡村振兴战略深入实施，提供坚强的科技支撑。”湖南省农业科学院党委书记、教授柏连阳说。

三、“美美与共，天下大同”

中国的大熊猫、埃及的金字塔……当来自世界各国的“元素”汇聚在一起时，一幅和谐动人的画卷呈现在观众眼前。

“各美其美，美人之美，美美与共，天下大同……”一首《和合之美》唱出了人们对精彩世界、美好未来的新期待。

在国务院发展研究中心资源与环境政策研究所副所长、研究员常纪文看来，演出呈现的绿水青山、野生动物保护与和合精神传承，展现的长江大保护、黄河生态保护，宣示的碳达峰、碳中和目标，体现了生态文明建设成就，表达了中国人民携手全世界构建人类命运共同体的意愿与决心。

“掌声与欢呼声穿透云霄，这是各界对中华民族伟大复兴与祖国繁荣昌盛的执着追求，是对党领导人民奋进新时代的高度认可，是对世界和平发展、共同繁荣的热切期盼。”常纪文说。

观看完演出、回望百年征程，国家级非遗项目（苏绣）代表性传承人姚建萍感叹道：“一路走来，我们经历了多少艰难险阻，创造了多少奇迹，是中国共产党让人民过上了好日子，我心向党，感恩于党。”

领航的智慧照亮未来，领航的旗帜迎风飘扬。

观众纷纷表示，在党的领导下，我们一定能够创造更加灿烂的辉煌，一定能够实现中华民族伟大复兴的中国梦，一定能够共同创造人类的美好未来。

（原载《光明日报》2021 年 7 月 2 日）

史诗是这样炼成的

——庆祝中国共产党成立100周年文艺演出《伟大征程》的台前幕后

《光明日报》 韩业庭

6月28日晚，庆祝中国共产党成立100周年文艺演出——大型情景史诗《伟大征程》在国家体育场盛大举行。

2小时15分钟，21个节目，近8000名演员。气势磅礴、波澜壮阔、精美绝伦、流光溢彩、荡魄摄魂、震撼寰宇……演出中，约2万名观众时而掌声雷动，时而热泪盈眶。这是一场什么样的演出？缘何具有如此大的魅力？在这台演出的创排和演出过程中，又有哪些令主创和演员难以忘怀的故事？

一、科技与艺术结合，让观众走进“时空隧道”

2020年3月，陈维亚、朱海等接到创排庆祝中国共产党成立

100 周年文艺演出的任务。创作团队随即成立，陈维亚任总导演，朱海任总撰稿。

中国共产党 100 年的辉煌历程该如何表现？主创们把北京能做大型演出的地方过了一遍，设计出各种方案，有北京工人体育场版、天安门广场版、人民大会堂版，甚至还有长城版，最后综合考虑，选择了国家体育场版的方案。“中国共产党走过的百年，有艰难、有曲折，有成功、有辉煌，这个过程是一部伟大的史诗。只有史诗的形式才能更好地表现中国共产党走过的辉煌百年。”朱海说：“为此，从文学台本到情景结构，我们都是按照史诗的标准打造的。”

为了让观众走进“时空隧道”，亲身感受党的百年辉煌，主创团队利用国家体育场的环形结构和整体搭建的立体舞台，为观众带来全方位、多角度、沉浸式的观赏空间。歌、舞、诗、剧等艺术表演形式被统合于“情景”的营造之下，突出了宏大演艺时空的“代入感”。

矗立在舞台上的几块高清 LED 屏是营造“情景”的重要道具。舞台后方的主屏高 29.5 米，立起来足有 10 层楼那么高，长 174 米。另外还有四块辅屏和一块在地上使用时可以翻起来的翻屏。几块屏幕的总面积达 8000 多平方米。主创团队透露，如此大的屏幕，在世界上还是第一次被使用。

中国共产党历史上珍贵的影像片段、演员们在现场还原党史上重大事件的情景表演，交替在屏幕上呈现。演出副总导演田沁鑫介绍，摄像机在现场多机位多角度拍摄的内容实现了即时拍摄、即时剪辑和现场投放播出，“这是技术与艺术相结合的一次重大创新，在国际上处于领先水平”。

在演员们的倾情表演和科技手段的强力支撑下，中国共产党成立、秋收起义、长征、开国大典、抗美援朝、社会主义改造、改革开放、经济特区建立、香港澳门回归、北京奥运、脱贫攻坚、抗击疫情等百年党史上的重大事件一一“重现”在观众面前。可视、可触、可感、可听的情景再现，让观众完成了对百年党史的“亲身经历”。

二、只有了解党史才能更好地进行艺术表现

排练场有两个，国家体育场是A场地，B场地位于北京北郊，是过去多次阅兵用作训练的“阅兵村”。从2021年4月1日到5月中旬，全体演职人员一直在“阅兵村”全封闭排练。出于防疫需要，所有演职人员的活动都采取闭环管理，每天活动的路线是“从酒店到排练场，再从排练场到酒店”。另外，还需要每两天做一次核酸检测。

排练场是露天的。那里处于风口，七八级的大风经常把舞蹈演

员吹得无法转身、下腰完成动作；紫外线也很强烈，很多演员都被晒得脱了皮。中央芭蕾舞团演员张剑打趣地说：“我和同事都快被晒成‘黑天鹅’了。”很多“90后”“00后”演员刚进驻“阅兵村”时兴高采烈，但在封闭的环境中没有电视、没有娱乐活动，时间久了，开始感到单调、乏味。

在陈维亚看来，最大的挑战还不是这些，而是如何让占总人数一半的“90后”“00后”演员了解党史——只有了解了才能更好地进行艺术表现。演员们每天在“阅兵村”的排练生活是从早晨升国旗开始的。总导演、副总导演、各篇章的执行导演，轮流给年轻演员们上党课，讲党的历史。渐渐地，年轻人的思想转变了过来，不管有没有自己的节目，每天都会按时到排练场，没有自己的节目时，就静静地在那里看别人表演。

“从‘阅兵村’出来，那些孩子虽然‘脱了一层皮’，但一个个俨然都变成了‘抗大战士’。”朱海说，“经过这么一番磨炼，不仅排练出《伟大征程》这样一台节目，从更长远的角度看，也为中国文艺界储备了一批优秀的演员、导演。”

三、经受心灵洗礼，情到真时自动人

接到主创团队邀约加盟《伟大征程》的电话时，于和伟正在一个剧组拍戏。剧组的制片人和导演只对他说了一句：“你去吧，这边的事情我们想办法处理。”第二天，于和伟拎着行李就赶到了“阅兵村”。

跟于和伟一样，很多演员接到通知后，都马上推掉手头工作第一时间赶到排练场。成龙、陈道明、陈宝国、张国立、刘佩琦、何冰、张嘉益、吴刚、胡歌、海清、佟丽娅、刘涛、宋佳、黄轩、韩红、雷佳、孙楠、谭维维、韩雪、孟广禄、黄豆豆……正如张国立所言，大半个文艺界在《伟大征程》的舞台上相遇了。

整个演出团队，年龄最大的是 73 岁的京剧演员赵葆秀，最小的是 7 岁的来自四川大凉山的彝族女孩马杰英。

为了让节目内容满足不同年龄段观众的审美需求，主创团队把所有节目都设计成了开放式的结构，以加强跟观众的互动交流。“每个年龄层的观众，都能从中找到对百年党史的认知点、动情点。”朱海说。

不同于拍摄影视剧，《伟大征程》的舞台上没有“主角”。无论“明星”还是“大腕”，在这个舞台上，有的只唱几句歌，有的只露一下脸，有的只是在舞台上跑两圈的“群众演员”，但“所有演员到这里都有一种荣誉感和责任感”。

66 岁的张国立，曾参加过多次大型主题文艺晚会的创排。他本以为自己“见多识广”，应该有较强的情绪控制力。可在排练中，每次看到台上的场景，他的眼泪总会不由自主地流下来。于和伟在开场“启航”篇的戏剧表演中饰演陈独秀，把观众带到了那个“觉醒年代”。从排练到表演，他的眼中总是闪烁着泪花。在情景交响歌舞《人民至上》中，当“抗击疫情”等场景再现时，表演该节目的万茜、刘佩琦等演员再也控制不住自己的情绪，任泪水横流。排练和演出中，没流过泪的演员不多。“这些真不是表演。”张国立说，“中国共产党的百年历史，在我们心里激起了一种情感，所有人都经受了一次心灵的洗礼，一切都是情感的自然流露，完全不用演。”

情到真时自动人。有了这样的内容，有了这样的演员，观看《伟大征程》的观众热泪盈眶也就不难理解了。

6月25日晚，演出进行全要素彩排。节目演到一半，突然下起瓢泼大雨。演员们没有停下来，而是在大雨中完成了情景舞蹈《党旗在我心中》的表演，再现了汶川地震山崩地裂的危情时刻，党领导人民抗震救灾的震撼场景。身着迷彩服的演员们，浑身上下完全湿透，雨水、泪水、汗水交织在一起，最后他们像一个个雕塑立在了舞台上。看到这一切，负责现场指挥调度的一位工作人员眼睛湿润了，他竖起大拇指，对身边人说：“咱们国家的文艺工作者是好样的！”

（原载《光明日报》2021年7月2日）

用艺术作品向全世界宣告：百年伟业来自于人民

《中国文化报》刘　森　薛　帅

伟大的中国共产党，乘风破浪，扬帆远航！领航中国在新时代的征程上！领航中国在新时代的征程上……

6月28日，当《领航》磅礴恢弘的歌声在国家体育场响起，历时两年创意策划、数月排演的庆祝中国共产党成立100周年文艺演出大型情景史诗《伟大征程》完美收官。

序幕“启航”、尾声“领航”，“浴火前行”“风雨无阻”“激流勇进”“锦绣前程”4个篇章，《伟大征程》以大型情景史诗形式呈现，综合运用多种艺术手段，生动展现中国共产党百年来带领中国人民进行革命、建设、改革的壮美画卷，热情讴歌党的十八大以来，在以习近平同志为核心的党中央坚强领导下，中国特色社会主义进入新时代，昂首阔步迈向全面建设社会主义现代化国家的新征程。

一、展示中国共产党辉煌卓越百年奋斗史

“创作《伟大征程》的目的是向全世界宣告：中国共产党的百年伟业来自人民。中国共产党的根本宗旨和初心使命是为人民服务。”总导演陈维亚说，所有的节目遴选和编排，都以这样的创作主旨和展示中国共产党辉煌卓越百年奋斗史的主线进行。

“这个政党一定能指引中国走向光明，让中国人过上好日子……”戏剧与舞蹈《破晓》再现了近代以后，中华民族饱经磨难，无数仁人志士前赴后继寻找救国救民真理，直到1921年中国共产党诞生，中国革命的面貌焕然一新。第一篇章“浴火前行”，以情景舞蹈《起义 起义》、歌舞《土地》、戏剧与舞蹈《长征》、情景大合唱《怒吼吧 黄河》、合唱与舞蹈《向前 向前 向前》等节目，生动展现在大革命的烽烟中，在艰险的长征路上，在抗日战争、解放战争的沙场上，中国共产党团结带领中国人民浴血奋战、淬火成钢的伟大历程。

打破了一个旧世界的中国共产党人，能否建设一个新世界？第二篇章“风雨无阻”以舞蹈《开国大典》开篇，回顾热火朝天的社会主义革命和建设年代。在震耳欲聋的炮声中，情景合唱与舞蹈

《战旗美如画》呈现抗美援朝的激战场面，讴歌志愿军战士保家卫国的炽热情怀。在慷慨激昂的唱腔中，戏曲与舞蹈《激情岁月》生动描画王进喜、史来贺、雷锋、钱学森、焦裕禄等一批先锋模范的奋斗群像。

带领中国人民站起来的中国共产党，能不能带领人民富起来？党的十一届三中全会胜利召开，作出改革开放的历史性回答。在第三篇章“激流勇进”中，舞蹈《春潮澎湃》把春天的故事铺展在希望的田野，歌舞《特区畅想曲》跃动着特区“先行先试”的时代脉搏，情景合唱与舞蹈《回归时刻》欢庆香港、澳门回归祖国怀抱，诗朗诵与合唱《跨越》讴歌西气东输、西电东送、南水北调、北煤南运等重大国家工程。情景舞蹈《党旗在我心中》表现了在中国共产党领导下，全国人民勠力同心、众志成城，取得抗击“非典”、抗震救灾的伟大胜利。合唱与舞蹈《行进的火炬》让人们重温北京奥运会、上海世博会、神舟七号飞船发射等激动人心的历史场景。

第四篇章“锦绣前程”展开一幅新时代的壮阔图景，回顾了党的十八大以来，以习近平同志为核心的党中央统揽伟大斗争、伟大工程、伟大事业、伟大梦想，党和国家事业取得了历史性成就、发生了历史性变革。戏剧与歌舞《东方奇迹》讲述闽宁镇、十八洞村的脱贫攻坚故事，宣示中国共产党人引领中华民族实现全面小康的伟大胜利。情景交响歌舞《人民至上》再现新冠肺炎疫情发生后，一场举国动员、上下同心的全民战“疫”。情景歌舞《强军战歌》通过多军兵种一体化实战演习的纪实表演，展示了在习近平强军思想指引下，人民军队阔步前进的豪迈姿态。诗朗诵与合唱《强国力量》展现了在以习近平同志为核心的党中央坚强领导下，日益强大的中国力量。鼓乐歌舞《新的天地》，一面直径10米的巨型大鼓和100面大鼓在空中鼓舞，百名号手奏响号角，大气磅礴、焕然一新的画面，展示了新时代民族复兴的壮丽画卷，描绘从富起来到强起来的历史巨变，感召中华儿女自信前行。器乐、童声合唱与舞蹈《命运与共》彰显“构建人类命运共同体”在全球奏响的心灵和鸣。

“领航！伟大的中国共产党！”伴随着主题曲《领航》的旋律，高达16米的金色党徽庄严升起，光芒四射。歌声、掌声簇拥出10面巨型红旗，迎风招展。“无论多远，你都在我们身旁，信念永恒，初心不忘。人民就是江山，写就你使命担当……”灿烂的焰火又一次点亮夜空，将演出气氛推向高潮。

二、多种艺术手段勾勒磅礴历史进程

何为“伟大征程”？总撰稿朱海认为，首先，这一征程是100年来中华儿女在中国共产党领导下，团结一心、生死与共的奋斗过程；同时，这一征程中蕴含了丰富的典型人物、动人故事与伟大精神。“所以要用精彩的历史瞬间和磅礴的历史进程来进行勾画，要融入音乐、舞蹈、戏曲、影像、杂技，甚至很多现代艺术和传统艺术的组合。”

对于将这些艺术手段如何运用在这部情景史诗中，主创团队也有目标明确、细致入微的考虑。“在庆祝中国共产党成立100周年文艺演出的舞台上，我们希望尽可能多地展示文艺的载体和表现形式。最终，我们为《伟大征程》中展现的各个历史时期，选择了符合相应时代气息和特点的艺术手段。比如，我们首次以戏曲的形式表现社会主义建设的历程，获得了巨大反响；我们以街舞等艺术形式展示改革开放后的蓬勃生机，成功唤起了有过这段经历的观众的记忆。事实证明，我们这些尝试都获得了成功。”副总导演沈晨说。

对于演出最为重要的音乐创作，从创意阶段，音乐总监关峡就确定《伟大征程》要达到“交响化”音乐品质的目标。但这一目标也让创作难度提升了不止一个台阶。“以我个人的创作经验，但凡沾上‘交响’这两个字的作品，都要‘扒层皮’，因为那不是普通晚会‘配乐化’的写法，而几乎是创作的最高要求。”音乐组作曲杨帆说，虽然难度增加，但交响化创作通过各声部的交织融合所带来的听觉震撼，无疑是普通“晚会音乐”不能替代的。

音乐组作曲吉鹏举例，在歌曲《和合之美》的创作中，既有中国传统音乐《高山流水》的旋律，也有童声合唱的旋律和《欢乐颂》的影子，各种不同的主题动机合理而精致地镶嵌其中，让音乐呈现多彩而厚重之美。

三、将科技与艺术相结合勇敢创新

除了在传统舞台表现形式中“极力突围”，主创团队更通过各种手段，不断创新。

如何在国家体育场中这样一个类似广场的舞台上，展示强调细腻表演的戏剧片段，这是《伟大征程》导演组在创作之初就面临的一大难题。最终，导演组决定做一次将科技与艺术相结合的创新——多机位、多角度即时拍摄。

相对于空间有限的剧场舞台，在鸟巢的舞台上进行即时拍摄并同时投屏在舞台后方的大屏幕上，并不是件容易的事。“电视转播是将拍摄信号先送到转播车，然后就可以走进千家万户。《伟大征程》中的即时拍摄，我们要先将各个机位拍摄的信号传输到转播车，再返回到大屏幕上，这就需要通过技术解决其中的延时问题和画面质量问题。”副总导演田沁鑫介绍，“我们组成了一个攻坚克难小组，由中国移动公司提供技术支持，北京电影学院摄影系的学生与我们一起进行实操练习。终于，经过 8 天的不断测试、实验，解决了所有技术问题。”

最终，在《伟大征程》的舞台上，戏剧与舞蹈《破晓》《长征》、戏剧与歌舞《东方奇迹》等节目中，由于和伟、张桐、刘烨、黄渤、张嘉益等优秀演员倾情演绎的戏剧片段，通过大屏幕的即时呈现，让现场每一位观众都能清晰流畅地领略到他们每一帧细腻的表演。

四、党史学习教育的生动课堂无处不在

在如此重要的时间节点，打造一台如此意义非凡的演出，对于中国文艺界而言，如同一份“百年考卷”。“中国文艺界从来没有用过这么大的体量、这么大的空间、这么大的规模，来打造这样一个作品。”为了做好党史的梳理，朱海向许多党史专家“取经”，而最能让他厘清舞台脉络、抓住表达重点、突出核心要义的，仍然是习近平新时代中国特色社会主义思想，是习近平总书记一系列重要讲话精神。

正如朱海所言，作为展示中国共产党筚路蓝缕百年伟业的作品，《伟大征程》的创排过程，也成为所有演职员一次生动有力的党史学习历程。从主创团队多次赴上海、嘉兴等地采风，到演职人员聆听“百名红色讲解员讲百年党史”专场宣讲；从印发《文艺演出党史知识手册》等党史学习材料，到在创作每一个英雄人物时深

挖英雄背后的故事……党史学习教育的生动课堂无处不在。

在排演中感悟党史，被伟大精神和感人故事所鼓舞，也让不少演职人员发自内心地向党组织靠拢。据不完全统计，截至6月30日，已有787名演职人员向党组织递交了入党申请书。700多份入党申请书，是700多位日夜奋战的文艺工作者铿锵有力的誓言。他们来自全国各个省区市、各个单位，既有“国家队”，也有“地方团”，还有“学生兵”，他们在用歌声、用舞姿向亲爱的母亲献礼的同时，还用朴实的文字和坚定的行动，表达着永远跟党走的决心。

对于文艺工作者而言，作品被观众接受与喜爱无疑是最大的认可和鼓励。6月28日，当鸟巢上空烟花盛放，万人在《领航》激昂的旋律中欢呼呐喊，那一刻，所有主创都早已心绪澎湃。“我们做到了，给党、给人民、给时代交上了一份满意的答卷！”

（原载《中国文化报》2021年7月2日）

《伟大征程》：是献礼，是洗礼，也是初心之旅

《中国文化报》 刘　森 / 统筹

《中国文化报》 刘海红　刘　森　于　帆 / 采写

庆祝中国共产党成立100周年文艺演出《伟大征程》以大型情景史诗形式，浓墨重彩展现中国共产党百年来走过的光辉历程，振奋精神、激发斗志，在广大观众中激起强烈反响，在社会各界引发巨大共鸣。两个多小时的精彩演出，背后凝聚的是近8000名演员的倾情奉献和主创团队近两年的辛苦付出。新时代文艺工作者们希望以自己的艺术创造，通过《伟大征程》这场华章，向党的百年华诞献礼。

一、黄豆豆：人生中最重要的演出任务

参与节目：情景合唱与舞蹈《战旗美如画》

接到出演通知的时候，我虽然不知道我表演的是哪个节目、哪个角色，但我觉得这是我人生中最重要的演出任务。

这次表演过程不同于以往的舞蹈演出，因为它是一个综合性表演，前面一部分是戏剧，然后才进入舞蹈，过程中还用到很多特技，包括吊威亚。吊威亚时，从爬坡的角度到配合音乐节奏都是经过严谨计算的，如何用脚蹬住、在几秒内把不一样的扣系在自己的腰上等，要完成这些动作对于我挑战非常大，任何一个环节有差错都会影响整场演出的效果，所以我特别珍惜排练机会，要求自己进行高强度锻炼。同时我还要注意休息，让两条腿保持在一个比较松弛的状态下，只有这样，我才能在跳完了 3 分钟的舞蹈以后，再吊着威亚在 9 米多高的地方用一条腿撑在运动墙上坚持 1 分 50 秒。

节目还需要吹口琴，但是我不会。所以导演田沁鑫一对一给我指导了戏剧部分，总导演陈维亚一对一指导我吹口琴，从口型到手型，细致入微地教会了我。我觉得导演组非常细致且亲力亲为，每一个创意设计都要做到最好。所以这期间我也学会了作为一个文艺工作者应该用怎样的工作态度和纪律去完成创作。《战旗美如画》1000 多名演职人员，以最饱满的热情和严谨的态度完整呈现了作品。

我不仅是一名文艺工作者，我还是一名党员，献礼党的百年华诞是我的无上光荣，希望我塑造的王成能让更多人认识到中国人民的英勇无畏。

二、张剑：我们用芭蕾呈现的何止是“希望”

参与节目：情景交响歌舞《人民至上》

在大众印象里，芭蕾舞表现的都是王子与公主，而且多是在剧场里呈现，但这次参加庆祝中国共产党成立 100 周年文艺演出，从表现题材、演出场地到演出环境，一方面为我们带来挑战，另一方面也成为我们突破自我的一次绝佳机会。我们需要以芭蕾舞的形式讲述“抗疫”主题，希望通过舞蹈，来歌颂这场战役中无私奉献的白衣天使、志愿者等逆流而上的人民英雄，表达出在经历了凤凰涅槃之后，人们对未来生活的希望和期许，彰显我们党“人民至上”的价值追求。

节目全长 4 分 30 秒，对芭蕾舞来说，时间很长。参与演出的演员多达 180 人，其中中央芭蕾舞团演员有近 30 人。由于演出不在剧院而是露天场地，为演出带来了很大的难度。所有舞蹈演员不仅要在烈日之下不断排练，还要穿着脚尖鞋，在具有升降台的舞台上进行芭蕾舞演出。要知道，舞台转台中间都会有缝隙，随时可能卡到演员的脚尖。尤其是我们演出的舞台中央，脚下还有一个巨大的屏幕，对舞蹈演员来说，这块场地非常滑，想要立住脚尖并不容易。但是我们也提醒自己，在这样一个重大而又特殊的演出时间节点，必须克服所有的困难，圆满完成演出任务。

在中央芭蕾舞团工作25年，还从来没有接到过需要这样夜以继日排练的演出任务。半夜两三点，我们的演员还在跳舞。即使面对着各种各样的困难，我们的演员也都以激情和自豪感来呈现自己的最佳状态，我想，这就是我们每位表演者为党庆生的最佳方式。

三、孙楠:《我和你》的初心之旅

参与节目：合唱与舞蹈《行进的火炬》

我觉得参加这次活动并不只是演唱了一首歌曲，更是一次初心之旅。《我和你》是北京奥运会的主题歌，在庆祝中国共产党成立100周年文艺演出中再唱这首歌，我的心情很激动，时隔十几年站在这个舞台演唱这首歌，它代表的意义非常重大，带领全国人民回到了2008年的奥运盛况。我对鸟巢这个场地也非常熟悉，2008年奥运会开、闭幕式我都在现场。随着歌曲《我和你》被越来越多的人熟知，当孩子会唱，孩子的孩子也会唱时，它代表的就是祖国的强盛。

2008年奥运会是非常成功的一次奥运盛会，向世界展示了全新的中国，当时每一个中国人都十分骄傲，而《我和你》也已经成为经典，而今，这种经典中透着更多自信。

晚会经过精心策划排演，每一个节目都是精品，回顾了历史、展示了现状，我们在排练过程中都看得心潮澎湃，相信观众会有更深的体会。节目的最后，所有演员集体亮相，合唱了《领航》和《没有共产党就没有新中国》，这就像是站在新的历史起点，提醒人们不忘初心。

很幸运，我参演了庆祝中华人民共和国成立70周年文艺晚会《奋斗吧中华儿女》和庆祝中国共产党成立100周年文艺演出《伟大征程》，对我个人来说，是非常难得的经历和美好的回忆。

四、蔡国庆：把自己当成舞台上的螺丝钉

参与节目：情景歌舞《强军战歌》

我入党的时候在军营。参与这次庆祝中国共产党成立100周年文艺演出让我深刻感受到，28年党龄是我人生中最骄傲的时期。“60后”是吃过苦的一代人，所以在建党百年的特殊时刻，我感触很深，我把这次活动看成文艺工作者的镜子，从中看到自己是否做到了不忘初心，同时，也把这台晚会看成对文艺工作者的检阅，从中接受精神上的洗礼。

我是在党的教育下成长起来的，所以在这一台晚会上，我把自己看成一颗螺丝钉，把我放在哪儿，我就在哪儿发光发热。我不仅要做好一名文艺工作者，更要做一个合格的党员，牺牲小我成就大我是党员应有的精神，也是需要不断传承的品质，更是艺术境界，所以不管让几个人一起合唱，不管排练多久，我都毫无怨言，不管唱两分钟还是两秒钟，我都满怀着激情、自豪。

《强军战歌》诞生在军营，作为中央军委政治工作部歌舞团的一员，我无数次在军队演唱，对这首歌有着深厚的情感，认为这是属于军人的歌。《强军战歌》让观众看到了中国是一个强盛的国家，中国站起来了，永远不会再被欺负了，这 7 分钟的画面彻底激发了大家的爱国情感和热情，非常震撼。穿着军装站在鸟巢的舞台上，我觉得这首歌是代表战士向全国人民传递的强军之声，所以在这个舞台上，我内心涌出从未有过的豪迈和自信，这种自信是文化自信，更是作为一个有底气的中国人的自信。

五、毋攀：德艺双馨的艺术家都是学习的榜样

参与节目：情景合唱与舞蹈《回归时刻》

我在情景合唱与舞蹈《回归时刻》中演唱歌曲《今夜无眠》。虽然原来也进过鸟巢，但第一次进场参加排练时，我还是被震撼

了——演员们像在前线一样在巨大的舞台上急速奔跑，这场演出就像是一场战斗。

作为一名“80后”文艺工作者，能够参与《伟大征程》的演出既是一份无上的光荣，也是一次难得的学习机会。

6月25日，因为突然的降雨，演出暂停了近20分钟。到最后一个节目《领航》时，导演组对我们说：“现在下着小雨，大家辛苦一下！上舞台时小心一点。”我们小心翼翼走上舞台，谁知道，刚刚站上舞台，小雨就变成了中雨。在雨中，殷秀梅、魏松等老师丝毫没有受到影响，依然动情地演唱着。看着他们被淋湿的头发和衣裙，我很受感动。这些德艺双馨的艺术家都是我学习的榜样。

我在候场时通过监视器看完整场演出。看到第一篇章中表现湘江战役的段落时，也勾起了我的一段记忆。我曾在江苏省演艺集团出品的原创歌剧《周恩来》中扮演周总理。在这部作品中，也有一段关于湘江战役的描写。

湘江战役是中央红军突围以来最惨烈的一仗。红军虽然突破了第四道封锁线，但付出了巨大的代价。渡过湘江后，中央红军人数已由出发时的8.6万余人锐减到3万余人。而湘江战役之后召开的遵义会议中，确立了毛泽东在党和红军中的领导地位，也标志着中国革命翻开崭新的一页。

在创作周恩来这个角色时，我翻阅了大量资料，反复观看历史纪录片，我深感这些革命先辈的不易和中国共产党人的伟大。看过《伟大征程》中关于湘江战役的这段演绎，也不禁让我想到了这段创作过程。

（原载《中国文化报》2021 年 7 月 8 日）

《伟大征程》上，他们写下入党申请书

《中国文化报》 瞿祥涛

2021年，伟大的中国共产党迎来100岁生日，在为党庆祝欢呼的同时，我怀着万分激动的心情，写下这份入党申请书。我想在这个伟大又难忘的时刻，记录下我和党紧密联系在一起的时光……

这份由武汉音乐学院舞蹈系舞蹈表演专业学生丁泽开手写的入党申请书，字字含情，句句走心。“之所以产生入党的冲动，源于参演庆祝中国共产党成立100周年文艺演出《伟大征程》。”7月9日，回忆起那个最难忘的瞬间，丁泽开红了眼眶。

7月1日晚，《伟大征程》在中央电视台播出，以大型情景史诗形式呈现，共分为“浴火前行”“风雨无阻”“激流勇进”“锦绣前程”四个篇章，综合运用多种艺术手段，生动展现中国共产党百年来带领中国人民进行革命、建设、改革的壮美画卷。湖北省选派的100名舞蹈演员重点参加了序章“破晓”、第三篇章“激流勇进”中《党旗在我心中》《行进的火炬》及尾声“领航”等节目演出。

根据文艺演出调度安排，4月9日，湖北省文化和旅游厅组织武汉音乐学院、江汉大学、湖北艺术职业学院、武汉市艺术学校共100名学生作为舞蹈演员进京参加排演工作。83天的时间里，他们跟随参演大部队进行军事化管理，每天排练11个小时。6月初进入国家体育场“鸟巢”实地排练后，回到驻扎地往往是凌晨两三点，而且排练都在露天，带队老师笑称孩子们都被晒成了炭。

最终，湖北团队以饱满的政治热情、严谨的舞台作风和精彩的艺术呈现，圆满完成了演出任务。

“6月25日第二次预演，在演出情景舞蹈《党旗在我心中》时，突降大雨，风大到快把挡风帘掀翻。尽管舞台湿滑、视线被遮挡，但我们顶着暴雨咬牙坚持。现场3万名观众也深受感染，全场沸腾起来，发自肺腑地喊出那声‘中国加油’。”直到现在，丁泽开仍对演出时的场景记忆犹新。

丁泽开说：“演出时，我把自己融入角色，觉得自己就是一名战士，心中涌现对国家、对党的无限情感。演出结束后，我写下了入党申请书。”

参与《伟大征程》的演出，也是一次生动的党史学习教育。据了解，排演期间，湖北参演的100名舞蹈演员中，共有55名学生递交了入党申请书。

武汉市艺术学校学生谢茂说："排练空余的时候，会安排我们学习党史。结合演出的节目，让我们更加了解中国共产党的光辉历史和优良传统——这是一个为人民谋幸福的先进组织。通过这次演出，我想加入中国共产党，成为党的一分子！"同样来自武汉市艺术学校的学生邓勇，于排演期间的6月12日迎来了18岁生日，4天后的6月16日凌晨4时，他写下入党申请书，作为自己的成人礼。

来自湖北艺术职业学院舞蹈表演专业的学生陈天赐，也在北京排演期间写下了入党申请书。"这次演出任务，对我们年青一代来说，是一次很好的精神洗礼，让我们对党有了更深刻的认识。习近平总书记寄语青年人不负时代，不负韶华，不负党和人民的殷切期望，我会努力去做。"陈天赐说，自己的理想是成为一名舞蹈老师，为国家培养更多优秀的舞蹈人才。

7月1日上午，湖北参演人员在驻地收看了习近平总书记"七一"重要讲话，当听到习近平总书记说"江山就是人民、人民就是江山，打江山、守江山，守的是人民的心"时，江汉大学音乐学院舞蹈表演专业学生陈先杰特别激动："我一下就联想到我们在舞蹈中饰演的解放军战士，他们在抗震救灾中义无反顾、一往无前，让我觉得祖国和中国共产党特别伟大，所以我写下了入党申请书。”

“即使这次没有通过党组织的考察，我也要以共产党员的标准严格要求自己。今后无论是学习还是走上工作岗位，都要肩负起新时代青年的责任，为党和国家贡献自己的力量。”陈先杰坚定地说。

（原载《中国文化报》2021 年 7 月 15 日）

数据揭秘《伟大征程》打造的文艺演出经典“样本”

《中国文化报》 张 婧

7月1日，在国家体育场“鸟巢”举行的庆祝中国共产党成立100周年文艺演出《伟大征程》在CCTV-1等多家电视平台及央视频等多家互联网平台同步播出，震撼了无数观众的心，引起了强烈社会反响。7月1日下午，文化和旅游部党组扩大会议中提出“虽然文艺演出《伟大征程》取得圆满成功，但仍要精心做好后续工作，发挥更大作用”的要求。

近日，中国艺术科技研究所联合中国传媒大学媒体融合与传播国家重点实验室，发布了《庆祝中国共产党成立100周年文艺演出〈伟大征程〉观众反馈大数据分析报告》（简称《报告》）。《报告》针对此次演出，在主要媒体、互联网平台开展了观众反馈方面的数据收集、整理与分析工作，从艺术创作的角度，统计归纳了本次大型文艺演出中面向观众反馈的热点和亮点，为今后类似文艺作品创作提出针对性建议。

一、演出引起强烈社会反响——“伟大”“百年”等成高频评论词汇

《报告》共统计了5家媒体（平台），相关节目及新闻报道在央视总台平台的跨媒体总触达人次为10.69亿，直播及相关报道观众触达人次为6.76亿。在新浪微博主流社交媒体平台引发相关话题累计阅读量为79.3亿次，讨论量为343.7万次，相关内容在国内新媒体端总阅读浏览量为3.93亿次。演出播出当晚，CCTV-1全时段直播关注度为4.857%，实时收视率最高达到5.2%，市场占有率高达30.4413%，电视直播排名第一。省级卫视中，江苏卫视收视率为1.287%，收视排名第一位；文艺演出直播内容在央视新闻客户端、央视频、央视网多终端、云听客户端总播放量为1.04亿次，全网热度排名第一位。

《报告》主要采集了新浪微博的节目讨论数据，视频网站数据包含爱奇艺、腾讯、优酷影视平台的观看及评论数据，以及哔哩哔哩平台的观看、评论、弹幕数据。网友讨论关键词中，排名靠前的均为“党”“伟大”“祖国”“百年”“祝福”等与演出主题紧密贴合的词汇。

《报告》同时也指出，从词频排布的词云图中不难发现，具体

涉及艺术创作层面的词汇及情感类词汇均让位于主题类词汇，说明本次演出的主题宣传效果明显，作品紧紧围绕鲜明的创作主题进行展现时，散点分布的晚会式文艺作品也能起到不断强化主题、传递主题信息并引发共鸣的效果。

中国艺术科技研究所数字艺术部主任、演艺装备系统技术文化和旅游部重点实验室副主任张宜春表示：

> 《伟大征程》是全国文艺界践行习近平总书记关于文艺创作系列讲话精神的成功实践，是新时代里程碑式的文艺作品，是迈向新时代的开山力作，在社会上引发了强烈反响，展现了当代中国文艺工作者的创作能力，也是一次成功的党史学习经历。它深入人心、震撼人心，打动无数观众，获得一致好评。

二、积极吸纳、回应文化热点——加强创作者与观众的有效互动

通过数据分析，《报告》较为客观地获知了广大观众对本次大型演出的真实态度，并梳理捕捉观众对艺术创作中的具体形式、内容的好感度，提炼出本次演出创作的有益经验。

一是大型演艺装备对艺术呈现的总体效果提升明显。超大型公

共空间演出的实践，开拓了全新体量文艺演出的探索之路；而大型演艺装备的成熟运用，也证明了其对艺术效果的巨大提升作用。从数据反馈来看，广大观众对特殊的演出场地（“鸟巢”）、超体量尺寸的演艺先进装备（170余米超宽大屏幕、可倾斜大屏幕、高清投影）、大规模的特种装备实践（威亚、特种兵索降、悬空鼓阵）等具有突破性的空间感营造元素印象深刻。

究其原因，随着户外大型演艺装备技术的成熟，让艺术创作中“营造奇观”的诉求有了更多的表达手段，从而使得艺术创作质感有了飞跃式提升。随之而来的课题，是艺术创作者需要更快地探索这类大尺度演艺装备的应用，从而全面提升艺术内涵，带给观众更多的震撼与惊喜。

二是文化热点与文化记忆的有效连接形成情感共鸣。本次演出中，大量优秀经典革命文艺作品的再创作，引起了很多观众的共鸣。而尤其值得强调的是，新的优秀主旋律作品元素的加入，引发观众热议，如《觉醒年代》《山海情》等年度热门影视作品的演员及情节的融入，都成为广大观众的共鸣点。

在本次演出的宣传中，优秀的艺术作品节点式传播引发的集群效应得到体现，也从侧面证明了优秀文艺作品对党建、党史教育工作的促进。而在今后的文艺创作中，适时地捕捉文化热点，积极吸纳和回应社会文化热点，是创作者与广大观众互动的有效方式。

三是持续的话题性宣传推广策略促进文艺作品深入人心。围绕着 7 月 1 日面向公众播出的特殊时间节点前后，主流媒体利用观众平台引导话题传播，使本次大型演出产生了如“涟漪效应”般的互联网持续热度。无论是根据具体演出内容的深入解读，还是“幕后解密”式的信息重现，7 月 1 日前后的数日之内，以微博为代表的互联网观众平台每天都有围绕着本次演出的话题出现，让一次性播放的文艺活动有了反复观看、多次探讨的观众空间，形成了特殊的持续观众场。

在文艺作品的创作之外，科学、创新的互联网宣传营销策略，也是保证优秀作品更好传播的重要法宝。在今后的演出实践中，应推广并加强这一宣传策略的使用。

张宜春认为，《报告》就“庆祝中国共产党成立 100 周年文艺演出《伟大征程》”开展的数据搜集与分析统计工作，是社会计算应用于艺术生产的一次新尝试。社会计算作为人文社科的前沿研究领域，正积极拓展其在传统艺术领域的发展。在可预见的未来，采用大数据、计算数据等科技手段参与艺术创作生产评论，有着巨大的发展空间，开阔了艺术学科视野，为艺术创作和艺术评论开拓了新领域，从而推动艺术的大繁荣大发展。

（原载《中国文化报》2021 年 7 月 15 日）

致敬经典　重温历史

——庆祝中国共产党成立100周年大型情景史诗《伟大征程》侧记

中国艺术研究院　廖燕飞

1949年9月底，为庆祝中国人民政治协商会议召开和共和国诞生而创作的《人民胜利万岁》，首开以大型歌舞书写中国共产党奋斗历程的先河。1964年创作的《东方红》以其耀眼的艺术光芒成为首部被正式命名为“音乐舞蹈史诗”的经典之作。6月28日在国家体育场首演的《伟大征程》是继《东方红》《中国革命之歌》《复兴之路》等文艺作品之后，对中国共产党伟大征程又一笔浓墨重彩的书写。

《伟大征程》分为“浴火前行”“风雨无阻”“激流勇进”“锦绣前程”四个篇章。全篇以主舞台的情景歌舞为主，以两侧旋转舞台的戏剧表演为辅，以大屏幕的视频为串联方式，以LED画面技术营造的多维立体效果为背景，艺术地再现了中国共产党带领中国人民推动我国革命、建设、改革事业不断从胜利走向胜利的历程，充分表达了全党全国各族人民深入贯彻习近平新时代中国特色社会主义思想，迈向全面建设社会主义现代化国家新征程的坚定信念。

史诗性的文艺演出历来采用特定历史时期中具有代表性的、广为流传的音乐和舞蹈。这些历史的经典像命题作文一般考验着编创人员的创造力。《伟大征程》的主创团队根据观众观演视角的转变，即由舞台下仰视作品转变为从体育场看台俯视作品而缩减个人舞段，强调大型构图，重视舞蹈与道具和视频内容的配合，以简洁、紧凑且情景交融的形式带领观众重温经典舞段。情景舞蹈《起义 起义》中，演员们手持火把如同黑夜中的点点星火，在时聚时散的快速跑动中汇成火焰般夺目的五角星图形。该舞蹈以新的动作、队形、构图营造出星星之火可以燎原的意象，令人回忆起《东方红》中《秋收起义歌》的舞蹈片段，同时也令观众忆及中国共产党人在面对血腥屠杀时不屈的意志和坚韧的努力。歌舞《土地》用黄色的草帽呈现出《葵花向太阳》中的花瓣构图，舞蹈《开国大典》凝练地复现了《人民胜利万岁》《东方红》中豪迈粗犷的安塞腰鼓和《东方红》中欢快激昂的《红绸舞》。

经典影像片段的再现也唤起人们重返那些激情燃烧的岁月。如情景合唱舞蹈《战旗美如画》重现了《英雄儿女》中震撼几代中国观众的经典片段。在舞美营造的连天烽火和滚滚硝烟中，舞台中央缓缓竖起一面放映着连绵山峰的LED屏幕，志愿军前仆后继地冲上“山坡”，又在战火中纷纷跌落。当屏幕完全直立时，屏幕上方只留下一位演员振臂高呼：“向我开炮！向我开炮！”霎时间，枪炮声响起，舞台上“炮弹”齐发划过天际。在“为什么战旗美如画，英雄的鲜血染红了它”的歌声中，观众们为志愿军保家卫国的炙热情怀而眼含热泪。

《伟大征程》的演出现场亦唱响起《黄河大合唱》《在希望的田野上》《春天的故事》等民众耳熟能详的音乐作品。通过当代的处理，这些历史沉淀下的艺术精品既表现出时代的特征，又贴合演出的情感逻辑，使观众从优美或激昂的旋律中体会中国共产党的百年历史。

《东方红》述说了从中国共产党成立到新中国成立的历史，《伟大征程》则将更为厚重的笔墨用于新中国成立后的建设、改革、发展之路。因此，我们不仅看到了中国共产党人在民族危难关头的觉醒与抗争；看到了王进喜、雷锋、钱学森、焦裕禄等先锋模范的奋斗群像；看到了《春潮澎湃》用舞蹈把春天的故事铺展在希望的田野上；看到了《行进的火炬》中，重现点亮奥运火炬、召开上海世博会、发射神舟七号飞船等激动人心的历史场景；看到了党的十八大以来在脱贫攻坚、抗击新冠肺炎疫情等方面所取得的历史性成就，还看到了《命运与共》中，分别身着黄、白、蓝、绿、红五色彩裙的舞者配合着大屏幕中黄色的金字塔、白色的阿尔卑斯山、绿色的亚马孙雨林等图像舞动，用舞蹈彰显出我国“构建人类命运共同体”，走和平发展道路的企盼。我们更是透过历史的烟尘清晰地看到了中国共产党人的身姿和面容。由此《伟大征程》不仅完成了对近代史实的书写，更彰显出中国共产党人为祖国和人民浴血奋战、淬火成钢、开拓进取、甘于奉献的崇高品质。该作品也以其深厚广博的历史内涵和崇高庄严的艺术风格，呈现出鲜明的史诗品格。

《伟大征程》是对中国共产党百年征程的全景反映，是对争取民族独立、探索救国真理和实践强国之路的记录，是对党和国家事业取得历史性成就的精心展现。这些都已铭刻和沉淀在引人入胜的舞蹈、感心动耳的音乐、形神兼备的戏剧、声情并茂的吟诵中，令观众仿佛穿越历史的时空，在澎湃的激情中感受着中国共产党所走过的百年光辉历程。

（原载“光明网”2021 年 7 月 1 日）

庆祝中国共产党成立100周年

The 100th Anniversary of the Founding of
The Communist Party of China

庆祝中国共产党成立100周年文艺演出

伟大征程

大型情景史诗

2021年6月28日

北京·国家体育场

庆祝中国共产党成立100周年
The 100th Anniversary of the Founding of The Communist Party of China

盛典仪式

作曲编配：杨一博

编　　导：张　湄　郑亚鑫　刘晓峰　肖丽娟　宋欣禹
哈日呼　薛　亮　孙萌竹　李姗姗　殷　鹏
厉　赟　于　萌　马传革

歌曲《跟着共产党走》

作　　词：沙　虹

作　　曲：久　鸣

庆祝中国共产党成立100周年
The 100th Anniversary of the Founding of
The Communist Party of China

启　航

节目一
戏剧与舞蹈《破晓》

作曲编配：杨一博

编　　导：张　湄　杨夕鹏　曾思陶　赵　桐　欧阳丹
徐小朗　李　鹏　王　雨　李俊彤　张　荣

戏剧导演：刘晓翠　李　任

戏剧表演：于和伟　张　桐　刘　烨
白　宇　宋　轶　杨　洋
李　现　杨　紫

歌曲《国际歌》

作　　词：欧仁·鲍狄埃（法）

作　　曲：皮埃尔·狄盖特（法）

庆祝中国共产党成立100周年

The 100th Anniversary of the Founding of
The Communist Party of China

第一篇章

浴火前行

节目二

情景舞蹈《起义 起义》

作曲编配：赵 博

编 导：裴 云 张雅琦 卢池源 宁 静 庄 星
林茂军 李 巍 郭馨浓 孙 磊

领 舞：汪子涵 陈礼享 陈嘉佳 史耿语

湖南民歌《秋收起义歌》

编 词：张士燮

编 曲：陈 杰

节目三

歌舞《土地》

作曲编配：刘 琦

编 导：靳苗苗 王 铎 袁 佳 王 聪 高 岩
陈 政 滕 越 曾 桢 苗良栋 牛嗣萱
郭勇滨 王 兵

领 舞：山 翀 德 隆 乔靖宇 刘 勇 刘 舒
王 聪 王亚辉 陈 硕

江西民歌《苏区干部好作风》

编 词：陈良运 熊永立

编 曲：贺大行

演 唱：王泽南 刘和刚 吕 薇 陈笠笠

鄂豫皖革命民歌《八月桂花遍地开》

编　　曲：李焕之

编　　词：张士燮

演　　唱：伊泓远　徐晶晶　蒋　宁　金婷婷　曲　丹
李　晖　刘　桐　尉金莹　柏　文　严哃哃
杨西音子　毛一涵

赣南民歌《十送红军》旋律（节选）

编　　词：张士燮

编　　曲：朱正本

节目四
戏剧与舞蹈《长征》

作曲编配：具本哲

编　　导：周莉亚　韩　真　邢春明　陈亚楠　乔　耸
邹增男　薛　亮　李　领

戏剧导演：谢　可　汪　玥　查文浩

戏剧表演：王　晖　于　洋　李乃文　薛　磊　杨君军
于　仔　夏　天　吴哲萱　林　浩　刘　锐

歌曲《红军战士想念毛泽东》旋律（节选）

作　　曲：时乐濛　彦　克

歌曲《遵义会议放光辉》（节选）

作　　词：肖　华

作　　曲：晨　耕　生　茂　唐　诃　遇　秋

红军歌曲《会师歌》（节选）

填　　词：陆定一

节目五

情景大合唱《怒吼吧 黄河》

音乐编配：孟卫东

编　　导：朴美花　李琳梓　李子燕　华　措　马艺轩
樊一丁　孙　晗　孙袖航　林晟昱　郝任力
张荒辉　张诗宇　陶孙俊男

歌曲《保卫黄河》

作　　词：光未然

作　　曲：冼星海

演　　唱：佟铁鑫　高　鹏　王　晨　洪之光　王一凤
李　扬　董　芳　贾贝利　李思琦　陈　淼
成　龙（中国香港）　刘乃奇（中国澳门）
张韶涵（中国台湾）　盛　梅（中国澳门）

领　　舞：黄　涛　邓钧泽　李晨强　李　迎

节目六

合唱与舞蹈《向前 向前 向前》

作曲编配：胡　焜　王　江

编　　导：胡　辛　李金鹏　张小夏　武　丹　库旭冉
居　杰　黄珍贵　鲁　茉　丁　心

戏剧导演：刘晓翠　汪　玥

戏剧表演：胡　歌　海　清　秦　天

领　　舞：殷　硕　周格特力加　刘一达　符卓嵬

歌曲《中国人民解放军军歌》

作　　词：公　木

作　　曲：郑律成

交响乐《激情燃烧的岁月》旋律（节选）

作　　曲：关　峡

庆祝中国共产党成立100周年
The 100th Anniversary of the Founding of
The Communist Party of China

第二篇章

风雨无阻

节目七

舞蹈《开国大典》

作曲编配：卞留念

编　　导：塔尼娜　岳晓东　曹闰茗　赵春雨　富晓萌
魏晓泽　孙汝雪　薛　浩　毛尔南

领　　舞：才　君　胡　娜

交响乐《红旗颂》旋律（节选）

作　　曲：吕其明

节目八

情景合唱与舞蹈《战旗美如画》

作曲编配：李凤仙

编　　导：沈　晨　马　涛　李珊珊　高　明　张东山
黄春翰彬　库少辉　袁　浩　高菲菲　刘　博
裴梓行　陈春海　刘一达　李经进　符卓嵬
邹寒冰　郭斯曼　庄然然　钱茗轩

戏剧导演：李　任　刘晓翠

戏剧表演：张艺兴　吴　樾

领　　舞：黄豆豆　孙晓娟　朱　晗　赵　磊
裴梓行　陈春海　李经进　邹寒冰

歌曲《我的祖国》旋律（节选）

作　　词：乔　羽

作　　曲：刘　炽

歌曲《中国人民志愿军战歌》旋律（节选）

作　　词：麻扶摇

作　　曲：周巍峙

歌曲《英雄赞歌》

作　　词：公　木

作　　曲：刘　炽

演　　唱：谭维维　李宇春　韩　雪　郁可唯

节目九
戏曲与舞蹈《激情岁月》

填　　词：冯　俐　池　浚

作曲编配：许　多　赵石军

编　　导：张　霖　刘　芳　张　黎　李　杰　张　阳
徐孟珂　靳智棋　彭晓亮　李丽宏　李　馨
魏　丹　张泳然　薛佳慧　杨楚轩　黄文琛
李笑宇　何心蕊　马璐瑶　陆　畅　楚思言

戏剧导演：谢　可　李建鹏

戏曲演唱：赵葆秀　孟广禄　张建国　杨　赤　李　军
史依弘　董圆圆　安　平　翟　墨　杜　喆
毕小洋　郭　霄　付　佳　白　金

戏剧表演：吴　刚　刘　威　欧　豪　李易峰　郭晓冬

歌曲《咱们工人有力量》旋律（节选）

作　　词：马　可

作　　曲：马　可

歌曲《祖国颂》旋律（节选）

作　　词：乔　羽

作　　曲：刘　炽

庆祝中国共产党成立100周年
The 100th Anniversary of the Founding of
The Communist Party of China

第三篇章

激流勇进

节目十

舞蹈《春潮澎湃》

作曲编配：王华谙

编　　导：谢　风　王　琛　兰明明　韩　旭　李文皓
宋　琦　苏　鹏　国恒硕　曹晨霄　王　涛
赵可欣　陈　彬

歌曲《在希望的田野上》

作　　词：晓　光

作　　曲：施光南

节目十一

歌舞《特区畅想曲》

作曲编配：吉　鹏

编　　导：李晟加　孙小茗　常娉娉　马乐乐　聂　伟
罗嘉威　何圳楠　林清景　羊王颖　杨　超
罗子涵　马　奕　王　坤　冯梦琳　齐承志
夏　锐　董建勇　池　浚　许　锐

歌曲《青春啊青春》

作　　词：凯　传

作　　曲：王　酩

演　　唱：阿云嘎　郑云龙　王　凯　许魏洲

歌曲《假如你要认识我》

作　　词：汤昭智

作　　曲：施光南

演　　唱：吉克隽逸　金　池　徐　彬　尚雯婕　李斯丹妮

歌曲《与我同行》

作　　词：王晓岭

作　　曲：季　承　晓　藕

演　　唱：王一博　王俊凯　王　源

歌曲《走四方》

作　　词：李海鹰

作　　曲：李海鹰

领　　唱：韩　磊

歌曲《春天的故事》

作　　词：叶旭全　蒋开儒

作　　曲：王佑贵

节目十二
情景合唱与舞蹈《回归时刻》

作曲编配：胡　尧

编　　导：周　胜　吴　琼　李　丹　王　政　秦姣姣

陶　冶　徐歆雨　周文才　朱　鹏　王　婷

歌曲《我的中国心》

作　　词：黄　霑

作　　曲：王福龄

歌曲《今夜无眠》

作　　词：朱　海

作　　曲：孟卫东

演　　唱：王传越　阮余群　毋　攀　王　莉　宋元明
　　　　　蔡程昱

节目十三

诗朗诵与合唱《跨越》

作　　者：白皓天　池　浚

作曲编配：黄凯然

编　　导：周　胜　秦姣姣　陶　冶　周文才　徐歆雨
　　　　　吴　琼　李　丹　朱　鹏　王　政　王　婷

戏剧导演：白皓天

朗　　诵：靳　东　朱亚文　李光洁　张　翰
　　　　　刘　涛　宋　佳　高圆圆　刘晶晶

歌曲《走进新时代》

作　　词：蒋开儒

作　　曲：印　青

节目十四

情景舞蹈《党旗在我心中》

作曲编配：方　鸣

编　　导：黄琳涵　王　峥　耿　军　王碧红　齐　汉
　　　　　曹晨霄　花　鸣　李忠明　纪怡昕　李健新

何丽娜　魏　巍　朱　鹏　兰明明　曾　瑜
洪　林

领　　舞：苏　鹏　秦　朗

歌曲《我们和党旗在一起》

作　　词：敬　川

作　　曲：方　鸣

节目十五

合唱与舞蹈《行进的火炬》

作曲编配：刘　晔

编　　导：耿　军　李忠明　何丽娜　魏　巍　花　鸣
纪怡昕　李健新　洪　林　王　峥　齐　汉
曾　瑜　黄琳涵　王碧红

编　　曲：郑乃千　刘　琦

歌曲《我和你》

作　　词：陈其钢

作　　曲：陈其钢

演　　唱：韩　红　孙　楠

歌曲《江山》

作　　词：晓　光

作　　曲：印　青

庆祝中国共产党成立100周年
The 100th Anniversary of the Founding of The Communist Party of China

第四篇章

锦绣前程

节目十六

戏剧与歌舞《东方奇迹》

作曲编配：吉　鹏　　刘　晔

编　　导：姜铁红　　唐　烨　　铁木尔　　黄天星　　刘　志
　　　　　周格特力加　　马　彪　　李　青　　魏　巍　　宋治姗
　　　　　边　华　　吴　蕾　　白冰弘正　　朱雨茹　　熊艺涛

戏剧导演：白皓天　　谢　可

歌曲《小康之歌》

作　　词：闻　君　　春　雨

作　　曲：明家歆

演　　唱：张　也　　吕继宏　　李丹阳　　黄训国　　周　旋
　　　　　杜朋朋　　肉孜·阿木提　　索朗旺姆　　王二妮
　　　　　王　弦　　褚海辰　　乌兰图雅　　马小明　　次仁拉姆
　　　　　金美儿　　黄诗琴
　　　　　伊丽媛　　周　深　　王　琪　　黄　龄

戏剧表演：黄　渤　　张嘉益　　黄　轩　　闫　妮　　温玉娟
　　　　　宋　茜　　王　雷　　范志博　　许文广　　刘诗诗
　　　　　张奕聪　　苏　青　　张定涵　　褚栓忠　　杨　斯

歌曲《唱支山歌给党听》

作　　词：焦　萍

作　　曲：践　耳

领　　唱：雷　佳

童声领唱与齐唱：吉合拉作　　俄地惹汉　　洛比吉乌
　　　　　　　　马杰英　　额其日歌　　吉朵史拉
　　　　　　　　吉子医生　　地日医生

节目十七

情景交响歌舞《人民至上》

作曲编配：杨　帆　　邵　恩

编　　导：田栋栋　　黄　凯　　李钧轶　　费　翔　　裴璐琦

张翔宇　　陈娅璇　　欧阳南希　　李　旸　　解晶晶

张宝月

戏剧导演：汪　玥　　张　硕

戏剧表演：刘佩琦　　佟丽娅　　万　茜　　金　晨　　李一桐

郭乙桓　　李　青　　杨文星

领　　舞：张　剑

歌曲《生命至上》

作　　词：朱　海

作　　曲：关　峡

演　　唱：薛皓垠　　周晓琳　　孙　砾　　曾小燕　　周笔畅

周　澎　　扎西顿珠　　王霏霏

节目十八

情景歌舞《强军战歌》

作曲编配：戴晓飞

编　　导：赵洪武　　张　强　　田栋栋　　徐成瑶　　杨恩胜

毛海娟　　侯　力　　韩道亮　　张月明　　雷振华

姜若瑾

歌曲《我们从古田再出发》

作　　词：王晓岭

作　　曲：栾　凯

歌曲《强军战歌》

作　　词：王晓岭

作　　曲：印　青

演　　唱：阎维文　蔡国庆　白　雪　王　喆　吴　娜
曹芙嘉　汤　俊　吴彦凝　陈小涛　汤　非
汤子星　郑　洁　刘子琪

领　　舞：高万鑫　李健铭　李选双　颜光汉

节目十九
诗朗诵与合唱《强国力量》

作　　者：朱　海

编　　导：曹　蕾　解晶晶　原　亮　冯必烈　张　弛
李　朕　马文翰　刘文昱　史芮凡

戏剧导演：白皓天

作曲配乐：王　喆

朗　　诵：陈道明　张国立　陈宝国　何　冰

歌曲《未来你好》

作　　词：朱　海

作　　曲：关　峡

节目二十
鼓乐歌舞《新的天地》

作曲编配：方　鸣

编　　导：黄　鸣　乌尔肯·别尔得汗　庞国辉　武　宁
麻　丽　陈　姣　李晓琳　傅达夫　惠茜茜
王馨羽　杨智涵

领　　舞：李嘉益

歌曲《不忘初心》旋律（节选）

作　　词：朱　海

作　　曲：舒　楠

歌曲《新的天地》

作　　词：文　益

作　　曲：舒　楠

节目二十一
器乐、童声合唱与舞蹈《命运与共》

作曲编配：吉　鹏

编　　导：刘　玲　李　旸　张馨荣　王　征　从　亮
郭宸宇　张　诚　苗　琪　王艺开　傅　萌
饶伊伊

古筝领奏：袁　莎　吉　炜

领　　舞：刘馨蔚　张浥洙　佟佳奕　裴昱萌　汪倚帆

歌曲《和合之美》

作　　词：晓　樱

作　　曲：关　峡

领　航

作曲编配：李文平　黄凯然

编　　导：全体编导

歌曲《领航》

作　　词：集体创作

作　　曲：亢竹青

领　　唱：殷秀梅　魏　松　廖昌永　么　红

歌曲《没有共产党就没有新中国》

作　　词：曹火星

作　　曲：曹火星

画 外 音：陈宝国　温玉娟　方　亮

主创团队

党史军史顾问： 金一南　谢春涛　李　拓　祁述裕

核心创意策划： 陈维亚　朱　海　关　峡　沙晓岚　邢时苗　田沁鑫　沈　晨　王晓岭　冯　俐　范迪安　孙天卫　任冬生　金　卅

创意策划： 王晓鹰　印　青　冯双白　付　宇　许　锐　孟卫东　郎　昆　赵铁春　夏征宇　章东新

（以姓氏笔画排序）

总导演： 陈维亚
副总导演： 沙晓岚　邢时苗　田沁鑫　沈　晨
总撰稿： 朱　海
音乐总监： 关　峡
文学统筹： 王晓岭　冯　俐
音乐顾问： 印　青　孟卫东　赵　麟　舒　楠　洪　兵
执行导演： 杨　嵘　靳苗苗　肖向荣　孟　艳
戏剧执行导演： 白皓天

视频总设计： 龚雪辉　杨东亮　吕大庆　费　俊
舞美总设计： 孙天卫　任冬生　金　卅
灯光总设计： 吴国强　王邢磊
投影总设计： 王彦龙　王　乐　肖　勇
音响总设计： 何　飚
服装总设计： 韩春启
道具总设计： 王　璞　于凌云　王辛刚
造型总设计： 莽珊珊
威亚总设计： 谢永伟
焰火总设计： 蔡灿煌

项目制作

舞台技术总监： 于建平
舞台总监： 牧元吉
综合统筹： 张　宜　牛　帅　严　俨
舞美制作总监： 谷　力
舞美设计总监： 李　斌　王鹏飞
舞台技术统筹： 王朝晖　徐亚辉
音乐统筹： 黄凯然　李　涛
视频统筹： 许浩军　方木森

演出团队统筹： 杨　菁　徐　颃
创作保障统筹： 宋俊红
主要演员统筹： 王　晨
演出管理统筹： 房　雷
后台主任： 黎凤来　刘　聪
焰火统筹： 邓少辉　林华军
总摄影： 林　毅

运营保障

综合协调团队

负责人：陈文锋　王鹏

工作人员：底云峰　刘新凤　杨明轩　冯竹　曾诗雯　王怡菲　孙艺　戴南　程广

文秘机要团队

负责人：朱宏博　柳含青

工作人员：顾冬旭　满森　李高阳　吕锋　胡卉　李欢　杨介然　毛毅　高畅

创作保障团队

负责人：夏冰原　史立群　雷修佛　杜娟　任志强　郭义星

工作人员：应啸　李海广　汪凡　沈倩兮　任嘉辰　白羽舒婷

演出管理团队

负责人：安格尔　杨经纬　曹瑞

工作人员：陈志腾　孟醒　程博　宋磊　张创　林雅燕　曹山　高子鹤　郑博　翟雨佳　习汇文　喜梦竹　吕一诺　王涯随　司语涵　王雨桐　罗天　李思雨　白雨萌　郭伊晴　名逸群　杨忠育

演员管理团队

负责人：王世英　梁洪

工作人员：马熙程　孙静玮　王磊　杨洋　贾翼华

场地保障团队

负责人：刘戈　程相君　黄晖　相军　刘懿敏　许艳青　朱建伟

工作人员：赵俊峰　贾伟　孙殿福　张辉冬　王兴兴　李铁生　杨帆　丁云天　苏燕彬　刘雪　林森森　闻豪

后勤保障团队

负责人：陈吟　蔺生树　雷喜　刘昶　陈晓静　桂水斌　吴秩源

工作人员：溪颖　杨轶　马钰　王浩飞　马翔宇　杨银飞　罗滔　孙全　刘松滨　徐胜利　李彤　焦国庆　刘阳　乔振伟　王放　邵金邦　曹旭东　江峡　马国俊　王可毅　李超　夏侯永胜　杨晓密　袁翎

安全保卫团队

负责人：汤清华　刘瑾洲

工作人员：张旭　宋彬　周斌　王莹　荣妍　王蕾

医疗防疫团队

负责人：高艳萍　蒋海霞

工作人员：李全　耿兮溪　刘雨辰

暖场表演组织协调团队

负责人：张剑　郭肇琪

工作人员：张楠　刘金波　高青

观众服务团队

负责人：刘前闯

工作人员：王培　马南　叶晓新　吴哲　孙艳英　施明光　贾玥　白天骄　付斌妤　戈岳　顾小雪　吴佩瑶　伍志敏　芦珍妮　李经　张林林　王尧

财务管理团队

负责人：李峻　程鹏　郭晨明　王浩任

工作人员：刘立凡　王昊　于帅　寇晓峰　景宝婷　王俊杰　任殿良

新闻宣传团队

负责人：高波　姚达

工作人员：张慧　徐万佳　徐浩亮　杜雨　李蓉　杨宁　李鹏冲　刘淼　唐伯侬　王彬　陈雨辛

演出制作

音乐制作团队

音乐编配：

杨一博　赵　博　刘　琦　具本哲　孟卫东　胡　焜

王　江　卞留念　李凤仙　许　多　赵石军　王华谙

吉　鹏　胡　尧　黄凯然　方　鸣　刘　晔　王　喆

杨　帆　戴晓飞　舒　楠　孟　可　谢振强　张　巍

沈　丹　杜　鸣

乐队录音指挥：李心草

合唱录音指挥：王琳琳

录　　音：万小元　李　巍　李杰汇

乐　　队：中国交响乐团

小提琴独奏：赵坤宇

合　　唱：中国交响乐团合唱团　中国歌剧舞剧院合唱团

中央歌剧院合唱团　中央民族乐团合唱团

童声合唱：北京市第一七一中学金帆合唱团

北京市朝阳区白家庄小学云鹤金帆合唱团

戏剧团队

戏剧统筹：刘俊萍　李建鹏　郝　悦　刘梦妮

技术统筹：

刘　昕　何　嵩　盛凌志　李　琳　李　昕　熊思博

何初升　颜忠伟　况铁梅　王　刚　孙翔云　李乐云

黄舒婷

戏剧制作人：孔庆尧　李博文

保障负责人：李兰生　济洪娜

制作统筹：管魏亦玲　刘　浩　林天祺

演员统筹：

王倩妮　涂飞鸿　时嘉璐　贾若文　李月皓　杨　帅

刘瀚阳　王正森

戏剧拍摄及技术团队

戏剧拍摄顾问：孔　笙　张永新　刘　新

影视导演：金姝慧　高一工　付国栋　付国华　赵云龙

摄影指导：陈　吉　王　慧

灯光指导：李天雷

技术保障：

刘明宇　赵衍青　杨　帆　胡昌涛　唐　伟　李福雷

杜一凡　毕　翔　李　伟　解赫明

戏剧摄制：

张晋强　姚少康　孔祥勇　张颖哲　冯健峰　崔　波

林晓青　刘　谦　陈笑怡　蒋　杰　叶正祥　陈丽丽

罗国红　王晓敏　王　皓

技术支持：

张　强　高伟明　蔡思博　高君伟　朱　钟　刘　洋

王翀宇　王芷凝　盛文辉　于　路　王森淼　周昊天

张添为　李奇峰　魏志元　王　灏　苑　腾　高虎雷

王浩宇　张志通　沈　垚　王常健　卢林楠

视频设计：柯　静　黄敖丹

美术设计：王　琛

后期制作：熊思博　招　鑫　胡茜曦　吕　剑　李小雨

摄影团队：

马　良　靳友义　肖国栋　王泽宇　孙海旺　刘建强

湛险锋　张芳羽　徐　昊　杨金旭

灯光团队：刘　明　年晓芹

录音团队：梁晓猛　朱亚亚　穆学勇

摄 影 师：

徐沁雪　熊逸洋　徐　楠　赵明伦　朱永康　范克明

冯琦桐　杨博钧　陈欣睿　曹展鸣　刘丰源　高思远

武子颖　杨子庆　孙惠鑫　魏　祎　杨雨欣　史忠强

何明禹　许芮祥　王于晨　成爱子　周恩驰

剧照拍摄：朱思潲

舞美设计制作团队

电力总保障：何其跃

舞美设计：

高文军　李佳美　王廷强　杨福平　陈　杨　罗程天

聂振伟　熊　力　余联城　谢子浩　李　风　王　昭

尹　江　许　达　彭亮波　杨凯文　孟令臣　张　璐

马　赛　徐　莽　付昕雨　莎娅·穆拉提汉　张　瑾

张艺林　李　旭　孔祥辉　仇启明

舞美制作统筹：李雨雁

灯光设计制作团队

灯光设计：

杜梓彬　张帅帅　王　威　侯　新　刘崇智　张　涛

田雪琴

灯光设计助理：陈振宇　李　超　李　静　劳　宣

灯光制作总监：马洁波　才振义

灯光制作：刘　伟　王志猛　陈永强

追光指挥：周　洋　胡　洋　刘　阳

灯光、投影技术统筹：李田林　罗　璇　陈雪婷

灯光技术：

龚　友　王政光　罗智群　陆明洋　张　雷　盛家旺

徐　强　龚　勇　罗通乐　高文建　武　林　谷新平

郑春阳　王　智　朱深根　谭　伟　顾　磊　张亚磊

张　雷　黄成梁　吉　林　邝林利　张　维　李晨阳

王　熙

音响设计制作团队

音响统筹：胡　伟　陶建新

音响设计：

王海东　陈健业　肖卫华　钟继华　韩明亮　付　晓

系统工程师：
徐　萌　赵浩志　武卫斌　毕智钧　冯新富　张　龙
徐培丰　张彦伟　刘喜武　张立新
音乐 PGM 工程师：
虞加锋　柴敏君　陈　维　那继峰　赵　茜
无线工程师：
邓　楠　马　珂　陶　勇　赵亚军　杨春鹏　王　丹
音响技术：
陈艺铭　王　浩　王　正　张保森　袁　帅　张　帅
姚广亮　霍畅畅　王　斌　耿　楠　刘丽敏　陈亚萍
赫文瑞　张　西　王　维　刘　顺　蔡　军　王　磊

视频设计制作团队
视频顾问：侯克明
视频设计：
于嘉琪　张文华　李　朕　庄　严　杨　多　陈　卓
黄　洋　舒丽娟　王　沂　陈抱阳
视频先导片配乐：赵　麟
视频制作：
曹宇宁　张淳修　彭柏闳　李　炜　仲　轲　王遵滨
高　俭　毕研平　姜宏波　赵　宁　姜可昕　王克宾
庄兆奇　张　彦　宋　多　魏玉栋　张佳璞　魏艳雪
蔡文飞　任建华　张霄鹤　陆　平　潘延超　代武烨
宋　科　郭宗成　刘贵虎　李　昊　隋洪业　何　东
张　迪　刘　硕　赵育松　张　波　刘　强　刘　阔
陈　静　陈亚芳　周伯霖　蔡玮钰　张克婷　程立元
高澄罡　刘　峰　刘常奉　陈　凯　刘晓雪　赵　军
辛高峰　王文娟　李　辉　张　熙　施广强　田　昊
柳　杨　高一鑫　刘淏伟　刘　倩　李抒頤　张　凯
许　吉　王大力　霍非凡　郑一鸣　付真铭　刘晓燕
付国庆　杨海轮　杨世英　张玲玲　刘　猛　王亚然
周珊珊　杨浩然　王建刚　刘　璐　于　彤　刘　辉
孙佳坤　沈　剑　王子川　吴　浩　李　华　吴　峥
吕　峥　刘玉安　梁瑞峰　封　毅　冯高洁　柏嘉铭
谭　栋　段　峥　王　欢　聂永康　冯　悦　李桂芳
徐扬东　朱晋鹏
视频先导片配乐：赵　麟
视频先导片旁白：方　亮
联 络 员：罗　琪　任　喆　吴　泳　赵杨熠
视频选用美术作品：
《南昌起义》（作者：黎冰鸿）
《秋收起义》（作者：何孔德　高　泉　纪晓秋　陈玉先）
《广州起义》（作者：郭润文）
《问苍茫大地谁主沉浮》（作者：陈衍宁）
《遵义会议》（作者：沈尧伊）
《三大主力会师》（作者：蔡　亮　张自嶷）
《占领总统府》（作者：陈逸飞　魏景山）
《长城颂》（作者：程向军）
《海上丝路新篇章》（作者：郑百重）
《天山情》（作者：郑百重）
《溪山行旅图》（作者：郑百重）
《秋风骏马气》（作者：郑百重）
《华岳晴秀图》（作者：郑百重）
《天游桃源图》（作者：郑百重）

360 环拍摄录团队
制 片 人：刘　昕
执行统筹：颜忠伟　孙翔云　何　嵩　李乐云
技术统筹：
况铁梅　李　琳　刘　谦　陈笑怡　张颖哲　林晓青
摄 影 师：
孔祥勇　姚少康　黄舒婷　冯健峰　崔　波　张晋强
后期团队：熊思博　招　鑫

投影设计制作团队
投影设计：
罗飞龙　侯　静　张　龙　詹　琪　张　贺　付宏伟
高　深　方承天　龚　明
投影技术：
张　朋　李　佳　雷光辉　王海成　龚源涛　夏国玺
史荣飞　宁　伟　刘　强　王帅林　候志恒　候继彤
白振杰　铉令新　王志威　李国辉　王　超　祁圣伟
刁景升

空中威亚技术设计制作团队
威亚总监：温金月
威亚设计：马金明　王　浩　郝凝辉
威亚技术工程师：赵俊锋　陈云鹏　马瑞峰　王佳兴
威亚技术保障：
马江河　邱　帅　刘京州　赵会从　刘学伸　李汉坤
张　伟　董　祥　芦泽江　张　科　陈　诚　刘小永
李　娜　吴晓姣　刘嘉玉　邢文会　赵鹏菲　单石伟
王男男　赵志诚　赵卫凡　黄舒涵

服装设计制作团队
服装制作总监：徐龙心
服装总统筹：桑海蓬
服装设计团队：崔晓东　陈晓君　王钰宽　吴　蕾
篇章服装设计：
于　羽　孙晓红　刘红曼　王紫微　章月儿　吕　云
董　韬　曾　卫　李　瑶　孔　浩　李　晖　焦　健
王雪莹　王文彤　吴露茜　许　博　魏　巍　任　萌
时业云　史霜雨　毛　涵　武　磊　刘　雅　王程宇
关紫怡　孟　勋　钟安妮　邵华禹　德　晶　胡　岩
王　琛　张珂嘉　邴湘芝　孙佳彤

戏剧服装设计： 莫小敏　宋雨桐　谢江涛　薛轶戈　王诗宇

设计助理：

许　达　张　静　宋　震　刘春花　吴　涵　唐朝静
付荣美　卞　慧　杨　光　张　政　王珺琳　陶新愿
史晓冉　赵亚男　苟馨月　李林芝　杨　铁　郑琼瑶
王　康　王鹤羲　高　丹　白　云　胡瑶菡　陆星宇
何茗萱　张子艺　刘潇颖　陆星羽　张琳艳　黄夏昕
王英地　李尚阳　刘广明

头饰设计：

李嘉鑫　潘　翀　刘　杰　孙璐璐　刘子钰　闫小宇
孙　璇　曹　宇　武小琳　王　帅　刘曼灵　马　龙

服装保障：

崔银秀　张　影　张　艳　方启丰　王晓莉　汪　奇
郝秀贞　郝秀娣　苏雪琴　孙月枝

道具设计制作团队

道具统筹： 吕树佳

小道具设计： 胡慧然　张晓豫　丁涵惟　李　秀　谭　鉴
钱威伟　刘泽宇　张樱凡　刘华超　陈剑楠

小道具管理： 于晓伟　李　策　王达仁　肖　凡　胡云溥
李建强

大道具统筹： 陈大铨　于滈洋　武　鹏　张　曦　张宇喆
郭恒荣　于　磊　殷雨晴　于　峰　刘振弟
段胜涛　于凌云　马秋生

大道具制作： 山东重工集团有限公司
潍柴动力股份有限公司

化妆造型设计制作团队

戏剧特型设计： 任宜工　杨　雪

化妆设计： 宋小琦　高　雁　吕爱华

造型化妆总统筹： 范美麟　莽也嘉

特效设计： 王雨琪

特效化妆师： 崔雪婷　达古拉　娜何雅

篇章化妆设计：

侯　莉　刘　蕊　马翠梅　包　泽　静春娥　钟翊菲
祁天赐　王俊峰　曹礼政　杨　梅　吴高陈　王月月
石　璐　隋　杨　何　宽　熊贤明　任继珍　王思佳
许　斌　高天宇　杨腊梅　王培鑫　陈　杰　杨晓蝶
姚禹庭　张凯旋　张加旭　豆慧敏　赵金芳　李浩源

化妆团队助理： 王宝华　孙　啸　付华彬

舞台机械设计制作团队

舞台机械装置总负责： 阮小华　倪乐村　丰　华　严华锋

舞台机械装置设计：

张钦松　杨鑫灿　王　兴　倪洪华　王　敏　江建明
李本光　张永刚　侯昌青　张锣炯　斯巧铭　胡建强
金　羚　葛桂枝　盛建明　王中锁　陈　俊　盛慧芳
陈　羊　高魁杰　唐晓洋　孙　涛　田海弘　徐慧文
王富圆　许正杰　干立红　姚国阳　陈余庆　黄元乐
戴欢斌　李　阳　任亚琳　刘庆军　王小君

舞台机械装置制作：

周吉民　李上伟　徐昌义　毛来发　周思聪　汪　夕
伍志洋　张　凯　张海国　黄新良　陈玉林　俞　晟
叶永学　阮天杰　刘　理　丰其云　陈　轶　何　燕
吴杰军　韩宝罗　严洲斌　施志盛　周建和　周银辉
宣姚平　王　挺　冯海峰　丁　强　徐　律　王彦库
王　辉

舞美制作：

李维峰　崔接富　陈　磊　陈靖宇　刘　鹏　孙景海
邢江帆

仿真制作设计团队

仿真总负责： 丁刚毅　李　鹏　黄天羽

仿真设计： 薛　彤　闫大鹏　李弋豪

仿真制作：

刘杨杨　黄可翔　张　骞　刘学文　朱牛牛　吴思思
崔秋然　刘逸凡

通信系统设计制作团队

通信负责人： 徐　飞　付日聪

通信工程师： 李　众　安　涛　赵军涛　贾晓朋　郝　健

安防监控工程师： 刘　浩　王金博

通信技术：

白利洋　刘　青　李建业　陈　浩　赵晓朋　段震宇
段振杰　董广涛　李英杰　杨敬树

LED 大屏幕团队

LED 屏幕总负责： 李　军　袁　波　姜婷婷　孙　元

LED 屏幕技术总负责： 曹风朝　谢光明　王加志

LED 屏幕项目负责： 张　宇

LED 屏幕产品保障：

潘喜填　白建军　李炳锋　孙德建　聂晓月　闵学雷

LED 屏幕技术保障：

朱利强　殷　勤　冯华凯　曹江璞　闫二虎　韩　赛
陈　帅　陈　海　王　伟　李晗光　陈　龙　张　龙
王　炯　王　栋　李宦章　李　静　魏志强　张袁袁
张小勇　丁裕凯　王　伟　苏科军　郭成猛　苏英俊
刘久星　刘名钜　陈见军　胡　岗

舞台技术保障团队

舞台技术总负责：

王　丰　刘占卿　侯军祥　马　海　任庆英

舞台技术统筹： 王　涛　李玉良　邢　伟　梁海川

舞台技术组：

宋　宏　郑　辉　范　重　胡纯炀　张　宇　王　磊

尤天直　王大庆　朱跃云　邱涧冰　安　澎　谭泽阳

郭汝艳　胡建丽　曹　磊　李剑一　董　强　侯克文

王迎东　黄　伟　董平章　常春泉　樊卫兵　白文静

尹续峰　王　坚　李志鹏　王　凯　宋洪光　王　丰

王　涛　郑　辉　宋　宏　赵永建　毕晨涛　桑家明

庄明奇　高　天　田　文　白建新　刘　婧　康丽丽

郑洪永　王雪静　郭文洋　张景平　孙淑惠　卫继军

李　阳　张志国　严文全　张桂娜　胡兆卿　赵永生

焰火设计制作团队

焰火设计制作：

曲敬文　董　然　丛晓民　宋　叶　赵子尧　冯　响

肖祺缘　田　蕾　陈　亮　熊　帆　危光明　鲁承伟

焰火燃放实施：

刘俊峰　张智鑫　孙兴宝　宋　洋　闵　军　孙东乐

吴　宪　段欲晓　徐向超　庞　震　时　昭　赵永强

钟自奇　李　闯　刘勇章　唐向阳

焰火燃放保障：

赵　炜　续君寨　郑建平　周道贵　冯世杰　孙雪玲

陈嘉平　闻　阳　郑俊斌　刘　实　祖铁刚　武锦坤

陈学友　佟立坚　闫庆雷　王晓旭　袁　华　王年春

邱玉珊　张爱军　张春明　张　鹏　赵永强　王万兵

田翠华　吕江涛　汪永昌　阳芳菲　王森森　尹　华

雷剑鸣　陈建肆　刘昌春　谢　颖　徐　莹　张　雷

杨卫佳　刘开颜　王　鹏　尤绪东　李晓洒　贝　群

舞台监督团队

邵　勇　纪烈祥　王诗萌　贾　伟　陈禹昕　李晓彬

杨婷婷　张嘉薇　苏　浩　周晓芃　闵逸梅　秦　超

彭晓亮　杨翔宇　刘　聪　邸靖朝　李　茜　周　毅

刘媛君　陈　稳　李靓瑶　程　拓　张　宝　冯　鬻

王　硕　杨　磊　顾　程　白雪皎　丁文庆　田雨鑫

白煦璟　陈雨薇　陈佳苗　白　宇　罗鹏昱　刘洺希

陈海雯　吴星悦　刘昱彤　沈得瑞　谢　婧　张世良

彭安图　佘怡霈　马文萱　陈　思　张慧群　计昊仪

梁诗淇　刘慧子　罗宇琨　祝雯馨　张卓越　卜小涵

林中恕　于子涵　祁梓秋　李威宇　王海如　李雪宁

王　雪　何芳怡　薛渝蒙　梁郝天然　张乐昊旻

主舞台结构保障团队

刘　军　陈　彬　霍文震　车庭枢　张青松　王　赫

崔再宇　张尊赫　张晓民　余自由　刘明义　田　野

赵江飞　陶明津　关　旭　祝海玉　孙丰辉　于永浩

陈　鹏　杨先焱　范宇轩　王宁宁　黄　伟　石小恒

曲永德　巩升海　杨　东　阎占岭　谭勇军　赵德尚

王　凯　钱　猛　刘宗利　王永顺　何　鑫　齐来勇

刘宜珍　刘　强　王建龙　谢飞飞　张　凡　刘景月

徐艺涵　孙德运

模拟舞台结构保障团队

田小东　范永新　顾连国　李　琦　李　鑫　曹　洪

王惠来　张才意　王建超　张雨锋　李玉香　赵国龙

高俊宇　冯　蔚　冯起飞　谢梦青　庄明奇　赵永建

王志猛　谭　伟　朱深根　赵　飞　伍志洋　郭敬普

刘金海　孙景海　张彦伟　刘喜武　张　龙　冯华凯

王　宁　孙得新　郭利章　李登辉　伍秀华　刘　强

王　威　桑家明　毕晨涛　刘学伸

摄影摄像团队

纪录片摄制组：

侯　军　曹　岩　李晶晶　俞　悦　于　茜　宋佳威

曹　宇　衣　鑫　张建中　历文博　魏帮军　陈　雷

郭　悦　曹德琳　王鸿杰　朱治宇　谭明垚　雷　波

何　龙　顾泽斌　朱城辉　侯丕东　黄　鑫　康　凯

杨礼波　何俊辉　裴　斐　诸葛明

纪念画册拍摄组：

郦　忠　林　冰　齐广毅　戚恩胜　朱洪宇　刘宪国

刘英毅　毛会彬　苑敬坤　刘　佳　宋湘武　仝　薇

高　森　张健生　黄　冠　潘亦达　赵天琪

艺术档案摄制组：

代柳梅　高约娜　许　菁　张　哲　张凯钧　徐舟翔

张瑞航　孙思南　冯　源

互动合唱及暖场团队

互动合唱及暖场导演：杨　嵘　任　胜

互动合唱及暖场编导：

王　阳　田　斌　祝秋芬　杨　晔　周　鹏　杨光美

邓　敏　明俞伶　杨　昭　臧晓晶　安昱燊　池东霞

陈德龙　牛锡桐　肖　瑶　纪宝琟　于仁顺　刁玉荃

杨雯珺　亢耀煊　张子旭　郑志强

暖场音乐统筹：王南舟

暖场演出单位：

中国交响乐团合唱团

北京歌剧舞剧院

司麦澳（北京）文化公司　北京鑫畅想文化发展有限公司

字幕组

耿常笑　吕明理　李　磊　高晨杨　张　耿　张玉甫

节目单设计与制作

中国戏曲学院新媒体艺术系视觉设计团队

北京润泽雅艺文化艺术有限公司

雅昌文化集团

演出单位

国家京剧院
中国国家话剧院
中国歌剧舞剧院
中国东方演艺集团
中国儿童艺术剧院
中央芭蕾舞团
中国煤矿文工团
北京舞蹈学院
北京舞蹈学院附属中等舞蹈学校
北京戏曲艺术职业学院
中国戏曲学院
中国戏曲学院附属中等戏曲学校
北京市河北梆子剧团
中国杂技团
中央音乐学院
北京电影学院
中央戏剧学院
河北艺术职业学院
山西工商学院
太原师范学院
山西大学
晋城职业技术学院
山西艺术职业学院
沈阳音乐学院附属中等舞蹈学校
辽宁芭蕾舞团附属芭蕾舞蹈学校
吉林艺术学院
吉林市歌舞团
浙江婺剧艺术研究院
安徽艺术职业学院
安徽艺术学院
福建艺术职业学院
厦门演艺职业学院
华侨大学
集美大学
厦门艺术学校
福建师范大学
漳州艺术学校
山东青年政治学院
山东艺术学院
山东师范大学
山东体育学院
济南大学
山东省莱州中华武校
登封市嵩山少林塔沟武术学校
湖北艺术职业学院
武汉市艺术学校
江汉大学
武汉音乐学院
星海音乐学院
广东舞蹈戏剧职业学院
华南理工大学
广东省外语艺术职业学院
华南师范大学
恒大民族歌舞团
广西艺术学院
广西民族大学
桂林旅游学院
南宁师范大学
广西大学
广西演艺职业学院
广西演艺集团有限责任公司
海南省琼海市嘉积中学
海南师范大学
重庆文化艺术职业学院
四川师范大学舞蹈学院
四川昭觉县万达融创红丝带爱心学校
陕西榆林横山腰鼓队
兰州芭蕾舞团
中国人民解放军仪仗大队
中国人民解放军 66477 部队
中国人民解放军 66011 部队
中国人民解放军 66481 部队

互动合唱团队

北京大学
清华大学
中国人民大学
北京师范大学
北京航空航天大学
北京理工大学
中国农业大学
北京科技大学
北京邮电大学
北京化工大学
北京交通大学
中国传媒大学
中国地质大学
中国石油大学
华北电力大学
北京林业大学
中央民族大学
对外经济贸易大学
中国矿业大学
中央财经大学
中国政法大学
北京工商大学
北京工业大学
首都师范大学
首都经济贸易大学
北京联合大学
北京城市学院
东北师范大学附属中学朝阳学校

参演单位

中国交响乐团
中央歌剧院
中央民族乐团
中国艺术科技研究所
中央民族歌舞团
中央美术学院
中国戏曲学院
北京城市学院
北京理工大学
上海戏剧学院
中国人民解放军文化艺术中心
中国人民解放军 63921 部队
中国人民解放军 95829 部队
中国银行
中国电影集团公司
中国建筑设计研究院
中国重型汽车集团有限公司
中国建筑一局（集团）有限公司
中咨工程管理咨询有限公司
北京市建筑设计研究院
中国移动通信集团北京有限公司
中国移动咪咕文化科技有限公司
北京中视北方影视制作有限公司
中视前卫影视传媒有限公司
央视（北京）娱乐传媒有限公司
北京中投视讯文化传媒股份有限公司
北京中视天晟映画文化发展有限公司
北京锋尚世纪文化传媒股份有限公司
北京超越维一文化创意工作室
北京雨滴佳一文化艺术有限公司
北京曦和汇智文化传媒有限公司
北京火石创意文化中心
北京威亚传迈文化传播有限公司
北京大东华翰视听设备有限公司
北京博维百纳展览展示有限公司
北京金立翔艺彩科技有限公司
北京精舞门文化发展有限公司
北京耘木雨桐文化传播有限公司
北京紫珊瑚依纺文化有限公司
北京艺海宇文化传媒有限公司
北京水晶石数字科技股份有限公司
撒花儿（北京）文化传媒有限公司
北京炼石文化艺术有限公司
传迈国际传媒（北京）有限责任公司
北京拾月聆风文化发展有限公司
北京朝乾夕阳文化传播有限公司
北京大觥科技有限公司
北京聚城文化创意有限公司
原木制戏（北京）文化传播有限公司
北京壹贰叁舞台艺术设计制作有限公司
北京宏硕数通科技有限公司
北京北商西电科技有限公司
北京创声者影音技术有限公司
圣艺美博（北京）文化传媒有限公司
北京福睿沐数字视觉技术有限公司
北京星光恒艺科技有限公司
北京大音知博文化传媒有限公司
北京黑光教育咨询有限公司
瑞尚创美（北京）教育科技有限公司
北京卓美风尚教育文化有限公司
幕千（北京）文化传媒有限公司
北京舞彩艺坊艺术服装制作中心
北京朝乾夕惕文化传播有限公司
北京意外归来文化传媒有限公司
北京创启越文化传媒有限公司
北京银海动力影视制作有限公司
北京青风数字科技有限公司
和光锦上（北京）文化传媒有限公司
北京新视角视觉文化传媒有限公司
张灯结彩（北京）文化传媒有限公司
明亮创意（天津）文化传播有限公司
潍柴雷沃重工五星车辆厂
上海源珅多媒体有限公司
上海雅海文化传媒有限公司
镇江联友历代服饰工艺品有限公司
丹斯威尔舞台服饰（南通）有限公司
浙江佳合文化科技股份有限公司
浙江大丰实业股份有限公司
深圳华粤视觉创意有限公司
深圳启点文化科技有限公司
民生电商控股（深圳）有限公司

组织单位

中共中央宣传部文艺局
文化和旅游部艺术司
文化和旅游部办公厅
文化和旅游部财务司
文化和旅游部公共服务司
文化和旅游部机关党委
文化和旅游部科技教育司
中国艺术研究院
中共北京市委宣传部
北京市文化和旅游局
中共河北省委宣传部
河北省文化和旅游厅
中共山西省委宣传部
山西省文化和旅游厅
中共辽宁省委宣传部
辽宁省文化和旅游厅
中共吉林省委宣传部
吉林省文化和旅游厅
中共江苏省委宣传部

注和好评，实现了以艺术重温历史、温暖人心、坚定自信、鼓舞干劲的作用。

文艺评论历来是文艺活动的重要组成部分，我们既要深入挖掘作品深远的历史内涵，也要切实阐释作品的崇高美学价值。《伟大征程》文艺演出的评论工作，由中国艺术研究院牵头负责，文化和旅游部艺术司文艺研究处、中国艺术研究院期刊管理处组成工作小组，负责相关组织和协调工作。专业研究者，特别是青年评论工作者纷纷撰写评论文章，从多个角度对这场演出进行了分析和阐释，在专业鉴赏中表达了鲜活的审美体验和观演感受。演出及有关评论工作更得到了媒体的支持，产生了广泛、良好的社会反响。在此，我们衷心感谢有关部门领导和文艺评论工作者的倾力付出，感谢新闻媒体界的热心关注。

2021 年 7 月 9 日，文化和旅游部举办了《伟大征程》文艺演出专家研讨会，以期推动演出活动的文艺评论和新闻宣传工作。

为进一步宣传《伟大征程》文艺演出的成功实践，及时梳理、总结文艺评论工作，我们编选了这本文集。文集除收录了《伟大征程》文艺演出的有关评论文章外，还增加了胡和平同志、李群同志的文章，演出节目单，以及新闻报道、侧记等，共计 71 篇。全书以长篇评论、短评、新闻报道为结构安排，每个类别中再从总体评论到音乐、舞蹈和演出技术手段等具体的专业分析为序排列。

评论文集的编选在文化和旅游部艺术司的指导下，由中国艺术研究院期刊管理处具体组织实施，吕晓明、张紫薇做了大量工作。从接到任务开始，她们始终以高度负责的专业精神，沟通联络、协调媒体。李宏锋、鲁太光、卿青、雍文昴、金宁等在文集选编方面也提供了具体帮助。文集出版得到了《文艺研究》杂志社的协助和文化艺术出版社的大力支持，一并表示感谢。

我们希望本书的出版，可以为今后加强演出和评论工作的互动提供参考。因任务重大、时间紧促，不足之处，还期望各界指正。

编　者

2021 年 11 月 21 日